现代服务领域技能型人才培养模式创新规划教材

数据库与搜索技术

主　编　陈益梅　杨建勋

副主编　关井春　朱伟捷

中国水利水电出版社
www.waterpub.com.cn

内 容 提 要

为适应电子商务发展的需要，本教材使用 Access 作为后台数据库，为加强读者对数据库的理解，系统讲述了数据库的概念及其特点，让读者能从 Access 的角度来了解和掌握数据库原理及数据表的建立，数据录入、删除、更新、查询、插入等基本操作的内容，并介绍了 SQL 语言的语法规则，提供了在动态网页中用 ASP 访问和使用数据库的完整知识；然后引导读者在理解网络书店需要分析的基础上，从网页编程的 HTML 语言入手，进一步掌握 VBScript、ASP 等动态网页技术；让读者在 Access 环境中掌握基本的 ASP/ADO 编程技术，实现基于数据库的网络书店 B2C 电子商务网站，并用搜索技术进行站内搜索；最后介绍了相关的网络搜索技术。

本教材教学目标定位为培养电子商务操作层人才，可作为中、高等职业学校电子商务专业和营销类专业的教材，也可作为各类电子商务培训班教材或供数据库初学者自学使用。

本书提供电子教案，读者可以从中国水利水电出版社网站以及万水书苑下载，网址为：http://www.waterpub.com.cn/softdown/或 http://www.wsbookshow.com。

图书在版编目（CIP）数据

数据库与搜索技术 / 陈益梅，杨建勋主编. -- 北京 : 中国水利水电出版社，2011.6
 现代服务领域技能型人才培养模式创新规划教材
 ISBN 978-7-5084-8681-9

Ⅰ. ①数… Ⅱ. ①陈… ②杨… Ⅲ. ①关系数据库－数据库管理系统，Access－教材 Ⅳ. ①TP311.138

中国版本图书馆CIP数据核字(2011)第106987号

策划编辑：杨 谷　　责任编辑：李 炎　　加工编辑：杨继东　　封面设计：李 佳

书　　名	现代服务领域技能型人才培养模式创新规划教材 **数据库与搜索技术**
作　　者	主　编　陈益梅　杨建勋 副主编　关井春　朱伟捷
出版发行	中国水利水电出版社 （北京市海淀区玉渊潭南路1号D座　100038） 网址：www.waterpub.com.cn E-mail：mchannel@263.net（万水） 　　　　sales@waterpub.com.cn 电话：（010）68367658（营销中心）、82562819（万水）
经　　售	全国各地新华书店和相关出版物销售网点
排　　版	北京万水电子信息有限公司
印　　刷	北京泽宇印刷有限公司
规　　格	184mm×260mm　16开本　16.25印张　402千字
版　　次	2011年7月第1版　2011年7月第1次印刷
印　　数	0001—4000册
定　　价	28.00元

凡购买我社图书，如有缺页、倒页、脱页的，本社营销中心负责调换

版权所有·侵权必究

现代服务业技能人才培养培训模式研究与实践课题组名单

顾　问：王文槿　　李燕泥　　王成荣
　　　　汤鑫华　　周金辉　　许　远
组　长：李维利　　邓恩远
副组长：郑锐洪　　闫　彦　　邓　凯
　　　　李作聚　　王文学　　王淑文
　　　　杜文洁　　陈彦许
秘书长：杨庆川
秘　书：杨　谷　　周益丹　　胡海家
　　　　陈　洁　　张志年

课题参与院校

北京财贸职业学院	常州纺织服装职业技术学院
北京城市学院	常州广播电视大学
国家林业局管理干部学院	常州机电职业技术学院
北京农业职业学院	常州建东职业技术学院
北京青年政治学院	常州轻工职业技术学院
北京思德职业技能培训学校	常州信息职业技术学院
北京现代职业技术学院	江海职业技术学院
北京信息职业技术学院	金坛广播电视大学
福建对外经济贸易职业技术学院	南京化工职业技术学院
泉州华光摄影艺术职业学院	苏州工业园区职业技术学院
广东纺织职业技术学院	武进广播电视大学
广东工贸职业技术学院	辽宁城市建设职业技术学院
广州铁路职业技术学院	大连职业技术学院
桂林航天工业高等专科学校	大连工业大学职业技术学院
柳州铁道职业技术学院	辽宁农业职业技术学院
贵州轻工职业技术学院	沈阳师范大学工程技术学院
贵州商业高等专科学校	沈阳师范大学职业技术学院
河北公安警察职业学院	沈阳航空航天大学
河北金融学院	营口职业技术学院
河北软件职业技术学院	青岛恒星职业技术学院
河北政法职业学院	青岛职业技术学院
中国地质大学长城学院	潍坊工商职业学院
河南机电高等专科学校	山西省财政税务专科学校
开封大学	陕西财经职业技术学院
大庆职业学院	陕西工业职业技术学院
黑龙江信息技术职业学院	天津滨海职业学院
伊春职业学院	天津城市职业学院
湖北城市建设职业技术学院	天津天狮学院
武汉电力职业技术学院	天津职业大学
武汉软件工程职业学院	浙江机电职业技术学院
武汉商贸职业学院	鲁迅美术学院
武汉商业服务学院	宁波职业技术学院
武汉铁路职业技术学院	浙江水利水电专科学校
武汉职业技术学院	太原大学
湖北职业技术学院	太原城市职业技术学院
荆州职业技术学院	兰州资源环境职业技术学院
上海建桥学院	

实践先进课程理念　构建全新教材体系
——《现代服务领域技能型人才培养模式创新规划教材》
出版说明

"现代服务领域技能型人才培养模式创新规划教材"丛书是由中国高等职业技术教育研究会立项的《现代服务业技能人才培养培训模式研究与实践》课题[①]的研究成果。

进入新世纪以来，我国的职业教育、职业培训与社会经济的发展联系越来越紧密，职业教育与培训的课程的改革越来越为广大师生所关注。职业教育与职业培训的课程具有定向性、应用性、实践性、整体性、灵活性的突出特点。任何的职业教育培训课程开发实践都不外乎注重调动学生的学习动机，以职业活动为导向、以职业能力为本位。目前，职业教育领域的课程改革领域，呈现出指导思想多元化、课程结构模块化、职业技术前瞻化、国家干预加强化的特点。

现代服务类专业在高等职业院校普遍开设，招生数量和在校生人数占到高职学生总数的40%左右，以现代服务业的技能人才培养培训模式为题进行研究，对于探索打破学科系统化课程，参照国家职业技能标准的要求，建立职业能力系统化专业课程体系，推进高职院校课程改革、推进双证书制度建设有特殊的现实意义。因此，《现代服务业技能人才培养培训模式研究与实践》课题是一个具有宏观意义、沟通微观课程的中观研究，具有特殊的桥梁作用。该课题与人力资源和社会保障部的《技能人才职业导向式培训模式标准研究》课题[②]的《现代服务业技能人才培训模式研究》子课题并题研究。经过酝酿，于2008年底进行了课题研究队伍和开题准备，2009年正式开题，研究历时16个月，于2010年12月形成了部分成果，具备结题条件。课题组通过高等职业技术教育研究会组织并依托60余所高等职业院校，按照现代服务业类型分组，选取市场营销、工商企业管理、电子商务、物流管理、文秘、艺术设计专业作为案例，进行技能人才培养培训模式研究，开展教学资源开发建设的试点工作。

《现代服务业技能人才培养培训方案及研究论文汇编》（以下简称《方案汇编》）、《现代服务领域技能型人才培养模式创新规划教材》（以下简称《规划教材》）既作为《现代服务业技能人才培养培训模式研究与实践》课题的研究成果和附件，也是人力资源和社会保障部部级课题《技能人才职业导向式培训模式标准研究》的研究成果和附件。

《方案汇编》收录了包括市场营销、工商企业管理、电子商务、物流管理、文秘（商务秘书方向、涉外秘书方向）、艺术设计（平面设计方向、三维动画方向）共6个专业8个方向的人才培养方案。

《规划教材》是依据《方案汇编》中的人才培养方案，紧密结合高等职业教育领域中现代服务业技能人才的现状和课程设置进行编写的，教材突出体现了"就业导向、校企合作、

---

① 课题来源：中国高等职业技术教育研究会，编号：GZYLX2009-201021
② 课题来源：人力资源和社会保障部职业技能鉴定中心，编号：LA2009-10

双证衔接、项目驱动"的特点，重视学生核心职业技能的培养，已经经过中国高等职业技术教育研究会有关专家审定，列入人力资源和社会保障部职业技能鉴定中心的《全国职业培训与技能鉴定用书目录》。

本课题在研究过程中得到了中国水利水电出版社的大力支持。本丛书的编审委员会由从事职业教育教学研究、职业培训研究、职业资格研究、职业教育教材出版等各方面专家和一线教师组成。上述领域的专家、学者均具有较强的理论造诣和实践经验，我们希望通过大家共同的努力来实践先进职教课程理念，构建全新职业教育教材体系，为我国的高等职业教育事业以及高技能人才培养工作尽自己一份力量。

丛书编审委员会

现代服务领域技能型人才培养模式创新规划教材
电子商务专业编委会

主　任：邓　凯

副主任：（排名不分先后）

　　石　焱　王冠宁　朱美芳　陈益梅　关井春　殷锋社

　　谢　刚　许尤佳　赵春利　钟子建　刘伟军

委　员：（排名不分先后）

　　于淑娟　刘庆生　刘　军　王云生　钱　娟　王　涛

　　王一曙　蒋云松　龚雪慧　肖海慧　于　俊　王成杰

　　包发根　裴剑平　黄　战　蔡文珏　朱爱民　毛国新

　　延　静　董　铁　黄为平　董　力　王　俊　陈　捷

　　徐丽娟　刘一鸣　黄　宾　魏　佳　胡其昌　陈月波

　　付晓轩　翟培甫　秦　琴　王圆圆　冯益鸣　章理智

　　朱　梦　曾佑红　谢智慧　王超群　姜　伟　刘　坤

　　李选芒　李海平　张　光　王　建　胡晓敏　施文忠

前　言

"工学结合"和"项目导向"为课程建设与改革的大方向，本教材是项目式教学版《数据库与搜索技术》。本书的目的是帮助各位读者更好地学习数据库原理及项目实践，注重培养项目思路，提高操作动手能力。

本教材在内容设置上有非常细致的源代码、注释和详细的操作步骤。本书所使用的实验开发环境是 Windows XP、Windows 2000 服务器版、Access 2003 和 SQL Server。

为适应电子商务发展的需要，本教材使用 Access 作为后台数据库，为加强读者对数据库的理解，系统讲述了数据库的概念及其特点，让各位读者能从 Access 的角度来了解和掌握数据库原理及数据表的建立，数据录入、删除、更新、查询、插入等基本操作的内容，并介绍了 SQL 语言的语法规则，提供了在动态网页中用 ASP 访问和使用数据库的完整知识；然后引导读者在理解网络书店需要分析的基础上，从网页编程的 HTML 语言入手，进一步掌握 VBScript、ASP 等动态网页技术；让读者在 Access 环境中掌握基本的 ASP/ADO 编程技术，实现基于数据库的网络书店 B2C 电子商务网站，并用搜索技术进行站内搜索；最后介绍了相关的网络搜索技术。

本书由教学一线教师负责编写，陈益梅、杨建勋担任主编，关井春、朱伟捷担任副主编，陈志峰、徐英、曹菁、陆伟宇参与编写。全书由陈益梅统稿，关井春负责校对。

本教材教学目标定位为培养电子商务操作层人才，可作为中、高等职业学校电子商务专业和营销类专业的教材，也可作为各类电子商务培训班教材或供数据库初学者自学使用。

本书在编写时参考了很多国内外的文献，在此谨对相关作者表示衷心的感谢！

本书在编写时力求做到精益求精，但由于电子商务和数据库的理论与实践都处于突飞猛进的发展阶段，各种新的见解、应用和理论层出不穷，加之编者水平有限、编写时间仓促，书中难免有不足和疏漏之处，敬请不吝赐教！书中有任何问题请联系作者陈益梅，电子邮箱：chenyimei-63@163.com。

编　者

2011 年 4 月

目 录

前言

项目一 数据库基本原理 ················· 1
 任务 1 数据和数据模型 ················· 1
 任务 2 关系数据库理论 ················· 4
项目二 常用数据库应用与操作 ········· 8
 任务 1 Access 数据库及其应用 ······· 8
 任务 2 T-SQL 标准语言 ················ 22
 任务 3 SQL Server 数据库 ············ 28
项目三 Web 数据库项目概述 ········· 46
 任务 1 项目规划分析——网络商店 ··· 46
 任务 2 网络商店前台规划 ············· 51
 任务 3 网络商店数据库规划 ········· 54
项目四 ASP+Access 实训 1——网络商店后台系统设计 ······················· 59
 任务 1 用户界面设计 ·················· 59
 任务 2 用户提交信息的验证 ········· 70
 任务 3 ASP 运行环境配置 ············ 87
 任务 4 数据的查询 ···················· 105
 任务 5 数据的插入 ···················· 116
 任务 6 数据完整性 ···················· 121
 任务 7 数据的修改 ···················· 125
 任务 8 数据的删除 ···················· 133
 任务 9 项目练习与实践 ·············· 137
项目五 ASP+Access 实训 2——网络商店前台系统设计 ····················· 139

 任务 1 网络商店页面设计 ··········· 139
 任务 2 商品的展示 ···················· 143
 任务 3 客户中心的设计 ·············· 145
 任务 4 购物车设计 ···················· 148
 任务 5 项目的调试运行及发布 ···· 153
 任务 6 项目练习与实践 ·············· 162
项目六 Web 信息基本原理 ··········· 163
 任务 1 Web 信息与组织结构 ······· 163
 任务 2 信息的检索技术 ·············· 170
 任务 3 网页搜集和保存 ·············· 178
 任务 4 Web 搜集过程中的注意事项 ··· 181
项目七 搜索引擎概述 ···················· 187
 任务 1 搜索引擎的发展与竞争 ···· 187
 任务 2 搜索引擎的盈利模式 ········ 197
 任务 3 搜索引擎的结构 ·············· 201
 任务 4 关键字抓取与检索模型 ···· 205
项目八 常规的数据库搜索 ············ 210
 任务 1 常见的数据库搜索 ··········· 210
 任务 2 数据库搜索引擎实例 ········ 231
附录 1 VBScript 的常用函数 ········ 247
附录 2 参考解答 ·························· 249
附录 3 网络书店及数据库源代码 ··· 249
参考文献 ······································ 250
网络资源 ······································ 250

项目一 数据库基本原理

【项目要求】

本项目主要让学生了解数据库的基本知识，了解数据与信息、数据模型、关系数据库和数据库管理系统。能应用关系数据库理论设计数据库并判断其合理性。为以后的数据库应用打下基础。本项目参考学时6学时。

【教学目标】

1．知识目标
★了解数据、数据模型。
★了解关系数据库和数据库管理系统。
★理解关系数据库理论。
2．能力目标
★能够应用关系数据库理论设计数据库。
★能够应用关系数据库理论判断数据库设计的合理性。
3．素质目标
★锻炼学生分析思考的能力。
★培养学生观察身边事物的属性和联系，建立数据模型的能力。
★举一反三建立各类数据库表关系模式。

【教学方法参考】

讲授法、案例驱动法

【教学手段】

多媒体课件、案例

任务1 数据和数据模型

【任务目标】

通过本任务的学习，使学生能观察物体，明确描写物体的属性并建立数据模型，能用计算机数据来描写物体。能建立物体与物体的联系。学会对网络商店的需求分析，建立用户和商品的数据模型，画出关系图。

【任务实现】

一、知识要点

1. 数据与数据模型

计算机通常是通过描述客观实体的数据来认识事物、反映事物、解决问题的。事实上我们也是通过对客观事物的各个属性的描述来认识世界的。如到网店来购物的群体称为客户，他具有姓名、性别、住址、电话等属性，通过每个客户提供的姓名、性别、住址、电话等数据来认识每位客户。一切能够反映客观物体以及它们的特征属性并能为计算机处理的都称为数据。例如网店出售的商品就是一类实体，它具有名称、单价、面料等属性，体恤衫、80元、纯棉这些数据就反映了一个商品实体的数据集。反映某个实体的数据集称为记录。

在属性中能唯一反映一个实体的属性叫做关键字，如身份证号就唯一反映了每位公民。一个身份证号对应一位公民。客户可以用客户号来唯一确定，商品可以用商品号来唯一确定，图书可以用书刊号来唯一确定。

每个属性还有它的取值范围，称为值域，如性别只有男和女，单价总大于零。

每个属性还有它的数据类型，如姓名是字符型，单价是数值型。

每个实体间还有联系，客户通过购买与商品发生联系。

通过对实体的上述理解我们就可以建立数据模型了。最常用的也是最完善的是关系数据模型。

简单地说，关系数据模型就是一张二维表，一张表反映一类实体，每一列叫做字段就是一个属性，存放一个数据。每一行就是一条记录，对应某一个实体。客户实体可以建立一张客户基本信息表，如表1-1所示。商品可以建立一张商品信息表，如表1-2所示。

表1-1 客户基本信息表

客户号	姓名	性别	地址	电话
0001	张三	男	江苏常州夏凉路101号	12361178945
0002	李四	女	浙江宁波解放路201号	15966686745
0003	王五	男	江西南昌安宁新村18栋乙单元1602室	16386578542

表1-2 商品信息表

商品号	名称	单价（元）	面料
A0001	体恤衫	80	20%晴纶80%棉
B0001	牛仔裤	160	纯棉

2. 数据库设计的需求分析

设计数据库时首先要进行需求分析，弄清楚网店服务的对象有哪些，需要联系的商家有哪些，网店本身要具备什么，网站需要提供什么服务，对数据库要做什么读和写。如书店面向读者，服务范围可以到达全世界，商家有各个出版社和图书批发商，之间要有快递公司、银行、邮局等完成发货和收账等业务，所有这些对数据库的要求是什么，数据库能为他们提供什么帮助，首先要分析清楚。

3. 数据库的逻辑设计

网店需要面向多少实体，什么性质的实体，这些实体有哪些属性，哪个是关键字（找不到关键字应该加一个编号字段为关键字，也可以用几个字段为组合关键字），值域是什么，类型是什么，实体之间有什么联系等。以此来建立关系模型。

二、任务实施

下面具体来设计网络书店的数据库。网络书店是用来销售书籍的，它需要从出版商处购进图书，存入仓库，发布到网上，再由客户上网选购，确定后再邮寄。我们需要面对出版商、图书、仓库、客户和订购单等实体。他们需要哪些属性来描写呢？

出版商有出版商号、出版社名称、地址、邮编、银行账号等，其中出版商号是关键字。

图书有图书号、图书名称、出版商号、单价等，其中图书号是关键字。

仓库有图书号、入库时间、库存量等，其中图书号是关键字。

客户有客户号、姓名、性别、地址、电话等，其中客户号是关键字。

订购单有订单号、客户号、订购日期、图书号、数量等，订单号是关键字。

【任务巩固】

1-1-1 请画一张二维表表示出版商信息表、图书信息表、库存信息表、客户订单表。
1-1-2 数据表中每个字段用什么类型？值域多大？
1-1-3 每张表的联系是什么？

【任务拓展】

一、E-R 图

在确定关系模型前还可以画一张 E-R 图从概念上更清楚地反映实体和它们的属性以及相互联系。用方框表示实体，菱形表示联系，椭圆表示属性，直线表示它们的关联，连接由同类字段关联。客户、图书、仓库 E-R 图如图 1-1 所示。

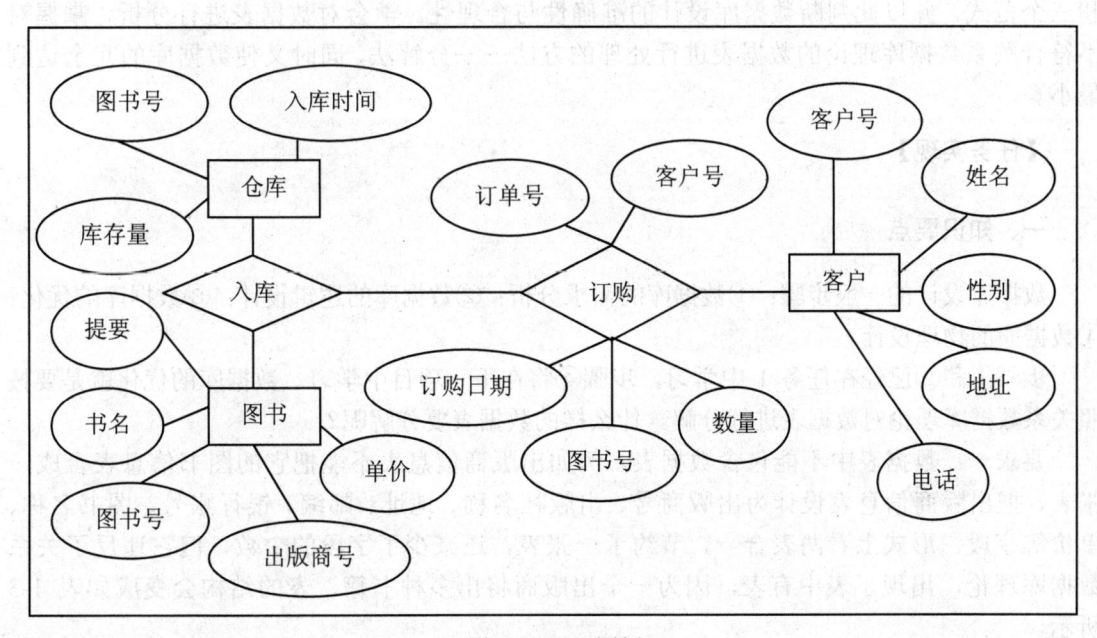

图 1-1 E-R 图例

请添加出版商的 E-R 图。

二、数据完整性的规则

1. 实体完整性

实体完整性的要求是关键字不能空或重复，例如客户号，每位客户必须只有一个客户号并且不能和其他客户同号。

2. 参照完整性

参照完整性的要求是两个关系中关联字段必须是一一对应的。例如客户信息表中的客户号对应订购信息表中的客户号，张三订购的商品在订购信息表中必须是张三的客户号。

3. 用户自定义完整性

用户自定义完整性的要求是按照字段的客观实际状况要求规定它的完整性。例如年龄实际状况是不可能小于 1 岁，也不可能大于 130 岁。

> **思考**
> 图书信息表中图书号与订购信息表中图书号应满足怎样的完整性？其他各个数据表的关联有什么要求？说出每个字段的完整性要求。

任务 2　关系数据库理论

【任务目标】

通过本任务的学习，使学生直观地了解关系数据库的理论，简单形象地理解函数依赖和三个范式，并以此判断数据库设计的准确性与合理性。学会对数据表进行分析，掌握对不符合关系数据库理论的数据表进行处理的方法——分解法，同时又使数据库的冗余达到最小。

【任务实现】

一、知识要点

数据库设计的一般步骤：①数据库的需求分析；②数据库的逻辑设计；③数据库的优化；④数据库的物理设计。

步骤①和②已经在任务 1 中学习，步骤④将在下一项目中学习。数据库的优化就是要按照关系数据库理论对数据表进行分解。什么样的数据表要分解呢？

要求一：数据表中不能包含数据表。例如出版商信息表不能把它的图书信息表合成一张表，把出版商信息表设计为出版商号、出版社名称、地址、邮编、银行账号、图书名称、单价等字段。形式上看两表合一，节约了一张表，还减少了字段的个数，但它违反了关系数据库理论，出现了表中有表，因为一个出版商将出多种书籍，表的结构会变成如表 1-3 所示。

表1-3 出版商信息表

出版商号	出版社名称	地址	邮编	银行账号	图书名称	单价/元
A10001	江苏大地出版社	江苏南京大地路201号	210000	123456789	VC++	55.80
					ASP	60.00
					Java	80.00

解决的方案是将一张表分解为两张表：出版商信息表和图书信息表。

要求二：关键字与非关键字要有一一的对应关系。例如订购信息表不能把它的用户信息表合成一张表，把订购信息表设计为订购日期、图书号、数量、客户号、姓名、性别、地址、电话等字段，图书号+客户号为关键字，那么同一位客户订购同一种书就不能两次以上，即图书号+客户号与订购日期没有唯一确定的对应关系，这显然不符合实际需求，解决的方案仍然是分解法，将它分解成上述两个表，并加订单号字段作为关键字，这样关键字与非关键字就有了一一对应的关系。

要求三：每个字段之间不能有一个字段与另一个字段的对应关系，另一个字段与再一个字段的对应关系。例如客户信息表有客户号、姓名、性别、地址、电话、VIP种类、折扣率等字段，那么客户号与VIP种类有对应关系，一位客户是一种VIP会员，而VIP种类与折扣率又有一一对应关系，一种VIP会员就有一种折扣率与之对应，客户号决定VIP种类，VIP种类又决定折扣率。解决的方案仍然是分解法，将它分解成客户信息表和VIP信息表，其中客户信息表有客户号、姓名、性别、地址、电话、VIP种类等字段，VIP信息表有VIP种类、折扣率等字段，VIP种类为关键字。

对于不满足要求一的数据表必须分解，而不满足要求二和要求三的数据表可能会发生数据操作异常，如更改异常，当然不是越多分解越好，表越多联系越多，重复的字段越多，我们称冗余越大，也会带来反作用。一般数据表能达到上述三个要求就够了。

二、任务实施

下面对网络书店的数据表进行优化。如图书有图书号、货号、图书名称、出版商号、单价、类别等，货号是关键字。每一种书就有一个图书号，这是国家统一确定的书号，为什么还要一个货号字段并作为关键字呢，因为一个图书号对应一种图书名称，一个图书号也对应一个出版商，但因印刷次数不同，单价、版面等有所不同，所以图书号与单价不能一一对应。而同一批次的进货，每个字段是一一对应的，加一个货号字段并作为关键字是必要的。又图书类别有多种，如艺术类、科技类等；科技类又分机械类、计算机类等，所以不符合要求一，要对其进行分解，应该设计三张表。

（1）图书信息表（表1-4）。

表1-4 图书信息表

图书号	货号	图书名称	出版商号	单价	大类号	小类号
ISBN978-7-22-03240-1	01010204	ASP	210000	88.90	A	1001

（2）图书大类表（表1-5）。

表1-5 图书大类表

类别号	种类名
A	科技类

（3）图书小类表（表1-6）。

表1-6 图书小类表

类别号	种类名
1001	计算机类

【任务巩固】

1-2-1 用关系数据库理论分析出版商信息表、客户信息表、库存信息表、客户订单表的设计。（出版社更名会如何，同名同姓的客户会如何）。

1-2-2 在客户信息表中添加VIP种类字段。

1-2-3 设计一张VIP信息表。

【任务拓展】

一、实体联系的种类

实体之间的联系有三种：一对一；一对多；多对多。

一对一：指一个实体对应另一个实体。例如客户信息与VIP信息就是一对一，一位客户对应一种VIP。

一对多：指一个实体对应另外多个实体。例如客户信息与订单信息就是一对多，一位客户可以有多张订单。

多对多：指多个实体对应另外多个实体。例如客户信息与图书信息是多对多，多种图书为多位客户选购。

> 思考
> 其他的实体之间是什么联系？

二、函数依赖

函数依赖是实体联系中的相互联系、相互制约的一种，有函数依赖和传递函数依赖等。

1. 函数依赖

设 R(U) 是一个关系模式，U 是 R 的属性集合，X 和 Y 是 U 的子集。对于 R(U) 的任意一个可能的关系 r，如果 r 中不存在两个元组，它们在 X 上的属性值相同，而在 Y 上的属性值不同，则称"X 函数决定 Y"或"Y 函数依赖于 X"，记作 X→Y。

如客户（客户号，客户名），客户号决定客户名，客户号确定就有一个客户名与其对应，称客户号→客户名。

2. 传递函数依赖

在关系模式 R(U) 中,如果 X→Y,Y→Z,且 Y 不是 X 的子集,X 不函数依赖于 Y,则称 Z 传递函数依赖于 X。

如客户(客户号,图书号,图书名),客户号决定图书号,客户确定购买图书,所以客户号→图书号,图书号决定图书名,图书名函数依赖于图书号,所以图书号→图书名,则图书名传递函数依赖客户号。

三、范式

第一范式(1 NF):关系模式 R 的所有属性都是不可分割的基本数据项,则 R∈1NF。

如客户(客户号,客户名,地址,邮编,电话,邮箱)中的每个属性都不能再作分解了,所以客户∈1NF。又如客户(客户号,客户名,VIP)中 VIP 还包括 VIP 种类、折扣率两个属性,则客户不满足 1NF。关系数据库设计时必须满足 1NF。不满足可采用分解法加以解决。

第二范式(2 NF):如果 R 满足第一范式,非关键字属性完全函数依赖于关键字属性,则 R∈2NF。

如客户(客户号,客户名,地址,电话)中客户号为关键字,其他为非关键字,客户号决定客户名,客户号决定地址,客户号决定电话,所以客户(客户号,客户名,地址,电话)满足第二范式。

第三范式(3NF):满足第二范式,且每个非关键字属性不传递函数依赖于关键字属性。

如客户(客户号,客户名,地址)中客户号为关键字,其他为非关键字,客户号决定客户名,客户名不能决定地址(考虑同名同姓),所以地址不传递函数依赖于客户号,则客户(客户号,客户名,地址)满足第三范式。

函数依赖和三个范式理论就是我们前面提到的数据库设计三要求的理论基础,要求一即为第一范式。

项目二　常用数据库应用与操作

【项目要求】

本项目主要让学生了解数据库的一些概念，掌握 Access 数据库的使用，能应用它为网络商店设计有效、安全的数据库，掌握常用的 SQL 命令，了解 SQL Server 数据库的使用。本项目参考学时 10 学时。

【教学目标】

1. 知识目标
★掌握设计 Access 数据库。
★掌握常用的 SQL 语句。
2. 能力目标
★能够使用 Access 数据库，会设计数据库和数据表。
★能够对 Access 数据库进行记录的添加、修改、删除和查询。
★能应用 SQL 语句对数据库进行读写。
3. 素质目标
★培养学生对视窗软件的使用操作能力。
★培养学生独立思考问题的能力，能对网站可能要对数据库进行的各类操作编写 SQL 命令。

【教学方法参考】

讲授法、案例驱动法、现场演示法

【教学手段】

多媒体课件、案例、实训

【设备、工具和材料】

计算机

任务 1　Access 数据库及其应用

【任务目标】

通过本任务的学习，使学生完全掌握 Access 数据库的使用，能设计数据库和各类数据表，确定关键字、字段类型、大小和部分完整性，能对数据表进行添加、修改、删除操作。准确设计出网络书店的数据库和出版商信息表、客户信息表、库存信息表、客户订单表、图书信息表，并能输入、修改和删除一些记录。

【任务实现】

一、知识要点

1. 数据库、数据库管理系统与关系数据库

数据库简单地理解是存放数据的仓库。它按照一定的组织原则，把数据存储在计算机里，并保证有较高的安全性和完整性为多用户读写的共享数据集合。

那么如何保证数据库有效、准确、安全呢？它是通过许多文件组成的系统统一管理和维护的，叫数据库管理系统。如果数据库的组织原则是按关系模型来组织数据的叫关系数据库，与之相对应的是关系数据库管理系统，当今流行的数据库还有层次型、网状型和面向对象型，而关系数据库是应用最广也是最成熟的数据库，其中最有代表性的是微软的 Access、SQL Server、Oracle、VFP 等产品。本教材以 Access 为蓝本讲解数据库及应用。

2. 数据库的物理设计

在完成了数据库的需求分析和逻辑设计并对其进行了优化后就可以进行数据库的物理设计了。首先按需求、功能和性能选定数据库，小型网店可以用 Access，中小型网店可以用 SQL Server 或 VFP，大型网店可以用 Oracle。目前市场上的数据库有很多，各有特色，但使用方法相近。初学者可以先掌握一种，其他的产品都有异曲同工之处。

接下来确定好结构，设计几个数据表，各表多少字段，确定字段名、类型、长度、关键字否、空否等。

3. Access 的使用

Access 是一种小型数据库管理系统，使用、安装非常方便，功能齐全，界面友好，作为一般网络商店的后台数据库使用优越性很多。在安装 Office 软件时可以一起安装。

启动 Access 2003，单击"开始"/"所有程序"/Microsoft Office/Microsoft Office Access 2003，如图 2-1 所示。

图 2-1 打开 Access 2003

Access 2003 的起始界面如图 2-2 所示。

新建数据库，单击工具栏的 按钮，界面如图 2-3 所示

单击"空数据库…"超链接，打开"文件新建数据库"对话框，选择文件保存的路径，输入数据库文件名，如图 2-4 所示。

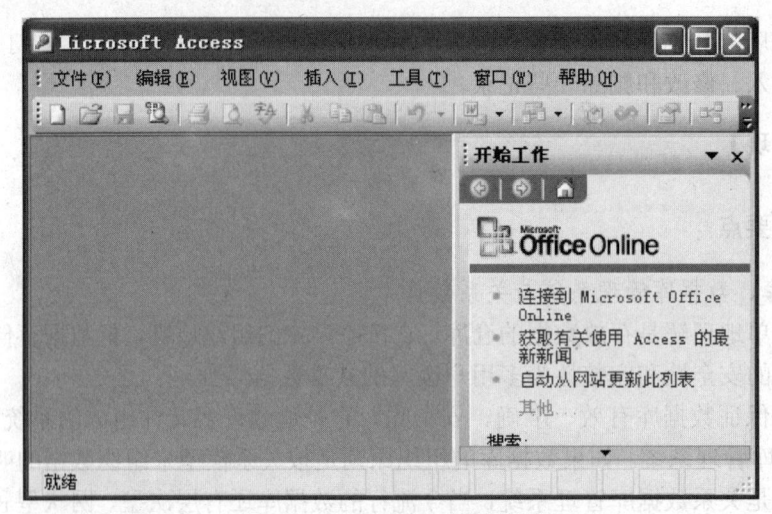

图 2-2 Access 2003 起始界面

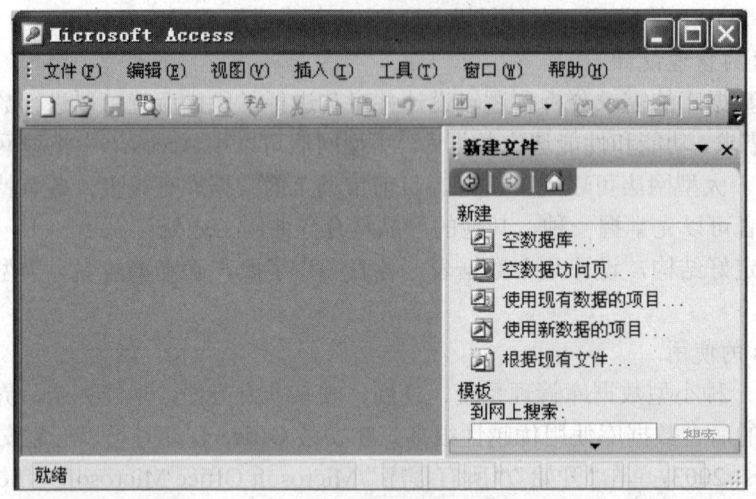

图 2-3 新建数据库界面

图 2-4 "文件新建数据库"对话框

单击"创建"按钮，完成数据库的创建，效果如图 2-5 所示。

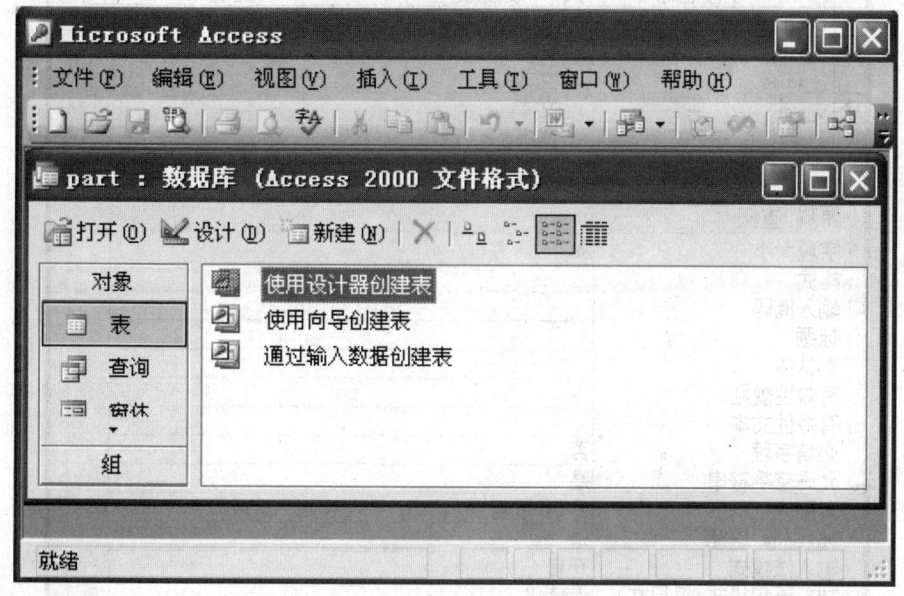

图 2-5　数据库创建完成

建好数据库后，就可以在库中创建许多数据表了。单击"表"按钮，选择"使用设计器创建表"，单击"设计"按钮，打开表设计器，如图 2-6 所示。

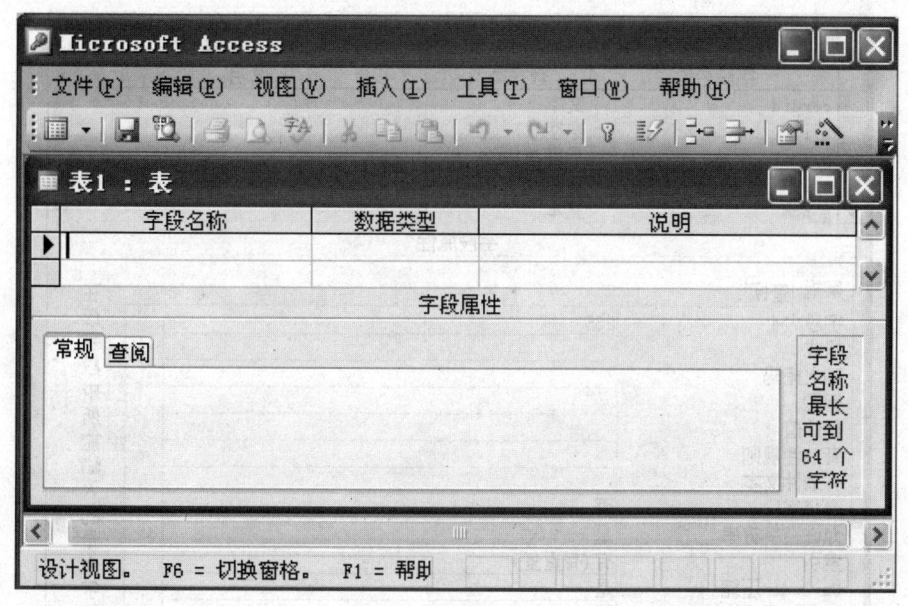

图 2-6　表设计器界面

输入所有字段名，如图 2-7 所示。

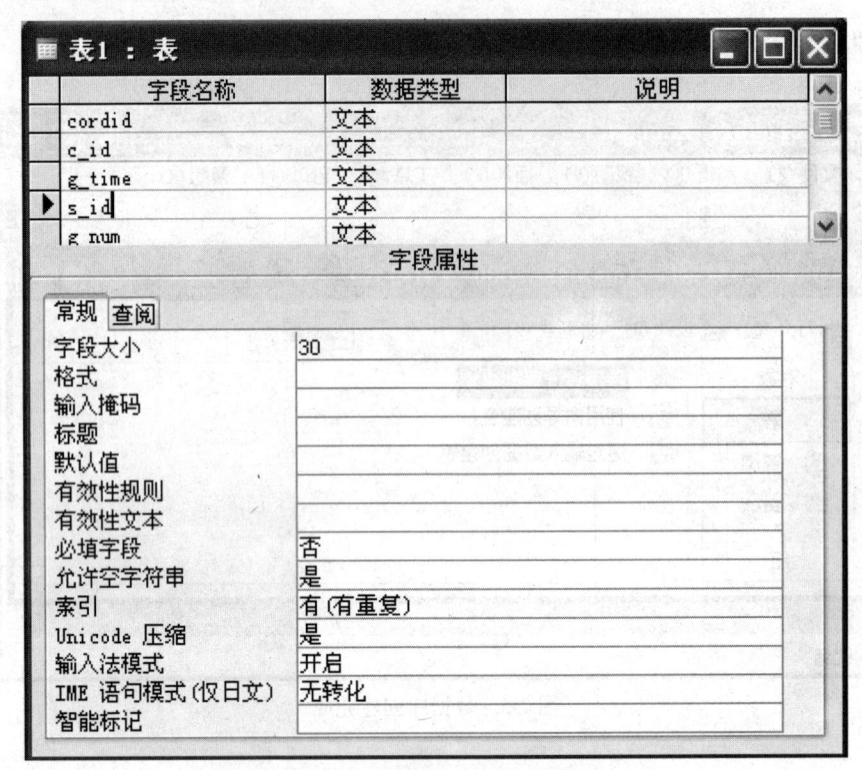

图 2-7 数据表字段名设置

选择数据类型，修改大小，允许空字符串否，如图 2-8 所示。

图 2-8 字段数据类型设置

将鼠标移到关键字段，右击打开快捷菜单，选择"主键"，将其设为关键字，如图2-9所示。

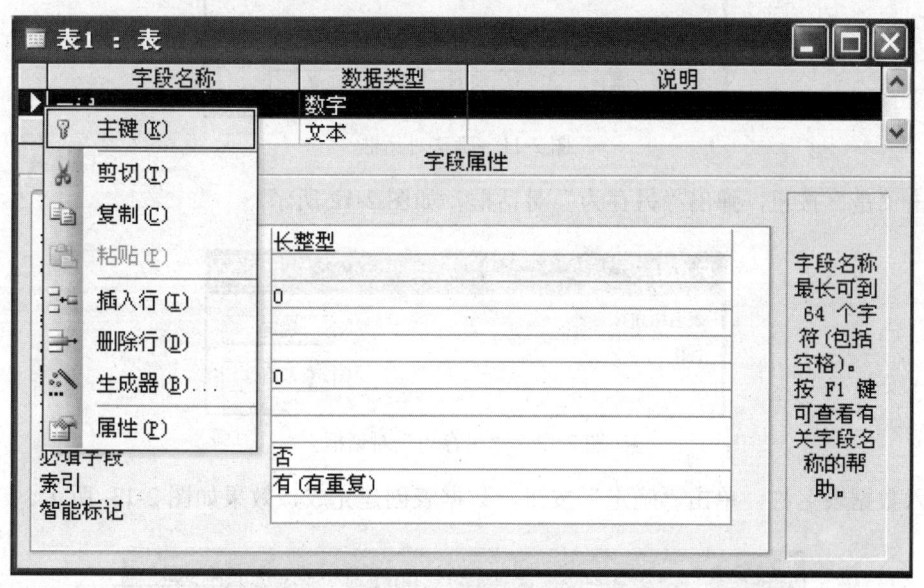

图2-9 关键字设置

效果如图2-10所示。

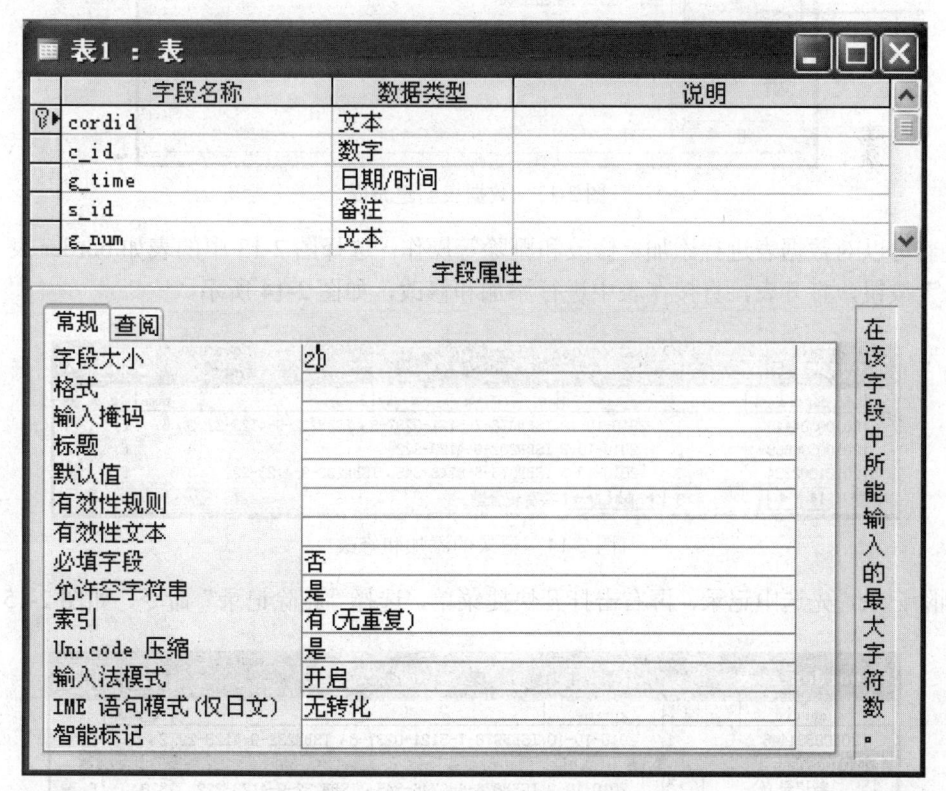

图2-10 数据表字段设定界面

单击⊠按钮，弹出二次确认对话框，如图2-11所示。

数据库与搜索技术

图 2-11 确认对话框

单击"是"按钮，弹出"另存为"对话框，如图 2-12 所示。

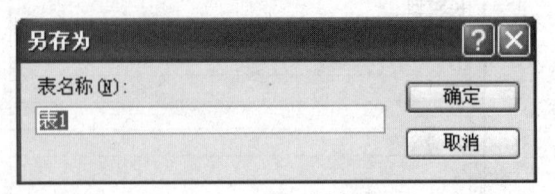

图 2-12 "另存为"对话框

输入数据表名称，单击"确定"按钮，数据表创建完成，效果如图 2-13 所示。

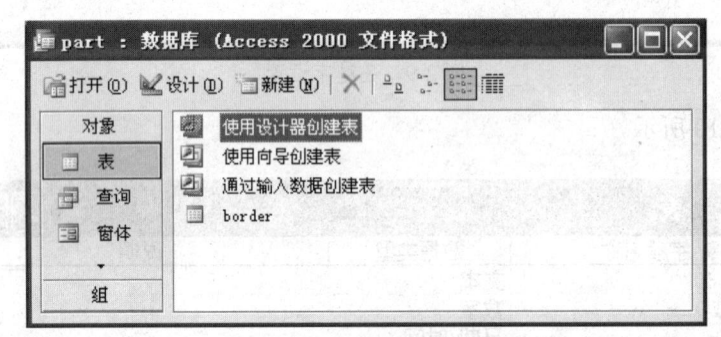

图 2-13 数据表创建完成

接着可以对数据表进行添加、修改和删除等操作。选择图 2-13 中的表如 border 表，单击"打开"按钮，打开表，直接在表中进行添加和修改，如图 2-14 所示。

图 2-14 记录的添加和修改

删除记录，先选中记录，再右击打开快捷菜单，选择"删除记录"命令，如图 2-15 所示。

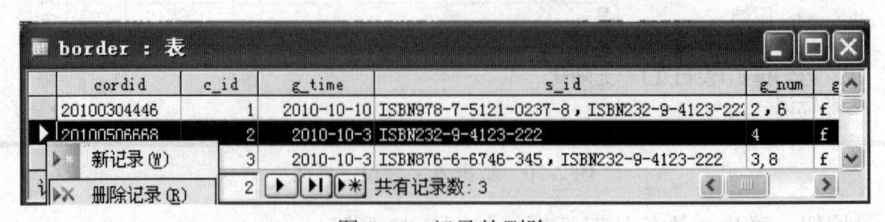

图 2-15 记录的删除

14

二、任务实施

完成对网络书店数据库的需求分析、逻辑设计和优化,接下来就可以进行具体实施即物理设计了,如订单信息表,其物理结构如表 2-1 所示。

表 2-1　订单信息表的物理结构

字段名	含义	关键字否	空否	类型	大小	说明
cordid	订单号	是	否	文本	20	
c_id	客户号	否	否	数字—长整型		
g_time	订购日期	否	否	日期/时间		
s_id	图书号	否	否	备注		
g_num	数量	否	否	数字—整型		
g_v	成交否	否	否	文本	1	t 成交;f 未成交,默认值

打开 Access,新建名为 part 的数据库并保存在自己的文件夹里。创建订单信息表,表名取 border,表结构如表 2-2 所示。

表 2-2　输入 border 表的记录

g_id	c_id	g_time	s_id	g_num	g_v
100465	1	2010/10/26	ISBN 978-7-5121-023,ISBN 7-121-023226-1	2,6	t
100488	2	2010/10/28	ISBN 7-121-023226-1	8	f
200336	2	2010/10/30	ISBN 978-7-03-0120-1,ISBN7-121-023226-1	48,78	f

修改订单号为 100488 的数量为 6。删除订单号为 200336 的记录。

【任务巩固】

2-1-1　请设计出版商信息表、图书信息表、图书大类表、图书小类表、库存信息表和客户信息表的物理结构,填在下列表中(字段名自定义,两表的联系字段一般同名、同类型)。

(1)出版商信息表(businessesdb)(表 2-3)。

表 2-3　出版商信息表

字段名	含义	关键字否	空否	类型	大小	说明
	出版商号	是				
	出版社名					
	地址					
	邮编					
	银行账号					

(2) 图书信息表 (booksdb) (表2-4)。

表2-4 图书信息表

字段名	含义	关键字否	空否	类型	大小	说明
	图书号	是				
	图书名称					
	出版商号					
	出版时间					
	单价					
	大类号					
	小类号					

(3) 图书大类表 (bookbagtypedb) (表2-5)。

表2-5 图书大类表

字段名	含义	关键字否	空否	类型	大小	说明
	大类号	是	否			
	大类名					

(4) 图书小类表 (booktypedb) (表2-6)。

表2-6 图书小类表

字段名	含义	关键字否	空否	类型	大小	说明
	大类号	是	否			
	小类号	是	否			
	小类名					

(5) 库存信息表 (goodsdb) (表2-7)。

表2-7 库存信息表

字段名	含义	关键字否	空否	类型	大小	说明
	图书号	是	否			
	入库时间					
	入库数量					
	库存量					

(6) 客户信息表 (clientdb) (表2-8)。

表2-8 客户信息表

字段名	含义	关键字否	空否	类型	大小	说明
	客户号	是				
	密码					
	昵称					

续表

字段名	含义	关键字否	空否	类型	大小	说明
	真实姓名					
	性别					
	地址					
	邮编					
	电话					
	积分					

2-1-2　打开 Access，打开 part 数据库，创建以上 6 张表。

2-1-3　输入一些记录，输入有错请修改。

【任务拓展】

一、字段的默认值设置

有一些字段在添加记录时可以由系统提供而不需要输入，如订购信息中的时间，客户下单时系统在添加订单信息时可以把系统时间作为默认值保存起来。默认值设置的步骤是打开 part 数据库，选中 border 表，如图 2-16 所示。

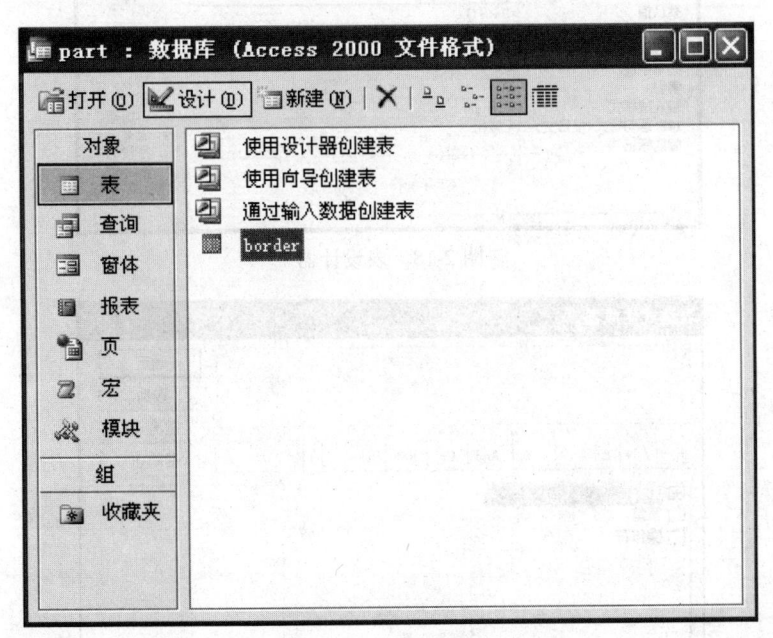

图 2-16　数据表设计

单击"设计"按钮，打开"表"设计器，如图 2-17 所示。

选中 g_time 字段，在下方的默认值栏输入=Date()，如图 2-18 所示。=是赋值，Date()是 Access 的系统函数，功能是获取系统日期。

还可以单击右边的"…"按钮，打开"表达式生成器"，如图 2-19 所示。

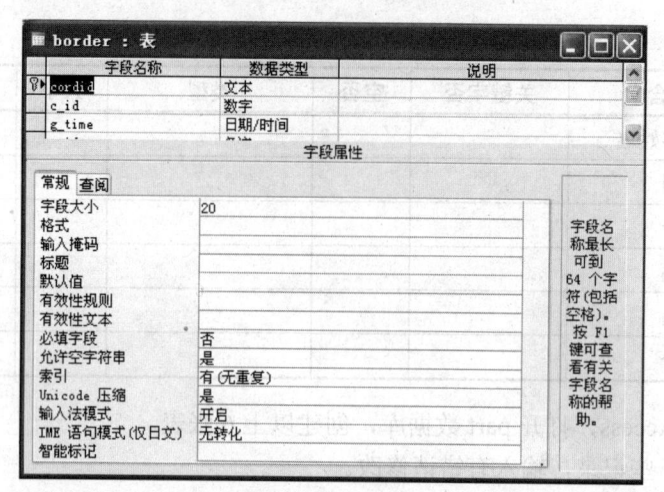

图 2-17 表设计器

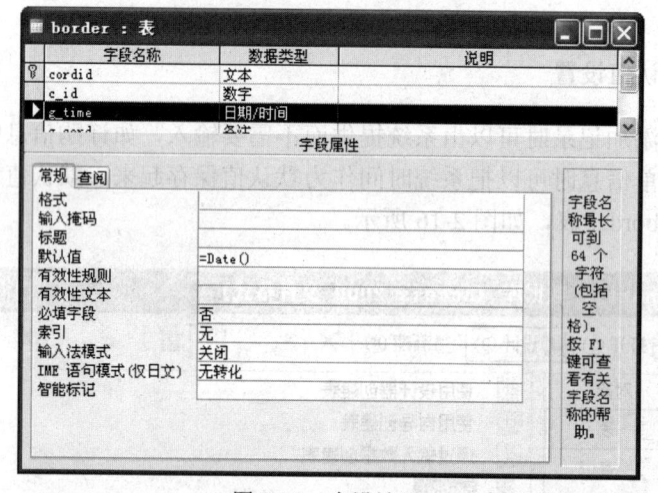

图 2-18 表设计器

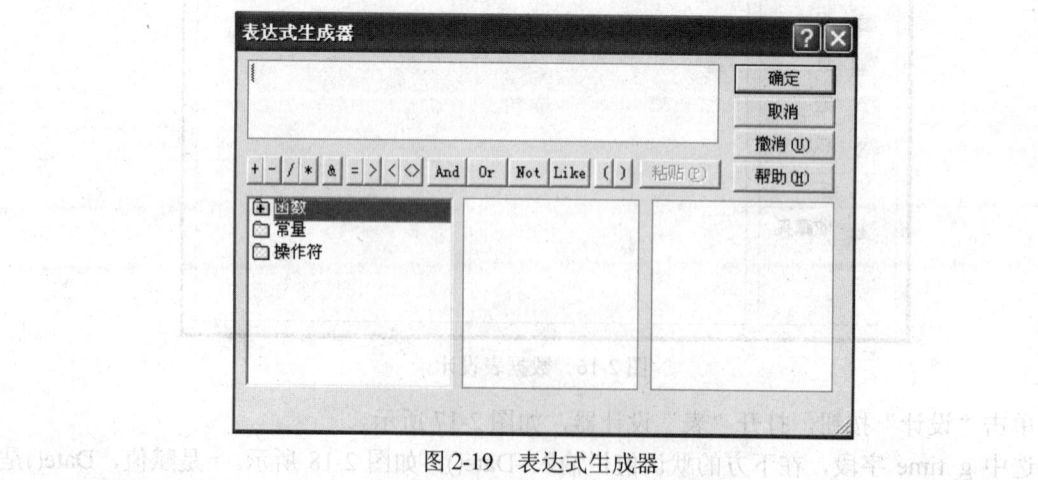

图 2-19 表达式生成器

单击 "=" 按钮，展开 "函数"，选中 "内置函数"，选中 "日期/时间"，单击 Date，效果如图 2-20 所示。单击 "确定" 按钮，结果如图 2-18 所示。

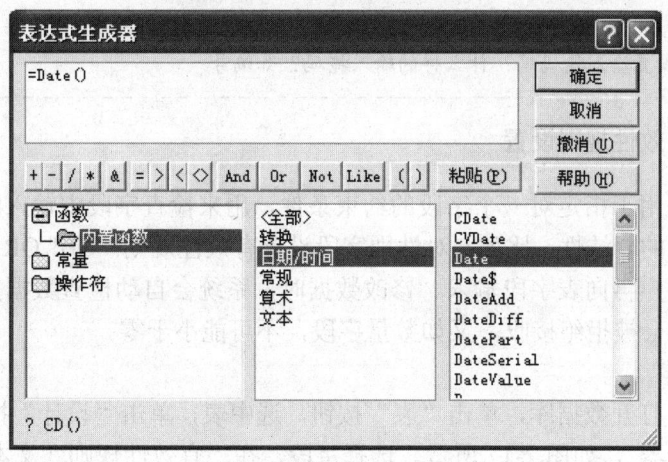

图 2-20　默认时间设置

> **思考**
> 其他字段可以设置默认值吗？什么样的默认值？像客户注册时积分字段是什么默认值？

二、字段的输入掩码设置

输入掩码是用于指定字段输入值的格式，使用输入掩码可屏蔽非法输入，减少人为的数据输入错误。比如：指定"订单信息表（border）"的"数量(g_num)"字段的输入掩码为999999，则"数量"字段只能接受数字输入而不能接受空格字符、字母的输入。掩码设置时，整型数输入9，个数和其长度一样；浮点数也输入9，整数部分和长度一致，小数部分按需要保留的位数定；文本型按符合范围定。

操作步骤如下：

启动Access，打开数据库，单击"表"按钮，选中表，单击"设计"按钮，如图2-16所示。打开"表设计器"，如图2-17所示。选择字段，在"输入掩码"文本框中输入999999，表示该字段只能输入数字，如图2-21所示。

图 2-21　输入掩码设置

> **思考**
> 其他字段可以设置输入掩码吗？什么样的输入掩码？如编号。

三、字段的有效性规则设置

有效性规则是用于指定对一个字段的约束条件，用来检查字段中输入的数据是否有效，从而控制输入数据的合法性。比如：对性别字段设置有效性规则："男".OR."女"。当表建立了有效性规则后，用户再向表字段输入、修改数据时，系统会自动检查数据是否符合该规则，不符合规则的数据会被拒绝接收。又如数量字段，不可能小于零。

操作步骤如下：

启动 Access，打开数据库，单击"表"按钮，选中表，单击"设计"按钮，如图 2-16 所示。打开"表设计器"，如图 2-17 所示。选择字段，在"有效性规则"文本框中输入">0"，表示该字段不能输入 1 以下的数，如图 2-22 所示。

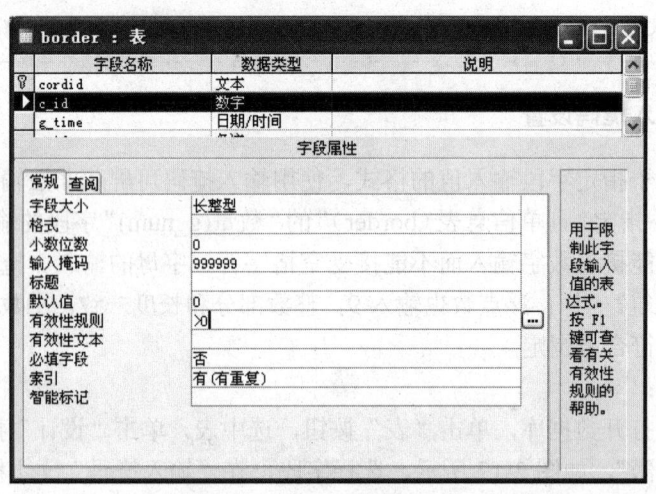

图 2-22　有效性规则设置

相关的设置还可以用设计器来完成。单击"…"按钮，打开"表达式生成器"，如图 2-23 所示。

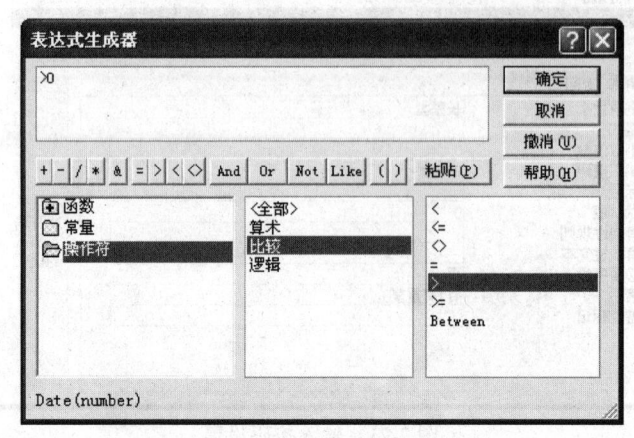

图 2-23　表达式生成器

选择操作符，选中">"，输入 0，单击"确定"按钮，结果如图 2-22 所示。

> **思考**
> 其他字段可以设置有效性规则吗？什么样的有效性规则？

四、安全性设置

为了防止黑客与各种病毒的恶意侵入，保证数据库的安全，我们可以对数据库进行一定的安全设置，方法如下：打开 Access，单击"打开"按钮，打开"打开"对话框，选中你的数据库，单击"打开"下拉菜单，选择"以独占方式打开"，如图 2-24 所示。

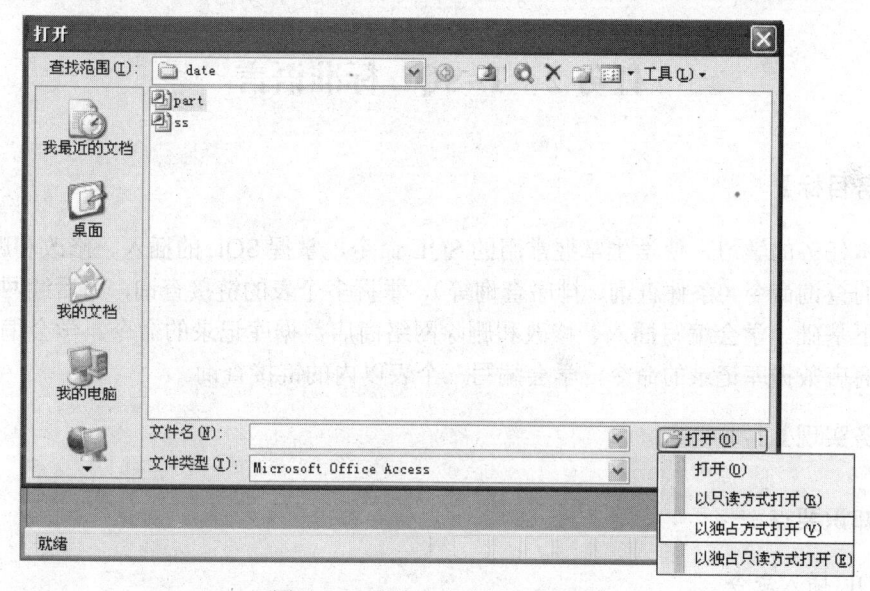

图 2-24 以独占方式打开数据库

选择"工具"/"安全"/"设置数据库密码"命令，如图 2-25 所示。

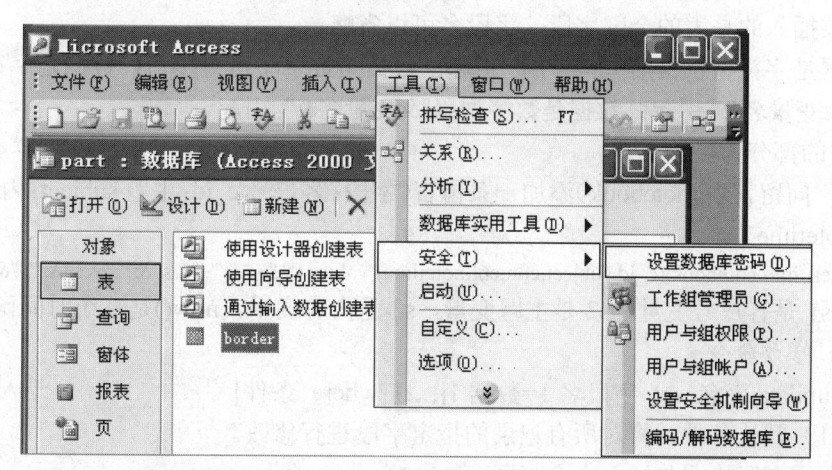

图 2-25 数据库密码设置

打开"设置数据库密码"对话框，如图 2-26 所示。

图 2-26　设置数据库密码

输入密码，再次输入密码验证，单击"确定"按钮，密码设置完成。建议密码选取一些特殊符号，长度不要太短。以后再要打开数据库，必须输入正确的密码方可进入。

任务 2　T-SQL 标准语言

【任务目标】

通过本任务的学习，使学生掌握常用的 SQL 命令，掌握 SQL 的插入、修改和删除命令，掌握一般的查询命令（条件查询、排序查询等），掌握多个表的链接查询，为后续网站的数据库操作打下基础。学会编写插入、修改和删除网络商店数据库记录的命令。学会编写简单的查询网络商店数据库记录的命令。学会编写三个表以内的链接查询。

【任务实现】

一、知识要点

1. SQL 插入命令

格式：insert into 表名 (字段名 1[,…]) values (数据 1[,…])

说明：1）插入的数据要和字段的位置相对应，字段名 n 插入数据 n。

2）如果插入的是表的全部字段，字段名可以省略。

3）数据是字符型、日期型常量用' '引起；数据是数字型可直接写；数据是字符型、日期型变量用'"&变量名&"'引起；数据是数字型用"&变量名&" 引起。

4）[]中的部分为可选部分。

例 2-1　向留言表（notebook）添加一条留言（字段：客户号 c_id；主题 subject；内容 content；留言时间 notetime）。

　　　　insert into notebook (c_id,subject,content,notetime) values ('"&s1&"','"&s2&"','"&s3&"','"&now()&"')

其中，s1 是客户号变量，s2 是主题变量，s3 是内容变量，now()是系统时间函数。

2. SQL 修改命令

格式：updata 表名　set 字段名 1=数据 1[,…] [where 条件]

说明：1）默认条件，将对所有记录的指定字段进行修改。

2）数据的书写格式与插入命令相同。

3）条件可以是关系表达式、逻辑表达式和返回逻辑值的函数等逻辑结果的表达式。

4）关系运算符有：=等于；!=不等于；<小于；>大于；<=小于等于；>=大于等于。逻辑运算符有：and 与；or 或；not 非。

例 2-2 更改客户信息表 clientdb 的张三客户的密码 c_pass。

  update clientdb set c_pass='"&pwd&"' where c_name='张三'

其中 pwd 是新密码变量。

3. SQL 删除命令

格式：delete from 表名 [where 条件]

说明：1）默认条件，将删除表中的所有记录。

2）条件和修改命令相同。

3）数据的书写格式与插入命令相同。

例 2-3 删除客户信息表 clientdb 中张三的客户信息。

  delete from clientdb where c_name='张三'

4. SQL 查询命令

（1）无条件查询。

格式：select 字段名 1[,...] from 表名|视图名|查询名

说明：1）多个字段的顺序不一定与数据库的字段顺序一致，可根据结果顺序来设计。

2）查询数据库中的全部字段可用*来代表，结果顺序与表中的顺序一致。

3）数据的书写格式与插入命令相同。

例 2-4 查询客户信息表 clientdb 的全部字段。

  select * from clientdb

例 2-5 查询客户信息表 clientdb 全部客户的姓名 c_name、地址 c_add、邮编 c_post 和电话 c_tel。

  select c_name,c_add,c_post,c_tel from clientdb

（2）条件查询。

格式：select 字段名 1[,...] from 表名|视图名|查询名 where 条件

说明：1）条件与修改命令相同。

2）字段的要求与无条件查询相同。

3）数据的书写格式与插入命令相同。

例 2-6 查询客户信息表 clientdb 中客户名为乐乐的密码。

  select c_pass from clientdb where c_name='乐乐'

（3）排序查询。

格式：select 字段名 1[,...] from 表名|视图名|程序名 where 条件 order by 字段名 1 desc|asc[,...]

说明：1）排序有升序 asc（默认方式）和降序 desc。

2）数字型按大小排序；英文按字母顺序排序；汉语按拼音顺序排序。

3）字段名 1 为第一排序，后面的是第二、第三排序。

4）排序的字段一定要在结果的字段中存在。

例 2-7 查询客户信息表 clientdb 中的昵称 c_nosename 和真实姓名 c_name，按积分 count 降序排列，积分相同按真实姓名升序排列。

  select c_nosename,c_name,count from clientdb order by count desc,c_name

（4）模糊查询。

格式：select 字段名 1[,...]from 表名|视图名|查询名 where 字段名 like '%|_"&变量名&"%|_'

说明：1）模糊查询是查询条件中非精确的匹配而是部分的匹配的查询。

2）非匹配部分用"_"或"%"代表，"_"表示单个字符；"%"表示多个字符。

例 2-8 查询客户信息表 clientdb 中的真实姓名 c_name 中的张姓客户的全部信息。

select * from clientdb where c_name like '"&n&"%'

其中 n 的值为张。

（5）连接查询。

完成多张数据表的查询。如果你要的查询结果在几张表中，请用连接查询。

格式：select 表名 1.字段名 1[,...] from 表名 1,表名 2[,...] where 表名 1.字段名=表名 2.字段名 [and 条件...]

说明：1）字段在多张表中是唯一的字段表名，可省略。

2）连接条件中两张表的字段应相同（含义、类型相同，不同类型需转换成同类型）。

3）两张表一个连接条件，三张表两个连接条件……

例 2-9 查询张三的邮箱地址和留言内容。

select clientdb.c_email,notebook.content from clientdb,notebook where clientdb.c_id=notebook.c_id and clientdb.c_nosename='张三'

（6）查询中的函数使用。

常用的函数有：最大值 max()；最小值 min()；总和 sum()；平均值 avg()；前几名 top n；计算记录条数 count()。

例 2-10 查询客户张三购买图书的总数。

select sum(g_num) from border, clientdb where border.c_id=clientdb.c_id and c_nosename='张三'

二、任务实施

添加一位新客户信息。

insert into clientdb (c_nosename,c_pass,c_name,c_sex,c_add,c_post,c_tel,c_email) values('"&username&"','"&userpass&"','"&sname&"','"&sex&"','"&address&"','"&zipcodde&"','"&tel&"','"&email&"')

查询某种图书库存量。

Select sum(g_num) from goodsdb where s_id='"&id&"'

查询某客户在 2010 年购买的图书名、数量和总价。

select booksdb.bookname as 书名,border.g_num as 数量,border.g_num*booksdb.price as 总价 form clientdb,border,booksdb where clientdb.c_id=border.c_id and border.s_id=booksdb.s_id and clientdb.c_name='"&name&"' and year(border.g_time)='2010'

【任务巩固】

2-2-1 添加一条客户记录。

2-2-2 修改某位客户的昵称。

2-2-3 删除一种图书的记录。

2-2-4 查询最新入库的前 10 种图书信息。

2-2-5　查询某出版社的所有图书销售量。

2-2-6　查询某出版社的所有图书库存量。

【任务拓展】

一、Access 的查询

Access 提供了查询功能，特别是对比较复杂的查询，如链接查询，使用起来方便一点。操作过程如下：启动 Access，打开数据库，单击"查询"按钮，单击"在设计视图中创建查询"，如图 2-27 所示。

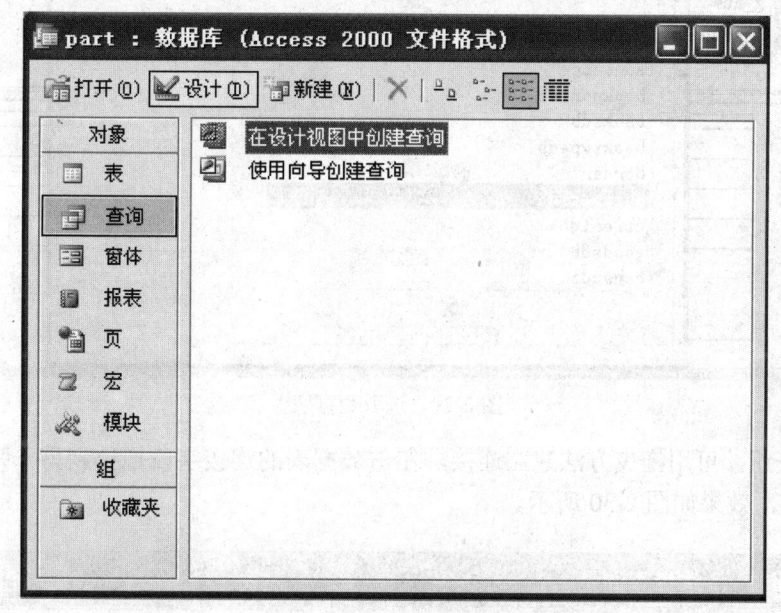

图 2-27　设计查询

单击"设计"按钮，打开"显示表"对话框，如图 2-28 所示。

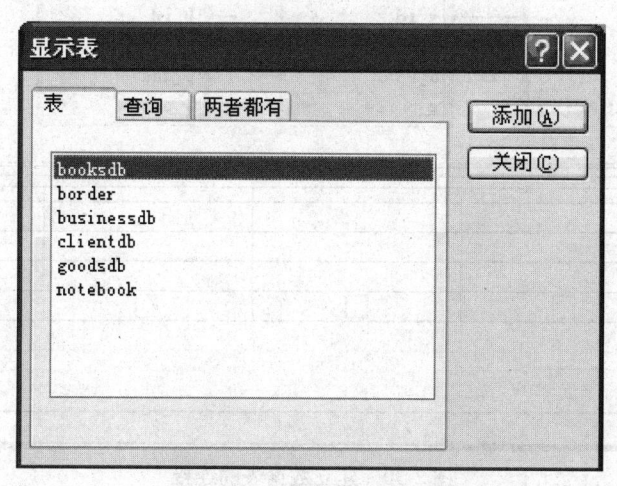

图 2-28　"显示表"对话框

选中需要的表，单击"添加"按钮，需要几张表就操作几次。如查询某年出版价格在某某以下的图书名、出版社名和库存量需要三张表：库存信息表 goodsdb、图书信息表 booksdb 和出版商信息表 businessdb。结果如图 2-29 所示。

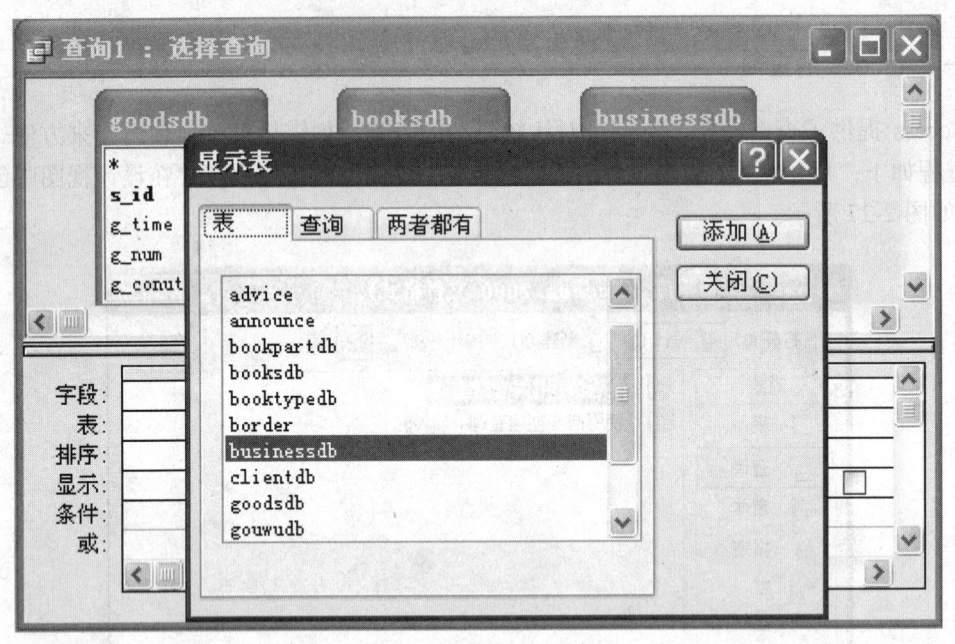

图 2-29 选取数据表

单击 ![X] 按钮，可用拖曳方法建立连接，左击数据表的连接字段拖拉到另一张数据表的对应字段上释放，效果如图 2-30 所示。

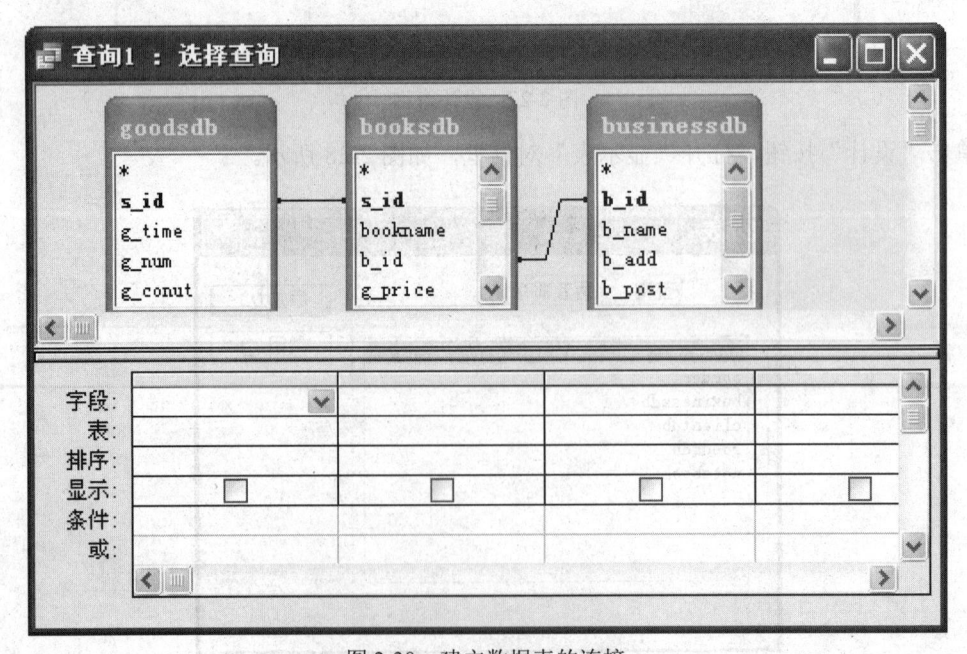

图 2-30 建立数据表的连接

选取表名、查询的字段或输入表达式，输入标题名，如图 2-31 所示。

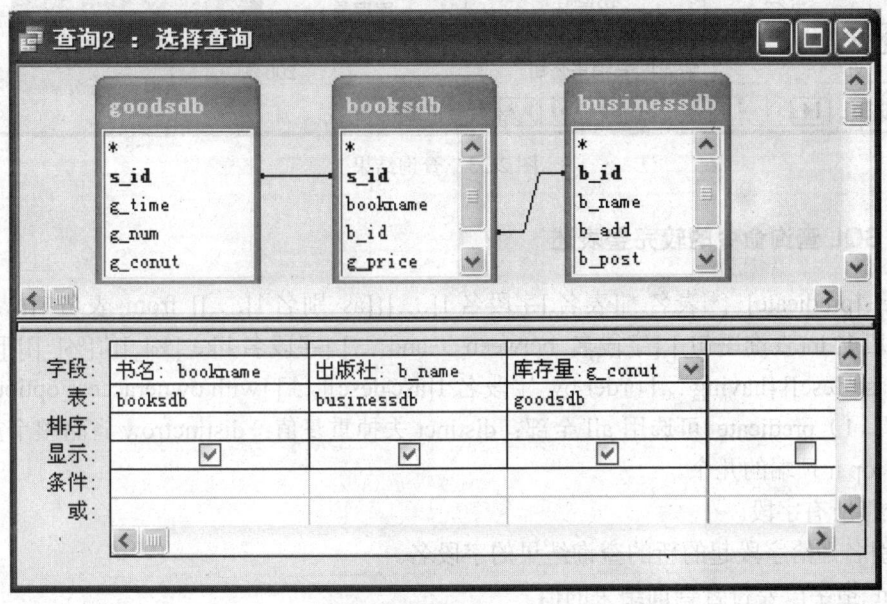

图 2-31 查询字段选取

设定条件字段和条件且不显示，如图 2-32 所示。

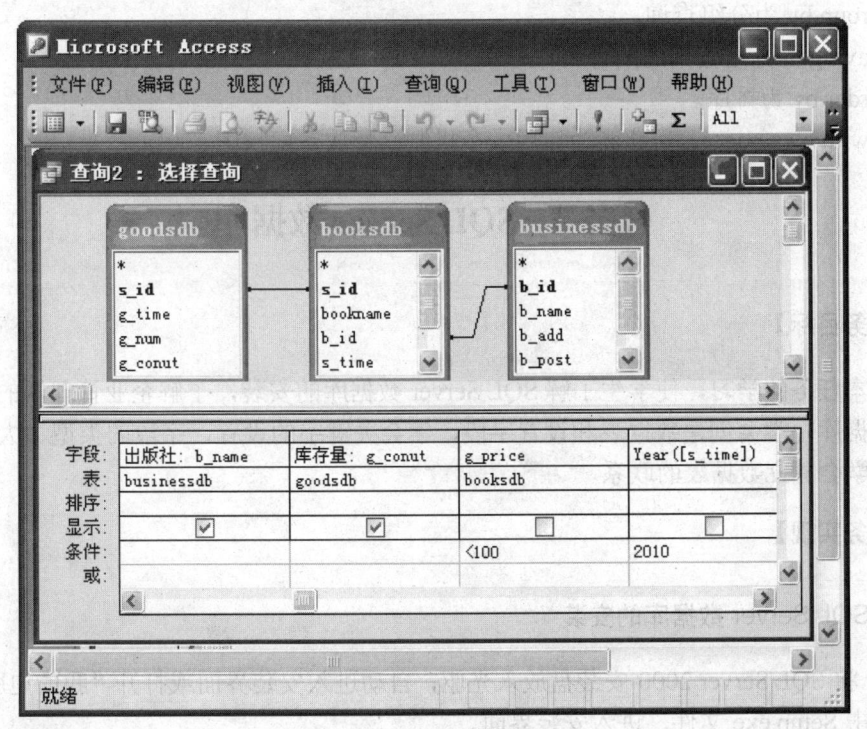

图 2-32 条件设定

注意：除了输入中文，其他所有符号都在英文状态下输入。

单击 ! 按钮，查询结果如图 2-33 所示。

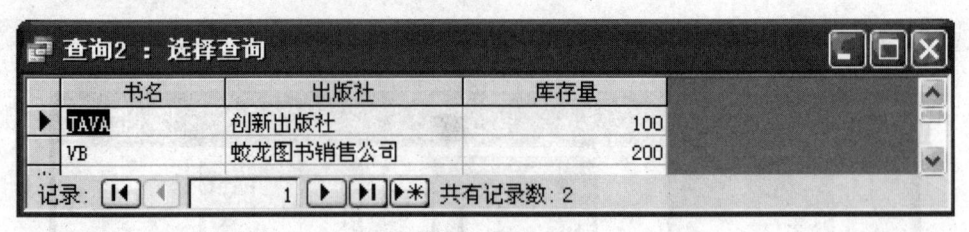

图 2-33　查询结果

二、SQL 查询命令的较完整表述

select [predicate] {*|表名.*|[表名.]字段名 1[,…]}[as 别名 1[,…]] from 表名 1[,…] [where 条件 [字段名 in(查询语句)] [字段名 between …and …] [字段名 like [%|_]值[%|_]]] [group by 字段名 [asc|desc]] [having …] order by 字段名 1[asc|desc][,…] [with owneraccess option]

注解：1）predicate 可选用 all 全部；distinct 去掉重复值；distinctrow 省略整个重复记录的数据；top n 顶端的几个。

2）*指所有字段。

3）别名是给字段起的新的查询结果的字段名。

4）in 指字段要符合查询结果的值。

5）between …and …指字段的取值范围。

6）like 为模糊查询。

7）group by 为分组查询。

8）having 为分组查询的条件。

9）order by 为排序。

10）with owneraccess option 为启用安全机制，释放访问权限。

任务 3　SQL Server 数据库

【任务目标】

通过本任务的学习，使学生了解 SQL Server 数据库的安装，了解企业管理器的使用，学会创建数据库，学会创建数据表和设置字段，学会关键字的设置，字段的类型、大小、空否等设定。学会建立数据表的联系。

【任务实现】

一、SQL Server 数据库的安装

（1）将 SQL Server 2000 安装盘放入光驱，自动进入安装界面或打开"我的电脑"，打开光盘，双击 Setup.exe 文件，进入安装界面。

（2）选择安装版本。各种版本均可，视操作系统而定。建议用"安装 SQL Server 2000 简体中文个人版"，如图 2-34 所示。

常用数据库应用与操作　项目二

图 2-34　SQL Server 安装—选择版本

（3）选择安装 SQL Server 2000 组件，如图 2-35 所示。

图 2-35　SQL Server 安装—选择组件

（4）选择"安装数据库服务器"，如图 2-36 所示。

29

图 2-36　SQL Server 安装—选择数据库服务器

（5）进入欢迎界面，如图 2-37 所示。

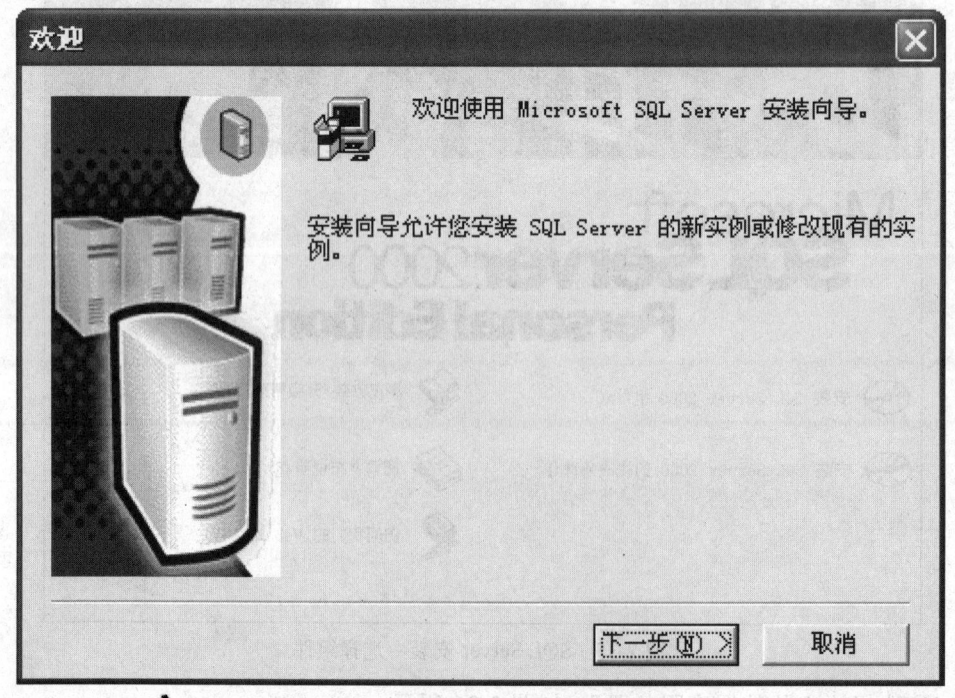

图 2-37　SQL Server 安装—欢迎界面

（6）单击"下一步"按钮，选择"本地计算机"，如图 2-38 所示。

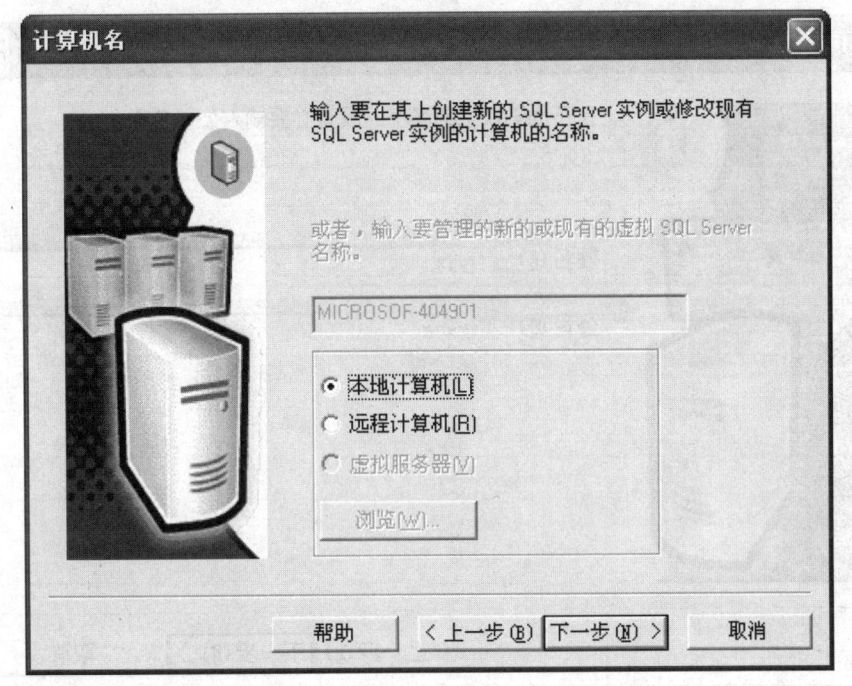

图 2-38　SQL Server 安装—计算机名

（7）单击"下一步"按钮，选择"创建新的 SQL Server 实例，或安装'客户端工具'"，如图 2-39 所示。

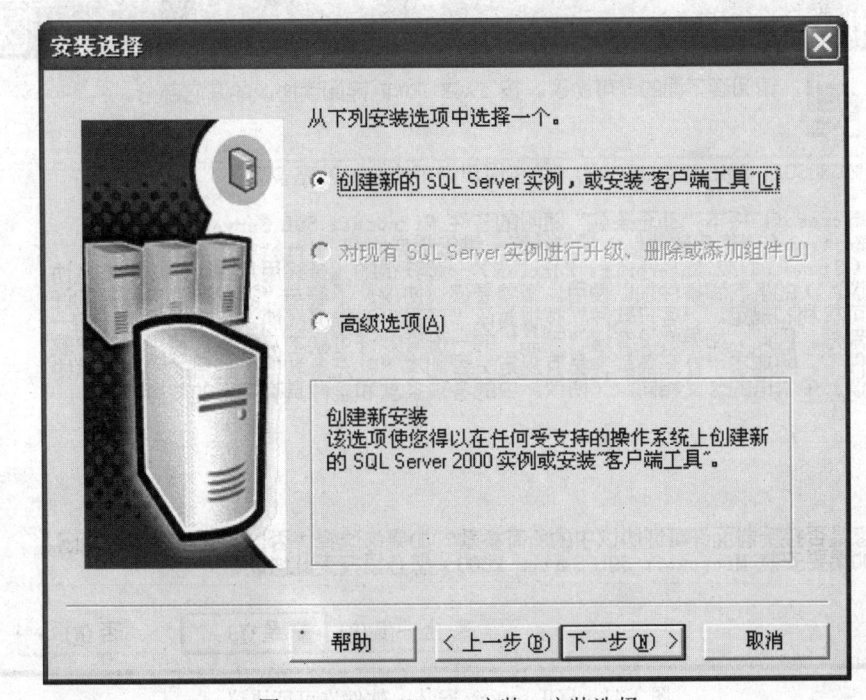

图 2-39　SQL Server 安装—安装选择

（8）单击"下一步"按钮，输入姓名、公司等用户信息，如图2-40所示。

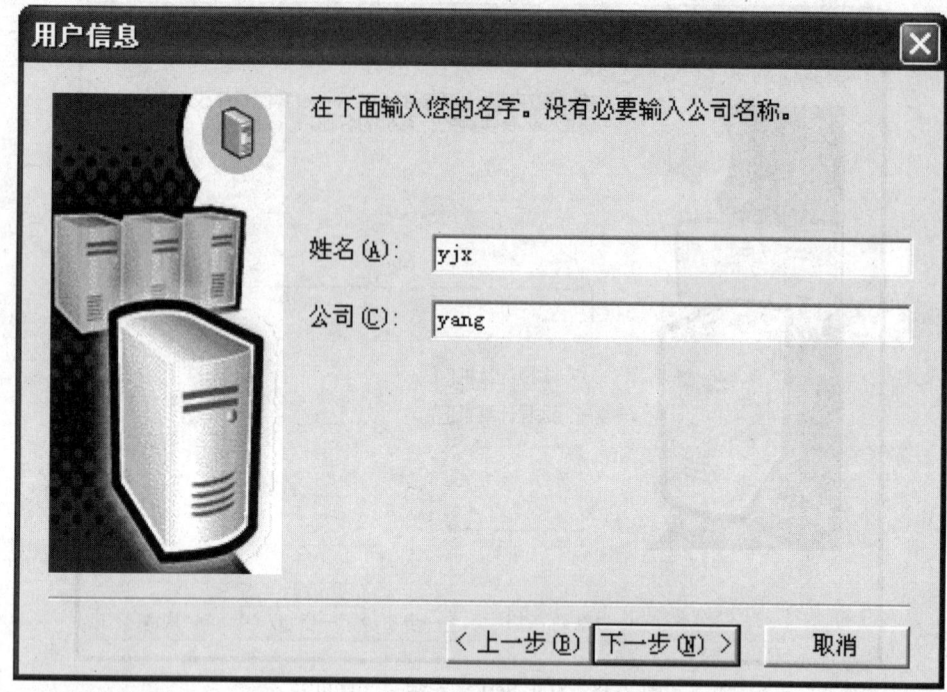

图2-40　SQL Server 安装—用户信息

（9）单击"下一步"按钮，接受软件许可证协议，如图2-41所示。

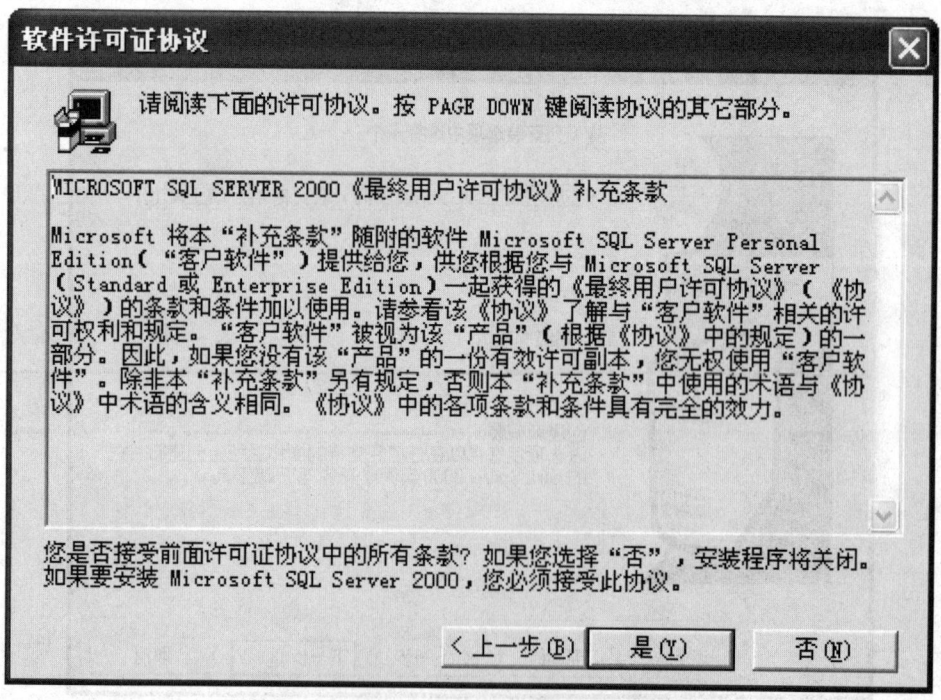

图2-41　SQL server 安装—软件许可证协议

(10) 单击"是"按钮，选择"服务器和客户端工具"，如图 2-42 所示。

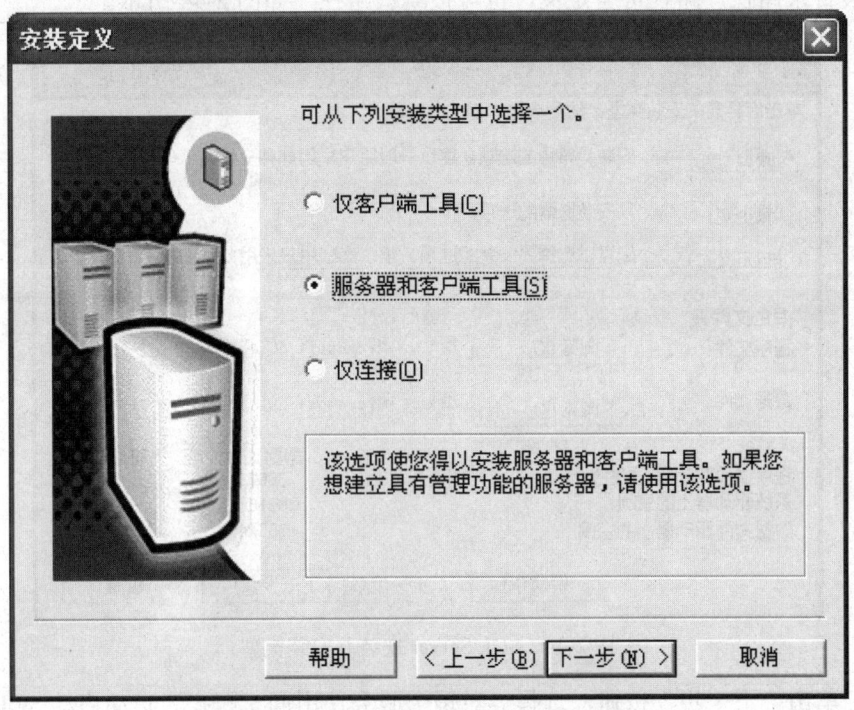

图 2-42　SQL Server 安装—安装定义

(11) 单击"下一步"按钮，选择"默认"，如图 2-43 所示。

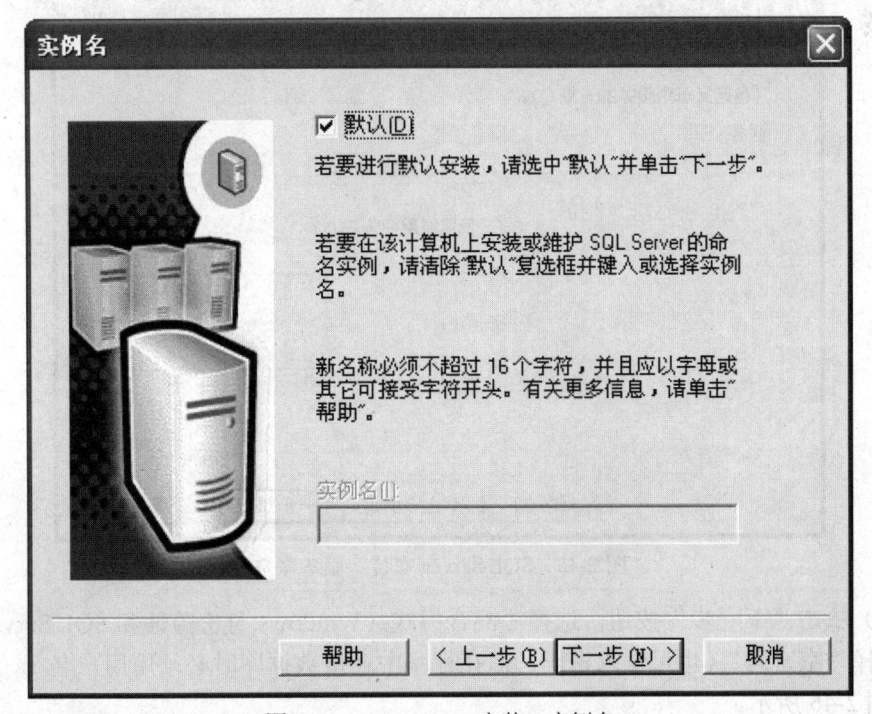

图 2-43　SQL Server 安装—实例名

(12）单击"下一步"按钮，选择"典型"。"目的文件夹"按要求设定程序文件、数据文件的安装目录路径，路径可自定义，也可按默认路径，如图 2-44 所示。

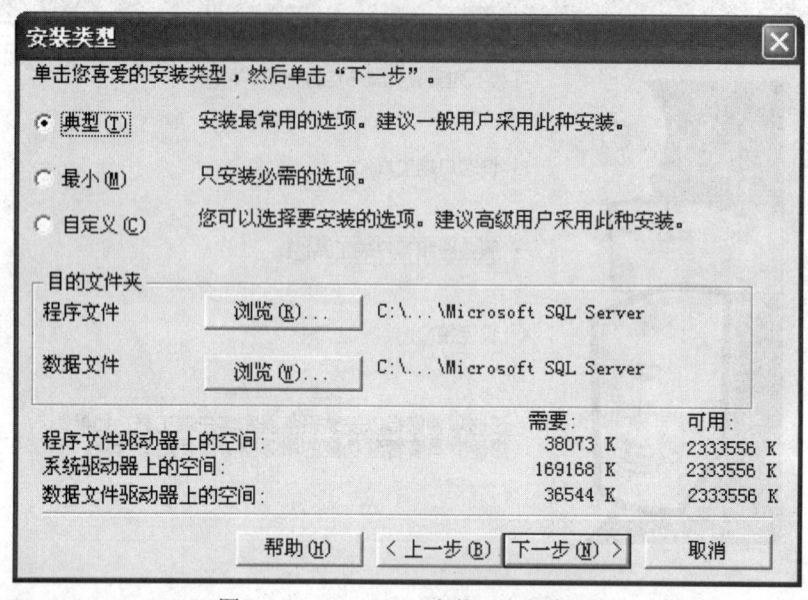

图 2-44　SQL Server 安装—安装类型

（13）单击"下一步"按钮，选择"对每个服务使用同一账户。自动启动 SQL Server 服务"，"服务设置"选择"使用本地系统账户"，如图 2-45 所示。

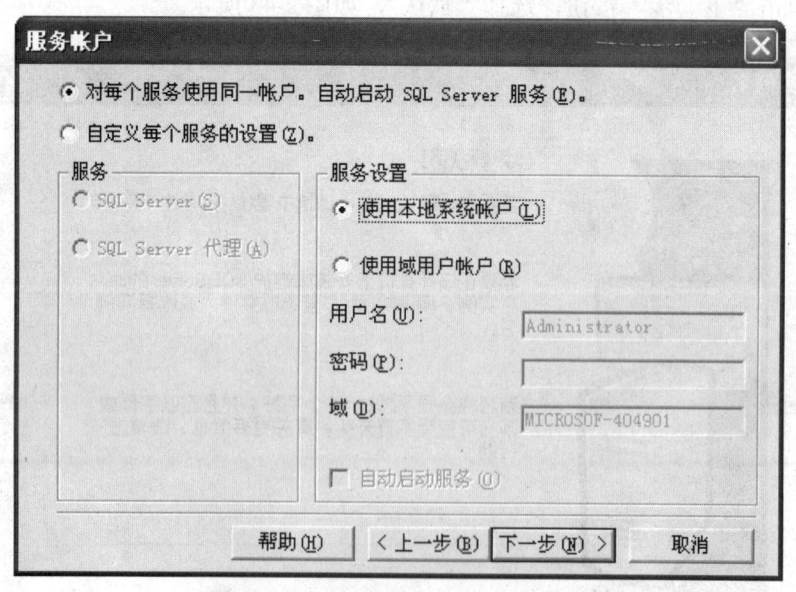

图 2-45　SQL Server 安装—服务账户

（14）单击"下一步"按钮，选择"混合模式（Windows 身份验证和 SQL Server 身份验证）"，选择"空密码"（也可输入密码，但在程序中连接数据库时必须用用户名 sa 和密码连接），如图 2-46 所示。

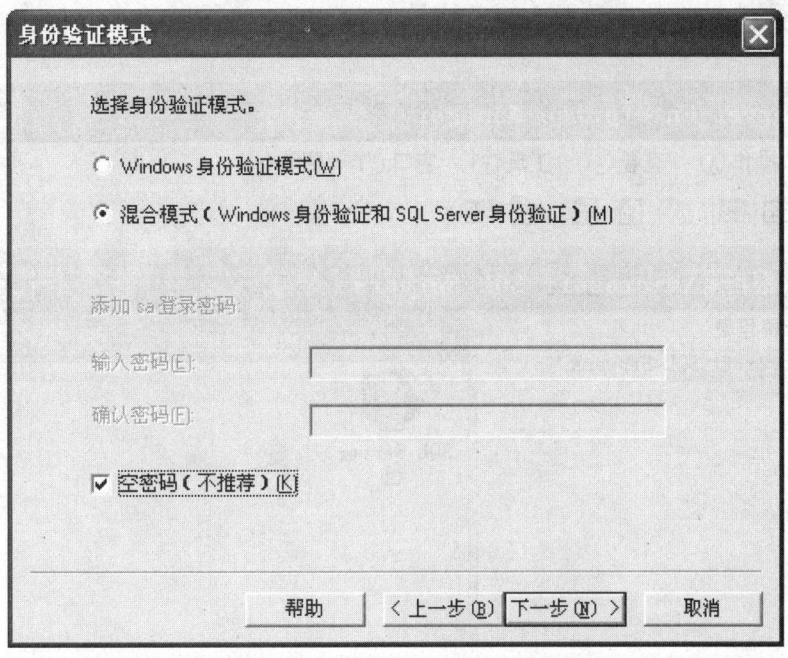

图 2-46　SQL Server 安装—身份验证模式

（15）单击"下一步"按钮，开始复制文件。

（16）单击"下一步"按钮，开始安装，请等待……单击"完成"按钮，安装成功。

二、创建数据库和表

（1）启动 SQL Server 数据库，单击"开始"/"所有程序"/Microsoft SQL Server/"企业管理器"，如图 2-47 所示。

图 2-47　启动 SQL Server

(2）进入 SQL Server 企业管理器，如图 2-48 所示。

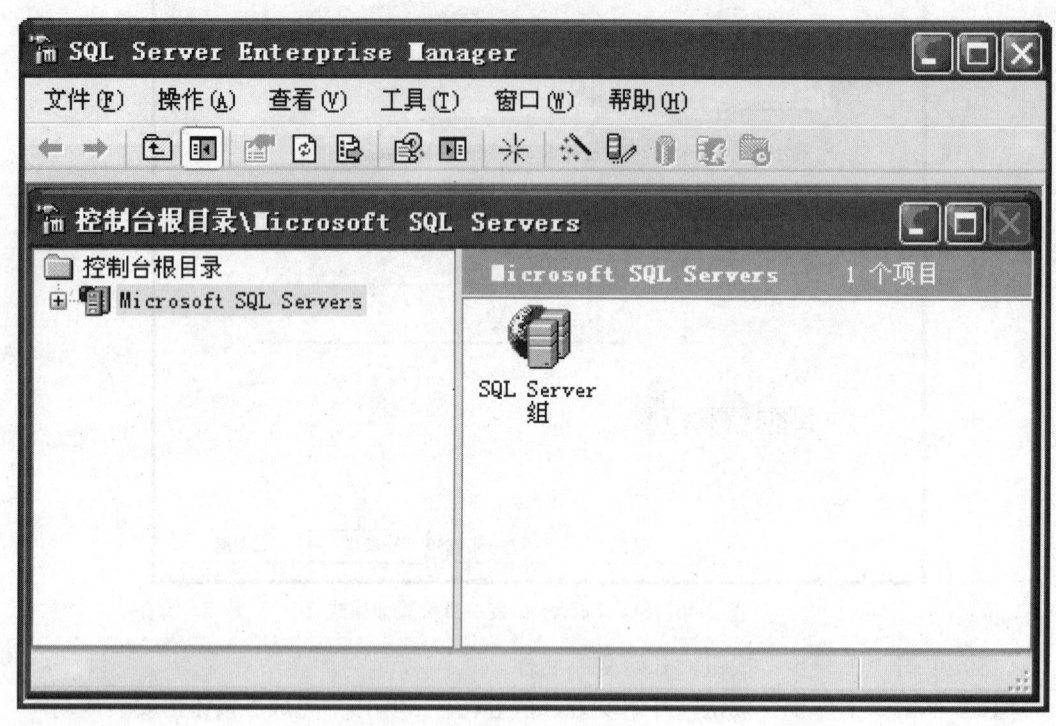

图 2-48　SQL Server 企业管理器

(3）创建数据库，展开树结构，启动数据库，如图 2-49 所示。

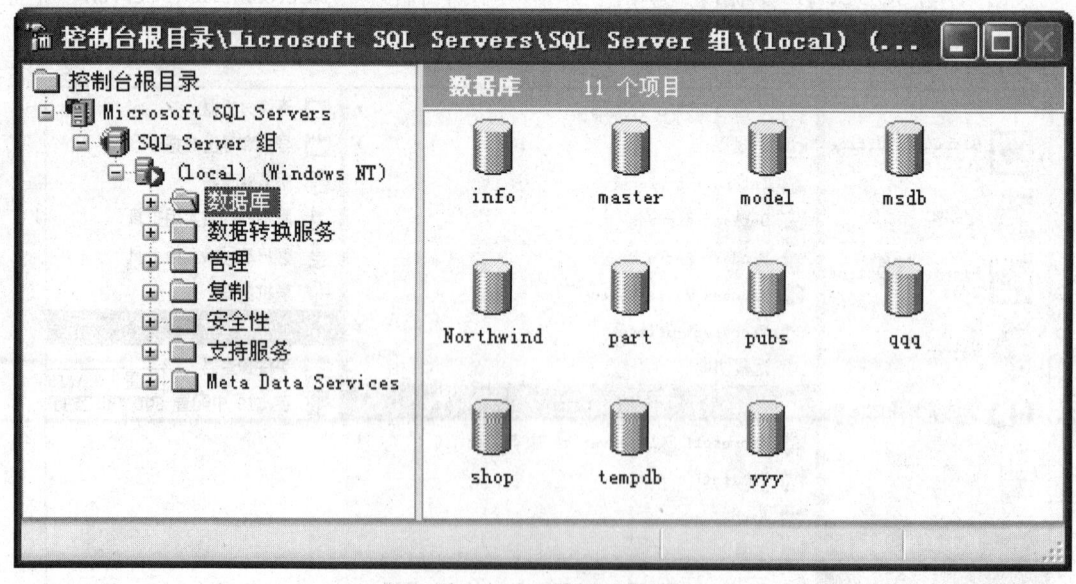

图 2-49　展开树结构

(4）右击"数据库"，弹出快捷菜单，选择"新建数据库…"命令，如图 2-50 所示。

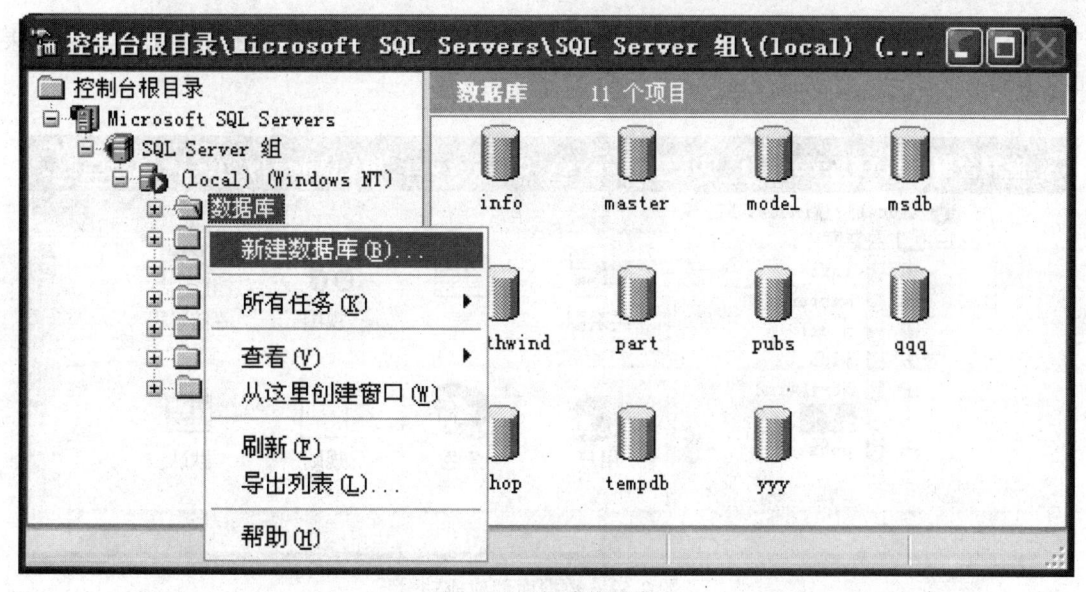

图 2-50　新建数据库

（5）进入"数据库属性"对话框，如图 2-51 所示。

图 2-51　"数据库属性"对话框

(6)在名称文本框中输入数据库名如 part，单击"确定"按钮，数据库创建完成。效果如图 2-52 所示。

图 2-52　数据库创建成功

(7)创建数据表。展开"数据库"，右击数据表，如 part 表，弹出快捷菜单，选择"新建表…"命令，如图 2-53 所示。

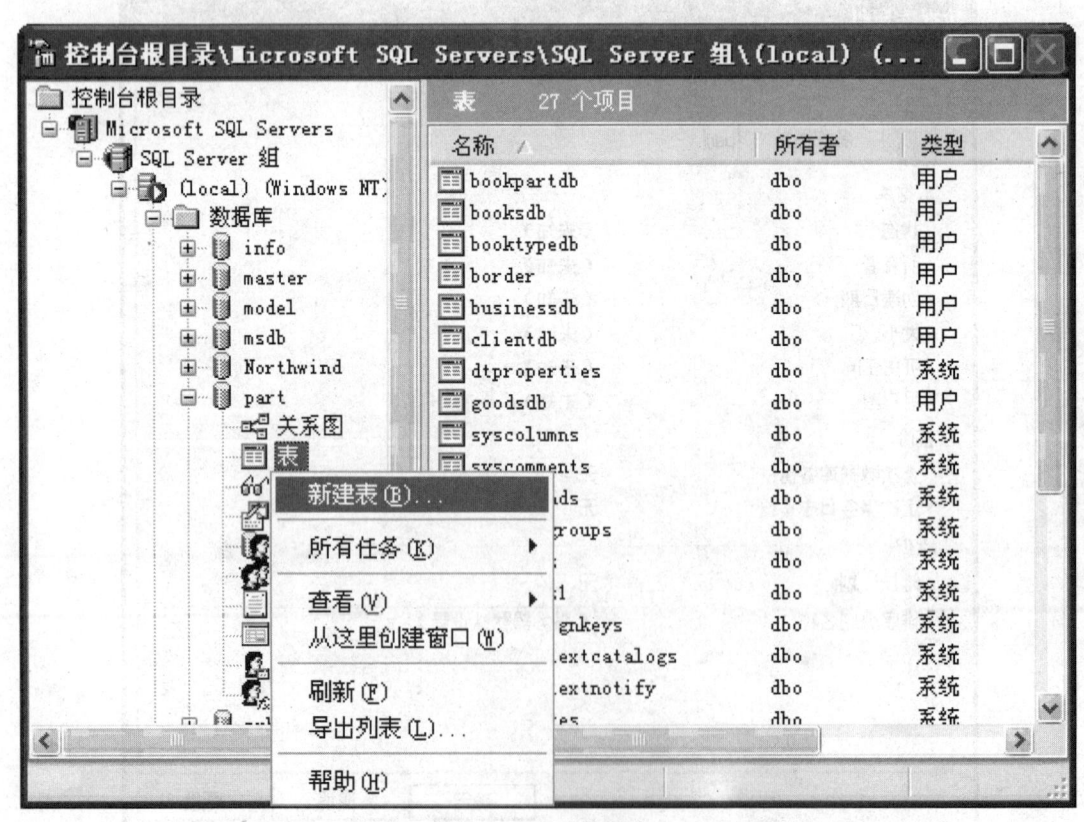

图 2-53　新建数据表

(8)弹出创建数据表界面，如图 2-54 所示。

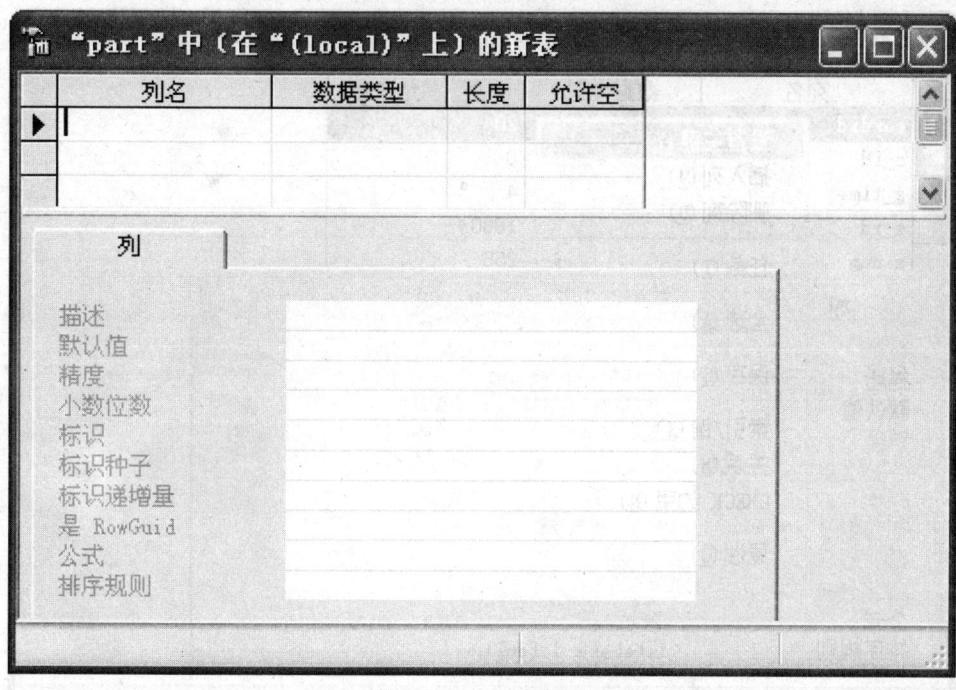

图2-54 创建数据表

（9）输入列名（即字段名），选择数据类型，输入长度，单击"允许空"，如图2-55所示。

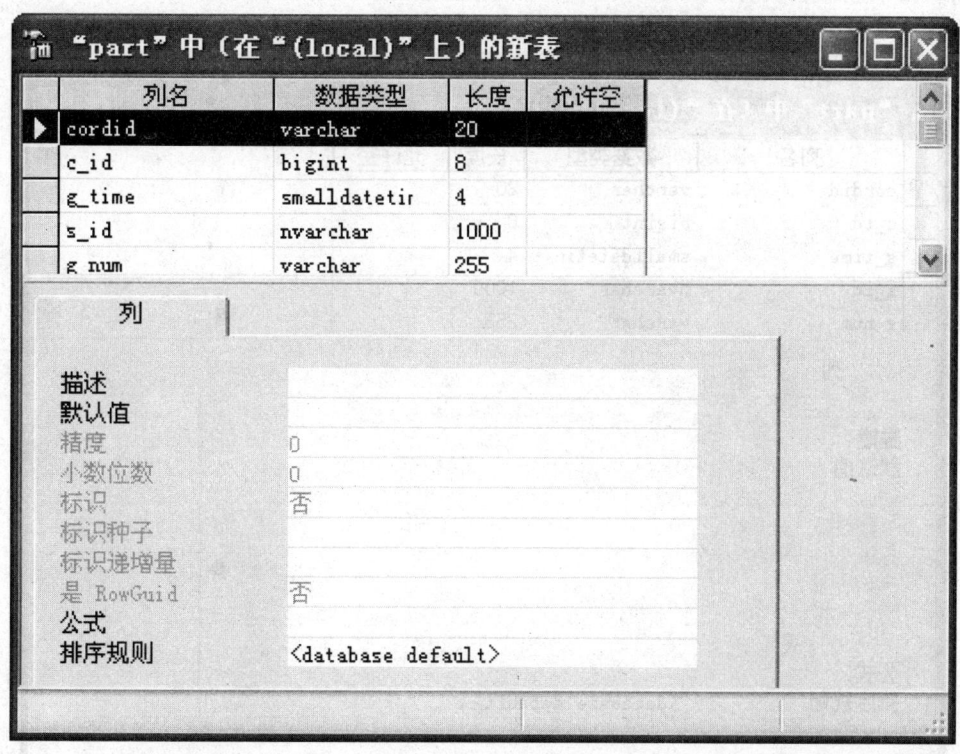

图2-55 字段设置

（10）设置关键字，右击关键字字段的行，弹出快捷菜单，如图2-56所示。

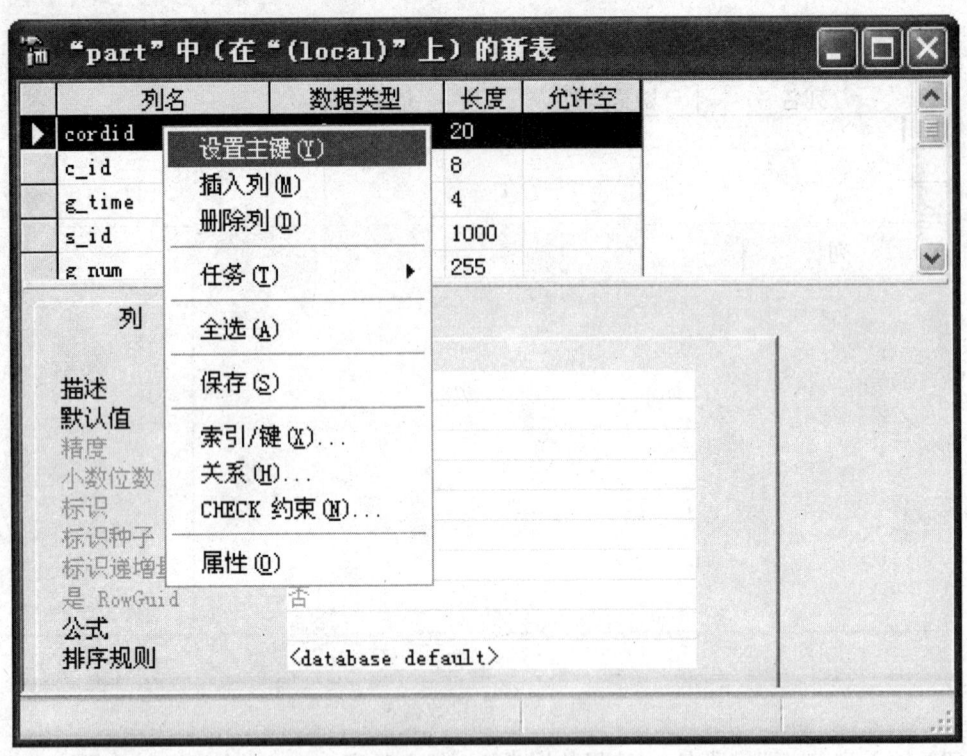

图 2-56　关键字设置

（11）选择"设置主键"命令，将其设为关键字，结果如图 2-57 所示。

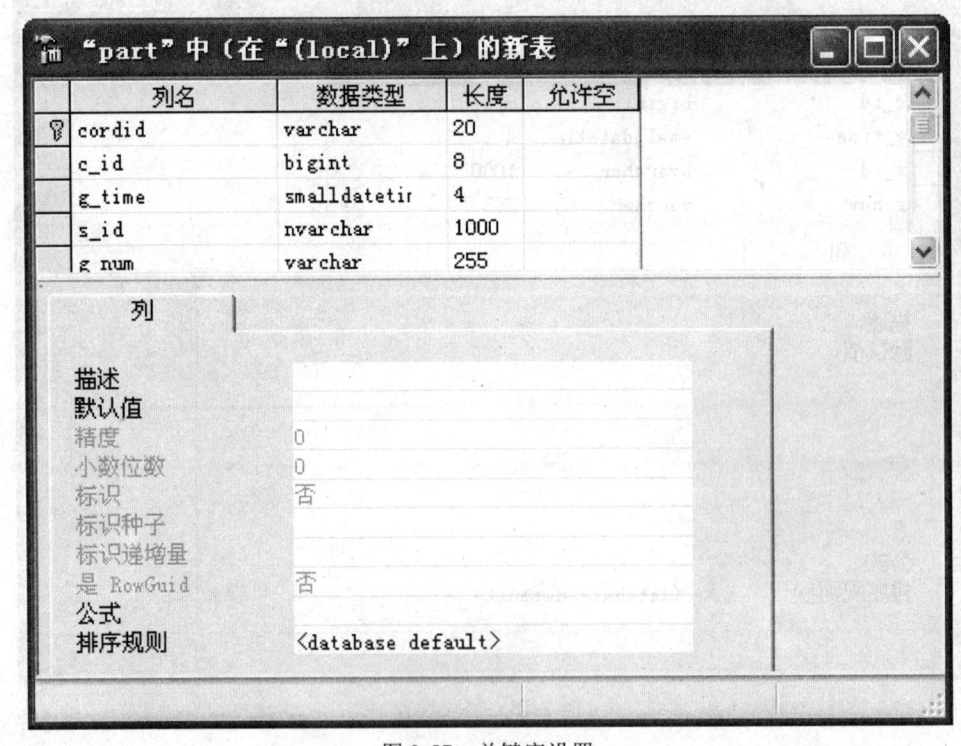

图 2-57　关键字设置

（12）保存数据表，单击⊠按钮，弹出二次提示框，如图 2-58 所示。

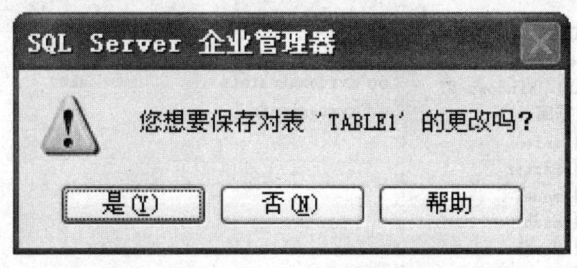

图 2-58　二次提示框

（13）单击"是"按钮，弹出"选择名称"对话框，如图 2-59 所示。

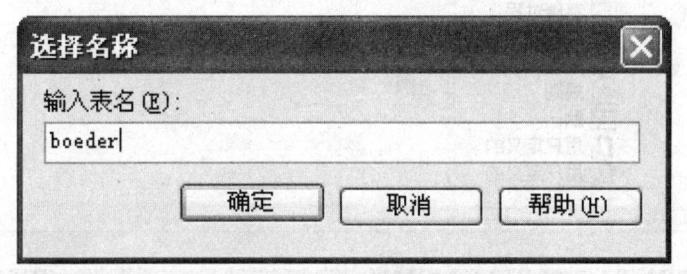

图 2-59　"选择名称"对话框

（14）输入数据表名，单击"确定"按钮，数据表创建完成。

【任务巩固】

请创建出版商信息表、图书信息表、图书大类表、图书小类表、库存信息表、客户信息表。其中字段类型：byte 字节型；smallint 短整型；int 整型；bigint 长整型；float 单精度浮点型；char 短字符型；vchar 字符型；datetime 时间日期型。

【任务拓展】

一、视图

视图也是一张表，它可以把多张表的字段放在一起成为一张新表，但每个字段的数据不是独立的，而是跟随原表的，且不占内存空间，准确地说视图是通过指针确定数据的。这样既可少占空间又可减少查询的负担。下面通过一个实例说明视图的创建过程。

有两张表：客户信息表（clientdb）{客户号（c_id），密码（c_pass），昵称（c_nosename），客户名（c_name），性别（c_sex），地址（c_add），邮编（c_post），电话（c_tel），积分（count）}和客户留言表（notebook）{编号（id），客户号（c_id），主题（subject），内容（content），留言时间（notetime）}。现要查询客户名、地址、电话、主题、内容、留言时间。显然通过连接查询就能解决，但通过创建视图，再查询视图则更经济。方法如下：

（1）启动 SQL Server，如图 2-47 所示。展开树，如图 2-49 所示。展开数据库，展开 part 库，如图 2-60 所示。

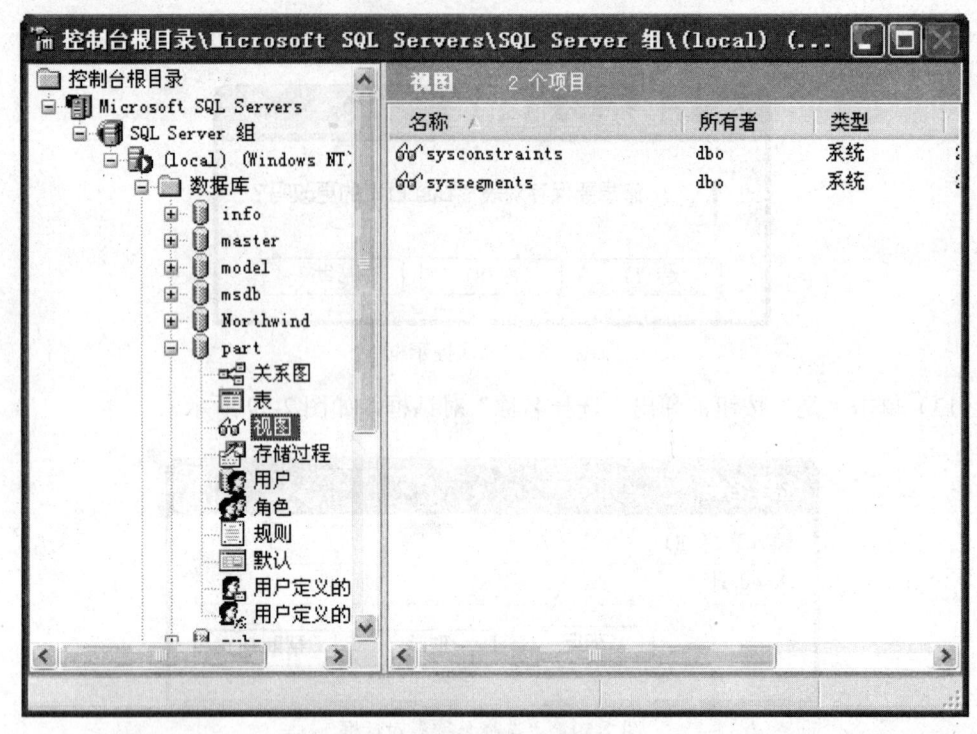

图 2-60　展开数据库

（2）创建视图。右击树中的视图，弹出快捷菜单，如图 2-61 所示。

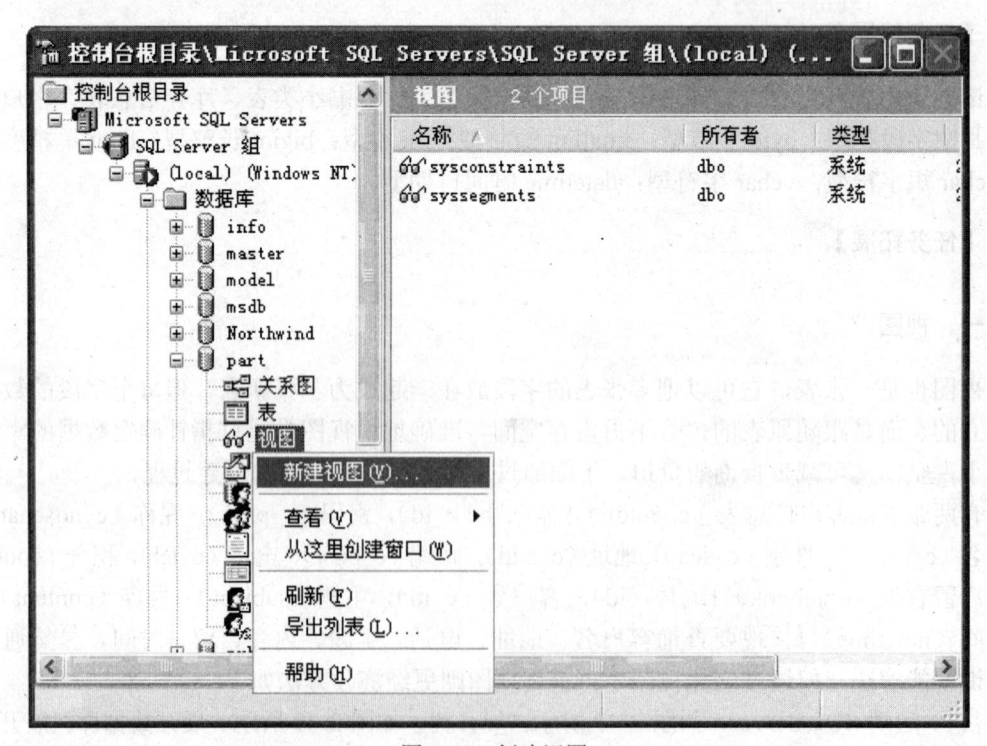

图 2-61　创建视图

（3）单击"新建视图"命令，打开"新视图"界面，如图 2-62 所示。

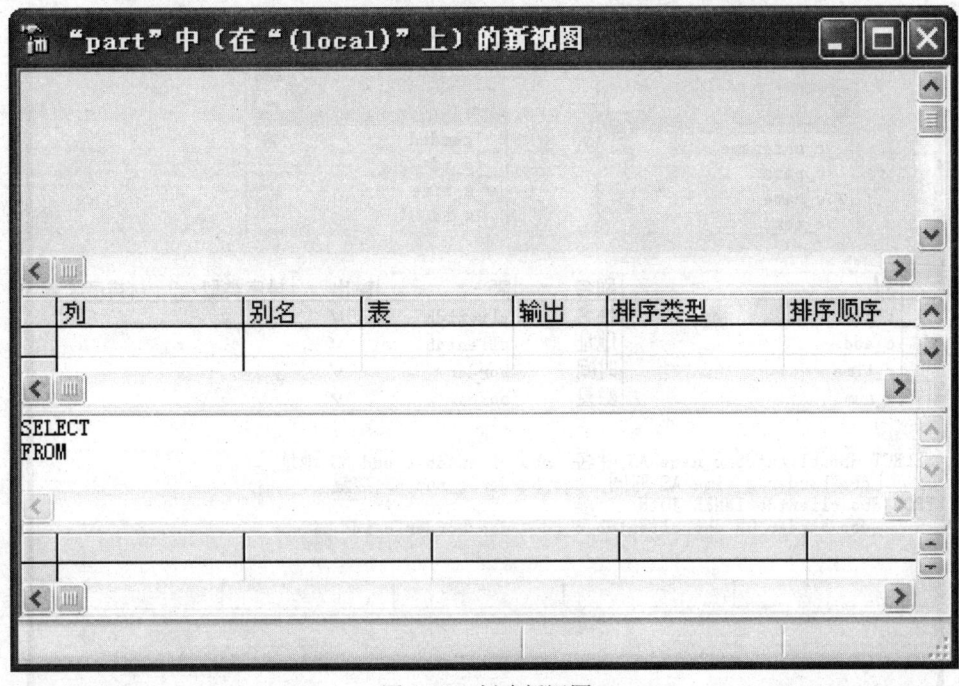

图 2-62　创建新视图

（4）拖拉 clientdb 表和 border 表到"新视图"对话框中（或把鼠标移到上面区域中，右击弹出快捷菜单，选择"添加表"命令），如图 2-63 所示。

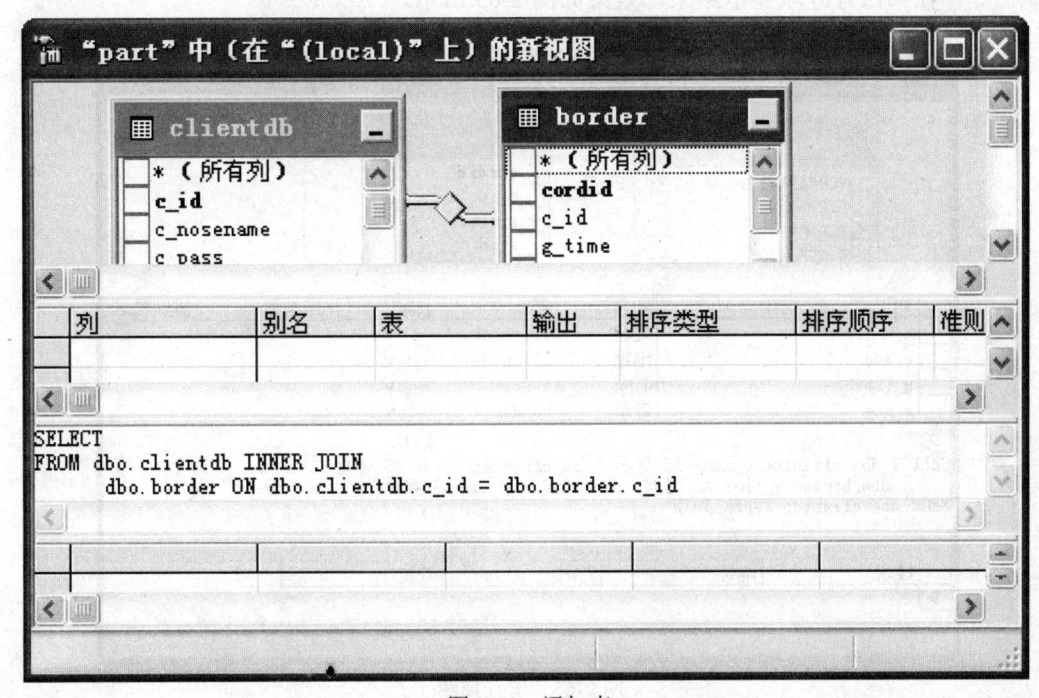

图 2-63　添加表

（5）在第二行区域中选择查询的列（字段），输入别名（可省略），如图 2-64 所示。

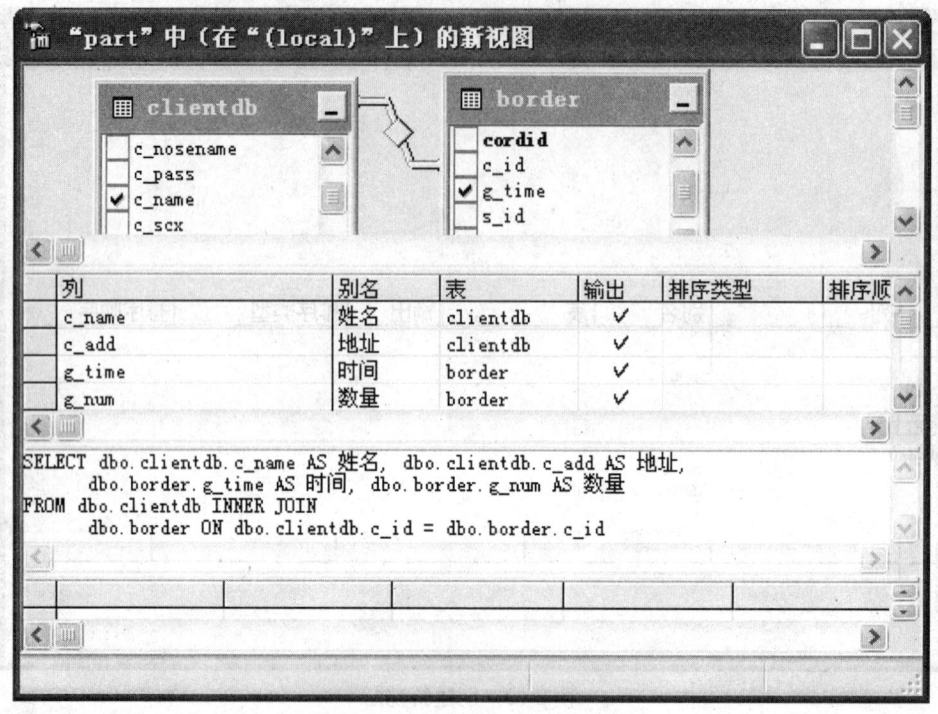

图 2-64　查询表、字段的设置

（6）注意，在第三行区域中系统已经写好了 SQL 命令。右击弹出快捷菜单，选择"运行"命令，在第四行区域显示结果，效果如图 2-65 所示。

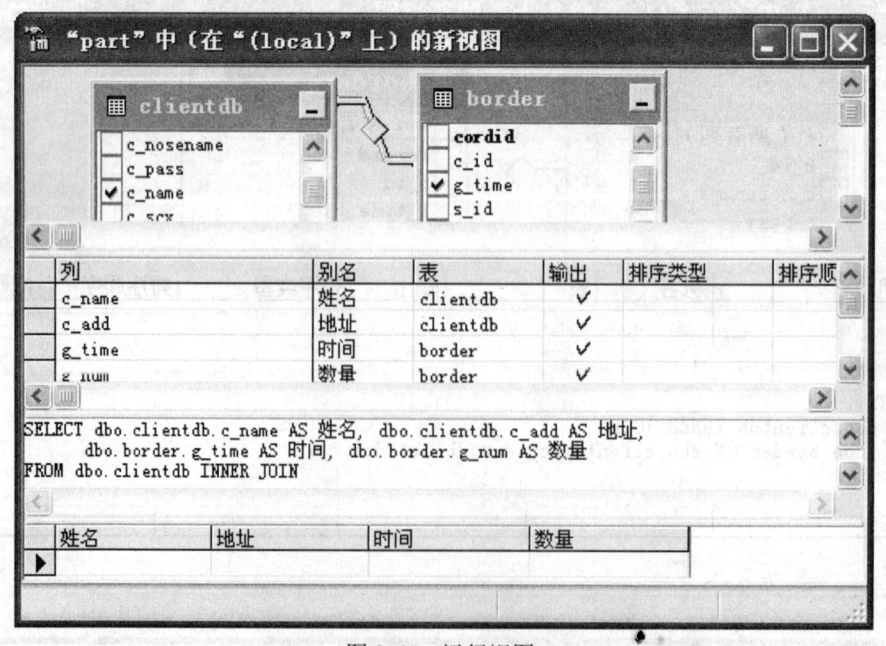

图 2-65　运行视图

（7）单击⊠按钮，弹出二次确认框，如图 2-66 所示。

图 2-66　二次确认框

（8）单击"是"按钮，弹出"另存为"对话框，如图 2-67 所示。

图 2-67　"另存为"对话框

（9）输入视图名，单击"确定"按钮，视图制作完成。

项目三　Web 数据库项目概述

【项目要求】

本项目主要让学生掌握网页设计的基本知识，熟悉网络商店的后台和客户端平台的设计规划，能够进行网络商店各类页面的设计。结合项目四设计出较为完整的网络商店。本项目参考学时 12 学时。

【教学目标】

1. 知识目标

★巩固掌握网页设计的基本知识。
★熟悉网络商店的设计规划方法。
★熟悉网络商店的数据库规划。

2. 能力目标

★能够应用网页设计的基本知识规划设计网络商店前台系统。
★能够设计出有个性有风格网络商店的首页和各类客户端界面。

3. 素质目标

★锻炼学生自主学习、开拓扩展的能力。
★培养学生独立设计风格独特的各类网站。

【教学方法参考】

讲授法、案例驱动法

【教学手段】

多媒体课件、案例、实训

【设备、工具和材料】

计算机、Internet

任务 1　项目规划分析——网络商店

【任务目标】

通过本任务的学习，使学生掌握网络商店规划的内容、要求和目标，首先从整体上大局上清楚网店的构架，为后续网店的细节设计起一个纲领性的概括。

完成对网络书店的功能、性能、框架结构、程序组织、页面布局和网页风格等的整体规划，从而能规划出各类专业网络商店。

【任务实现】

一、知识要点

1. 功能规划

一个网络商店要完成什么功能呢？不言而喻商店都是完成买与卖，是客户和商家之间的商品交换，客户花钱，商家提供商品。实体商店前面有店面陈列商品供客户挑选，后面有仓库存放商品，商家在中间发货收款，而网络商店前面是前台网页显示商品供客户浏览，后面是数据库为前台提供商品信息服务，所有买卖的每一个环节都通过计算机和网络来完成。它们都有一些必不可少的共同的功能，商品展示、挑选商品放入购物车、提交购物单、确定交货方式、邮寄钱款或货款两清、商家按单发货等。

当然专业网店还有其特殊要求，如网络书店要提供书籍的内容简介、作者等；服装店要提供服装的样式，最好是多方位的立体的展示；食品店要提供保质期、提供品尝样品等。那么你开的是什么网店，提供的是什么商品，有什么特殊性，你就必须在网上多提供相关的功能。

2. 性能规划

一个网络商店通常的性能要求是操作方便、运行可靠、导航全面、界面友好、风格独特、安全准确等。操作方便就是要使每一位进入网店的客户都能方便自如地完成每一项他想要的操作。运行可靠就是要保证每一张页面都能准确地展示在客户面前，特别是图片一定要加载成功，让客户能在虚幻的网店里对商品有一个直观了解。导航全面就是要使客户在不同的页面里能随意地切换到其他页面。客户是上帝，客户进入你的网店就要有一种友好的气氛，一切提示用语回答都要亲切、友善，这就是界面友好。安全准确是最基本的性能要求，准确是信息的准确、操作结果的准确、货款的准确到位；安全要网络的安全、程序的安全、数据库的安全等。

不同的专业网店也有各自性能的要求，如页面风格、用语特点等。儿童用品店风格要活泼，色彩要鲜艳，用语要有童趣。网络书店要风雅，用语要幽默含蓄，色彩应深沉高雅。那么你的网店的消费群体主要是针对谁呢，他们有什么爱好、特长？那么你的网店风格就应该符合他们的要求。

3. 框架结构规划

程序的框架常见的有三层次框架和五层次框架，它们对计算机和数据库的要求有所不同，安全性能也有所不同，通常中小型网店都采用三层次框架，即基础层、中间层和界面层，基础层由操作系统和数据库组成，它们为网店提供环境支持；界面层是用户的前台，它主要是与客户的信息交流，即人机对话；中间层则是基础层和界面层之间的桥梁，获取客户的信息，经过处理保存到数据库中，客户需要的信息又从数据库中读取显示在客户面前。本书中的实例网络书店也用该框架结构。

程序的运行模式有 C/S（客户机/服务器）模式和 B/S（浏览器/服务器）模式，它们各有特色，通常中小型网店都常用 B/S 模式，因为客流量和业务量不是很大，一般的计算机和操作系统都能够负担，本书中的实例网络书店也是采用该模式。

4. 程序组织规划

程序组织有利于对每个程序的管理，整个网站的建立需要许多程序文件组成，主要有数据库文件、图片文件和 HTML、ASP 文件，对每一个文件规划好其功能，规划好组织结构，有利于程序的设计、修改和升级。

5. 网页风格设定

网页风格的定位是最能吸引客户的，它的色彩、格调最能体现一个网店的特色，这就好比商店的装潢，设想一下一个没什么装潢、零乱的商店会有多少客户光临呢？所以动手设计网页前要先对网页的风格有一个设想，好好地装潢一下你的网店，你一定会开张大吉的。当然这需要较好的艺术水准，你可以向相关专家请教。另外还要考虑网店的消费群体、目标定位等因素。

6. 工作流程规划

客户进入网店通过什么流程完成购物，他们可以作出什么样的操作，必须作什么操作等，作好工作流程规划有助于我们在设计网页时清楚自己编写的程序要完成什么功能，以及在整个网站中的位置。

7. 网络商店页面欣赏

许多网站功能齐全、风格独特，值得我们鉴赏，下面给出几个网站供参考。

淘宝网首页如图 3-1 所示。

图 3-1 淘宝网首页

宝宝龙儿童城网站如图 3-2 所示。

二、任务实施

现在按照前面的论述，具体地规划一下网络书店。

书店是提供书籍的商店，它为客户展示的是图书，客户购买图书是为了给自己充电，所以网络书店的消费群体应该是各类读者、各知识阶层。为此作以下规划。

功能上提供以下功能模块，前台功能结构如图 3-3 所示。

Web 数据库项目概述　　项目三

图 3-2　宝宝龙儿童城网站

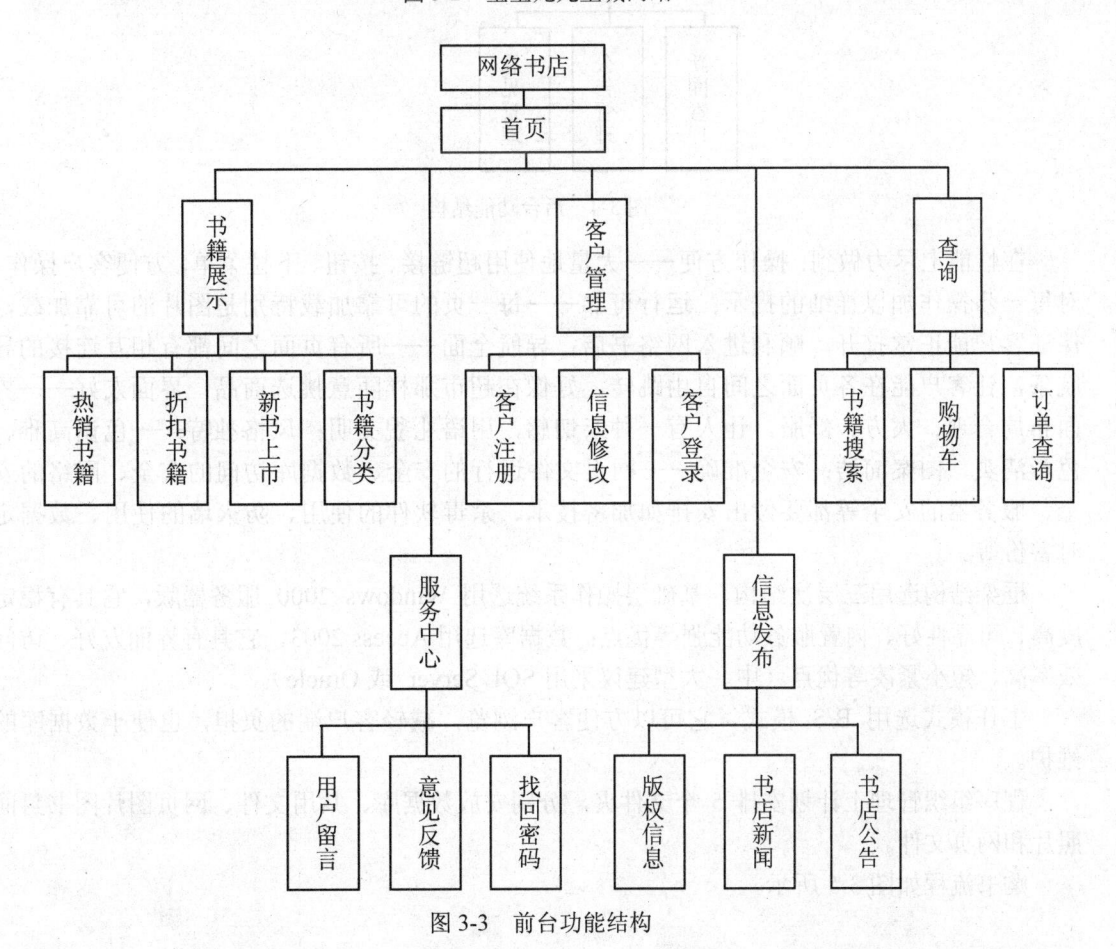

图 3-3　前台功能结构

49

后台功能结构如图 3-4 所示。

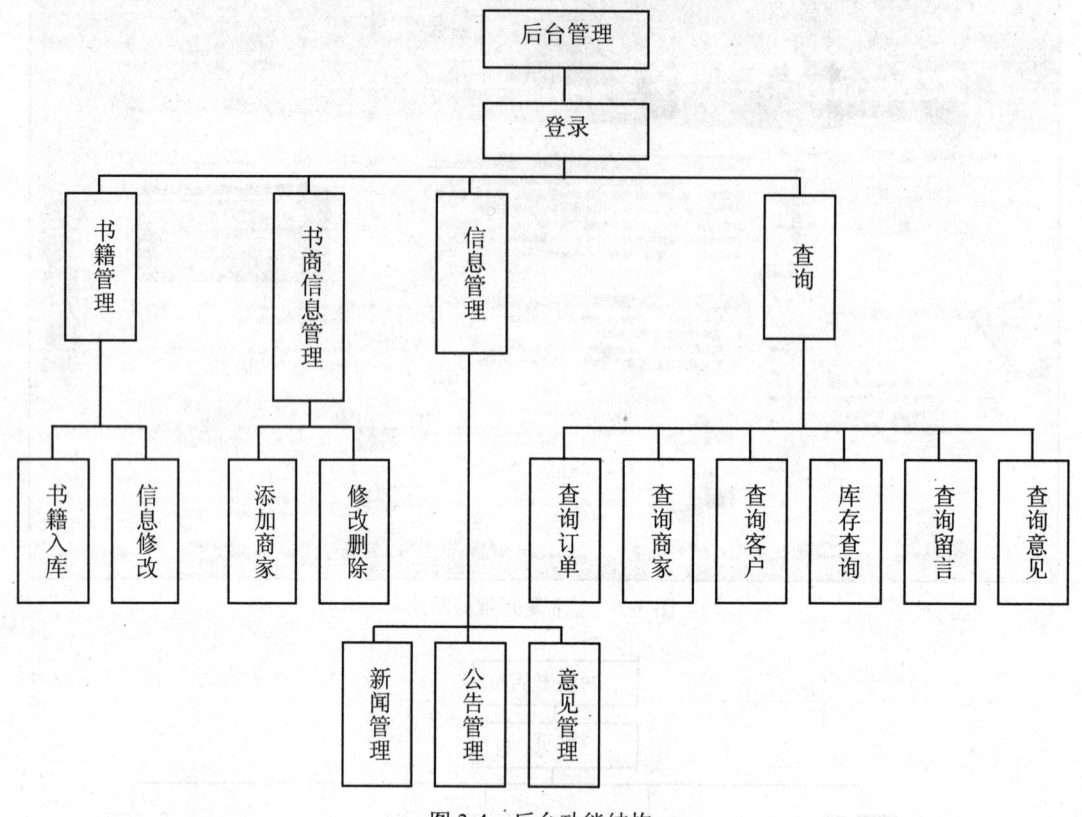

```
                        后台管理
                           │
                          登录
                           │
        ┌──────────┬───────┴───────┬──────────┐
      书籍       书商信息          信息          查询
      管理         管理            管理
        │           │              │            │
    ┌───┴──┐    ┌──┴──┐            │    ┌───┬───┼───┬───┬───┐
   书籍  信息   添加  修改         │   查询 查询 查询 库存 查询 查询
   入库  修改   商家 删除          │   订单 商家 客户 查询 留言 意见
                              ┌────┼────┐
                             新闻  公告  意见
                             管理  管理  管理
```

图 3-4　后台功能结构

在性能上尽力做到：操作方便——大量地使用超链接、按钮、下拉菜单，方便客户操作，对每一步操作加以详细的提示；运行可靠——每一页的可靠加载特别是图片的可靠加载，保证客户能正常打开，顺利进入网络书店；导航全面——所有页面之间都有相互连接的导航条，让客户能在各页面之间自由跳转，好像在超市那样随意挑选商品；界面友好——界面布局合理、大方、舒服，让人有一种亲切感，用语礼貌文明；风格独特——色调高雅、色彩清爽、图案简洁；安全准确——网页文件运行的安全、数据库访问的安全、网络的安全、服务器的安全等都要做出安排如加密技术、杀毒软件的使用、防火墙的使用、数据定时备份等。

框架结构选用三层次结构，基础层操作系统选用 Windows 2000 服务器版，它具有稳定度高、可靠性好、内置服务功能强等优点；数据库选用 Access 2003，它具有界面友好、访问效率高、短小紧凑等优点（中、大型建议采用 SQL Server 或 Oracle）。

工作模式选用 B/S 模式，它可以方便客户浏览，减轻客户端的负担，也便于数据库的维护。

程序组织管理上计划安排 5 个文件夹，分别安放数据库、共用文件、网页图片图书封面照片和网页文件。

购书流程如图 3-5 所示。

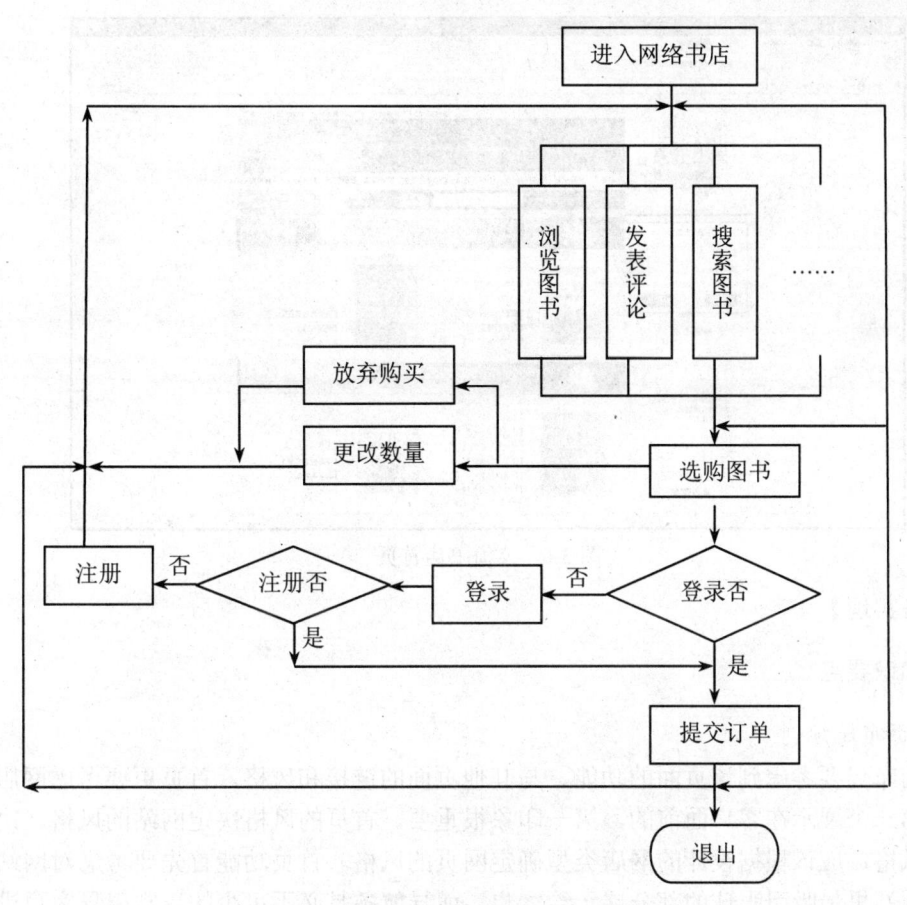

图 3-5　网络书店购书流程

【任务巩固】

请设计规划一个专业网店，如玩具店、儿童用品店、老年服装店等，规划好它的功能、性能、框架结构和工作模式等，写出规划书。

【任务拓展】

对于大型网店还可以把页面分得更细，如儿童商店可以分成儿童玩具分店、儿童服装分店、儿童食品分店等，功能也可以扩展。你能规划一个大型网店吗？试试看，你会成功的。

任务 2　网络商店前台规划

【任务目标】

通过本任务的学习，使学生掌握网络商店的前台规划，学会对网页布局的规划包括首页和其他页面，学会对前台模块的规划，能构思出前台运作的大概框架。

我们规划设计了如图 3-6 所示的网络书店，下面一起来设计规划。

图 3-6　文海书店首页

【任务实现】

一、知识要点

1. 首页布局规划

页面的布局要考虑到该页面的功能、与其他页面的链接和风格。首页更要考虑网店的风格，它是第一个展示在客户面前的，第一印象很重要。首页的风格决定网站的风格，决定每个网页的风格，应该根据设计的网店类型确定网页的风格。首页功能首先要考虑对网站的概括，能把网站里最吸引眼球的部分展示给客户，而导航条是必不可少的，它引导客户进入网店的每一部分，通常把它放在上部并能导入到其他页面。

2. 子模块规划

其他客户要操作的模块应划分成多个页面，模块功能比较大可以划分成多张页面，每张页面都用导航条加以链接，使客户能轻松自如地在每张页面之间来回切换。而功能上应该单一化，方便使用，如客户留言与意见反馈最好分成两个模块，客户留言是为注册会员服务的，意见反馈是针对所有客户包括注册会员和过客，因此把它们分为两个模块，虽然它们的功能相近。其他的也是如此考虑。

3. 子栏目页面布局规划

子栏目页面的布局也要考虑功能、与其他页面的链接和风格。风格要和首页一致，减少色彩、色调的跳跃。功能要齐备，尽量单一，操作方便。导航条完整，保证与其他页面之间能相互转换。

4. 程序文件的组织规划

一般按网站的模块组织程序，有利于团队的分工协作，即使是个人设计也可以更好地组织设计逐个模块调试，发挥面向对象的程序设计的优越性。

二、任务实施

页面布局如图 3-7 所示。

```
┌─────────────────────────────────────────────┐
│  网站标题                                    │
│  导航条                                      │
│  搜索窗体                                    │
├──────────────┬──────────────────────────────┤
│  登录窗体     │                              │
│              │                              │
│  书店新闻     │         主窗体                │
│              │                              │
│  网站公告     │                              │
├──────────────┴──────────────────────────────┤
│  制作单位信息                                │
└─────────────────────────────────────────────┘
```

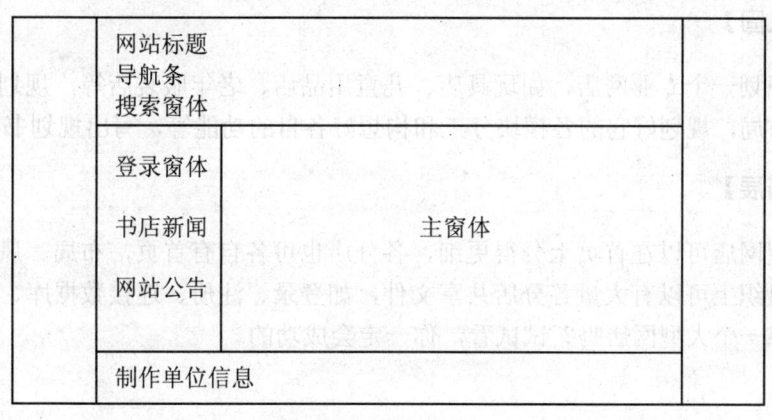

图 3-7 网页布局

网页的左右留有两部分空白，一为留有余地，二可嵌入浮动广告；中间页面部分宽 792 像素，兼顾多种客户机的分辨率；上部为网站标题、导航条、搜索窗体；左部为登录窗体、书店新闻、网站公告；下部是制作单位信息；这三部分为大部分网页的共同部分。右部是大面积部分，用于每一张页面的主体显示部分。

前台模块划分为浏览最新书籍、浏览推荐书籍、浏览热门书籍、分类浏览、意见反馈、客户留言、查询订单、查询购物车和客户中心几个模块。

程序的组织如图 3-8 所示。

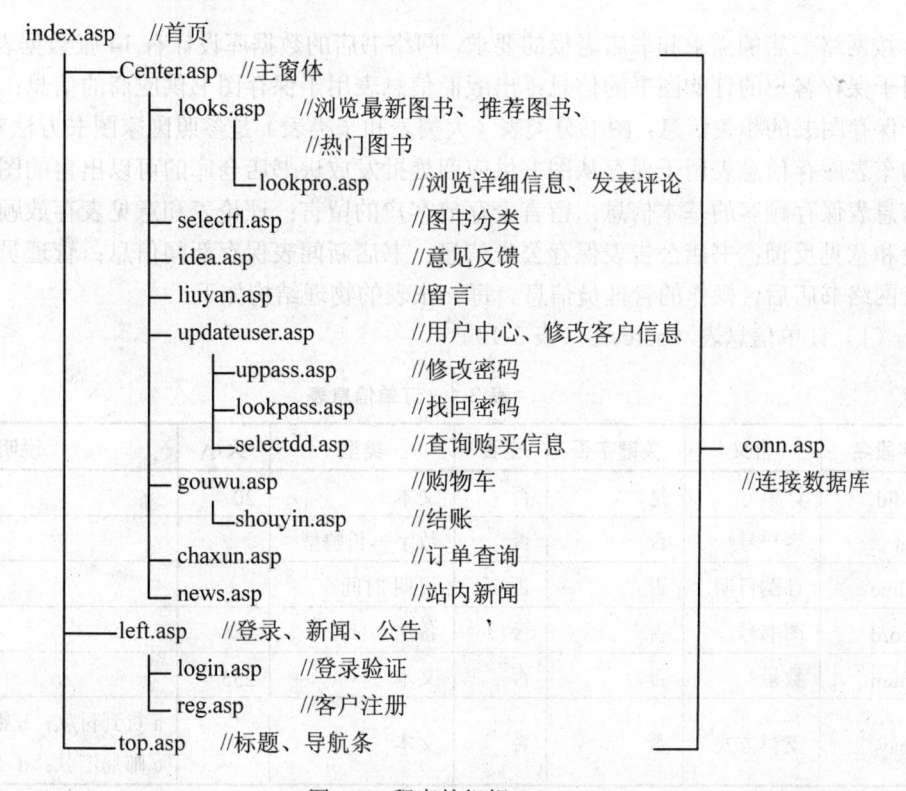

```
index.asp    //首页
  ├─Center.asp    //主窗体
  │   ├─looks.asp      //浏览最新图书、推荐图书、
  │   │                //热门图书
  │   └─lookpro.asp    //浏览详细信息、发表评论
  ├─selectfl.asp       //图书分类
  ├─idea.asp           //意见反馈
  ├─liuyan.asp         //留言
  ├─updateuser.asp     //用户中心、修改客户信息
  │   ├─uppass.asp     //修改密码
  │   ├─lookpass.asp   //找回密码
  │   └─selectdd.asp   //查询购买信息        ─conn.asp
  ├─gouwu.asp          //购物车                //连接数据库
  │   └─shouyin.asp    //结账
  ├─chaxun.asp         //订单查询
  ├─news.asp           //站内新闻
  ├─left.asp    //登录、新闻、公告
  │   ├─login.asp      //登录验证
  │   └─reg.asp        //客户注册
  └─top.asp     //标题、导航条
```

图 3-8 程序的组织

【任务巩固】

请设计规划一个专业网店，如玩具店、儿童用品店、老年服装店等，规划好它的首页和其他页面的布局，规划好它的各模块分工和构想好各自的功能等，写出规划书。

【任务拓展】

对于大型网店可以在首页上分得更细，各分店也可各自有首页，布局、风格也可以各有特色，文件组织上可以有大量各分店共享文件，如登录、注册、连接数据库、购物车、结账等。你能构想一个大型网店吗？试试看，你一定会成功的。

任务 3　网络商店数据库规划

【任务目标】

通过本任务的学习，使学生进一步掌握数据库设计的简单步骤，进一步复习对数据库进行需求分析，进行数据库的逻辑设计、物理设计，并在网站的设计过程中不断完善、提高。能够设计出小型网络书店的数据库。

【任务实现】

按网络书店的需求和书店老板的要求，网络书店的数据库设计有 14 张数据表：订单信息表用于保存客户的订购图书的信息；出版商信息表用于保存图书供应商的信息；图书信息表用于保存图书的相关信息；图书分类表（大类表和子类表）是参照国家图书方法对图书分类；购物车表库存信息表用于保存从图书供应商处批发放进书店仓库的可以出售的图书信息；客户信息表保存顾客的基本信息；留言表存放客户的留言；评论表和意见表存放顾客对图书的评论和意见反馈；书店公告表保存公告信息；书店新闻表保存新闻信息；管理员信息表保存登录网络书店后台操作的管理员信息。每一张表的物理结构如下：

（1）订单信息表（border）（表 3-1）。

表 3-1　订单信息表

字段名	含义	关键字否	空否	类型	大小	说明
cordid	订单号	是	否	文本	20	
c_id	客户号	否	否	数字—长整型		
g_time	订购日期	否	否	日期/时间		
g_cord	图书号	否	否	备注		
g_num	数量	否	否	文本	255	
g_pay	支付方式	否	否	文本	1	a 货到付款；b 银行汇款；c 邮局汇款；d 支付宝

续表

字段名	含义	关键字否	空否	类型	大小	说明
g_selling	送货方式	否	否	文本	1	a 普通邮寄； b 特快专递； c 送货上门
g_notes	简单留言	否	否	文本	250	
g_p	收款否	否	否	文本	1	t 已收款；f 未收款； 默认值 f
g_t	发货否	否	否	文本	1	t 已发货；f 未发货； 默认值 f
g_v	收货否	否	否	文本	1	t 已收货；f 未收货； 默认值 f

（2）出版商信息表（businessdb）（表 3-2）。

表 3-2 出版商信息表

字段名	含义	关键字否	空否	类型	大小	说明
b_id	出版商号	是	否	自动编号		
b_name	出版社名	否	否	文本	20	
b_add	地址	否	否	文本	40	
b_post	邮编	否	否	数字－长整型		
b_numbank	银行账号	否	否	文本	16	

（3）图书信息表（booksdb）（表 3-3）。

表 3-3 图书信息表

字段名	含义	关键字否	空否	类型	大小	说明
s_id	图书号	是	否	文本	30	
bookname	图书名称	否	否	文本	60	
b_id	出版商号	否	否	数字－长整型		
g_price	单价	否	否	货币型		
s_time	出版日期	否	否	时间日期型		
s_zhuangding	装订	否	否	文本	1	简－简装； 精－精装； 线－线装
s_tiyao	内容提要	否	否	备注		
cishu	浏览次数	否	否	数字－长整型		默认值 0
t_id	大类号	否	否	数字－字节型		
z_id	子类号	否	否	数字－字节型		

（4）图书大类表（booktypedb）（表3-4）。

表3-4 图书大类表

字段名	含义	关键字否	空否	类型	大小	说明
t_id	大类号	是	否	自动编号		
typename	大类名	否	否	文本	30	

（5）图书子类表（bookpartdb）（表3-5）。

表3-5 图书子类表

字段名	含义	关键字否	空否	类型	大小	说明
t_id	大类号	是	否	数字－字节型		
z_id	子类号	是	否	数字－字节型		
z_name	子类名	否	否	文本	30	

（6）购物车表（gouwudb）（表3-6）。

表3-6 购物车表

字段名	含义	关键字否	空否	类型	大小	说明
c_id	客户号	否	否	数字－长整型		
s_id	图书号	否	否	文本	30	
num	购买数量	否	否	数字－长整型		

（7）库存信息表（goodsdb）（表3-7）。

表3-7 库存信息表

字段名	含义	关键字否	空否	类型	大小	说明
s_id	图书号	是	否	文本	30	
g_time	入库时间	否	否	日期/时间		
g_num	入库数量	否	否	数字-整型		
g_conut	库存量	否	否	数字-整型		

（8）客户信息表（clientdb）（表3-8）。

表3-8 客户信息表

字段名	含义	关键字否	空否	类型	大小	说明
c_id	客户号	是	否	自动编号		
c_nosename	客户名	否	否	文本	20	
c_pass	密码	否	否	文本	20	
c_mention	密码提示	否	是	文本	20	
c_answer	密码答案	否	是	文本	20	
c_name	真实姓名	否	否	文本	8	
c_sex	性别	否	否	文本	2	
c_add	地址	否	否	文本	50	
c_post	邮编	否	否	数字－长整型		

续表

字段名	含义	关键字否	空否	类型	大小	说明
c_email	邮箱	否	是	文本	30	
c_qq	QQ号	否	是	文本	30	
c_tel	住宅电话	否	否	文本	14	
c_shouji	手机	否	否	文本	11	
c_time1	注册时间	否	否	日期/时间		系统自动赋值
c_time2	登录时间	否	是	日期/时间		系统自动赋值
c_count	登录次数	否	否	数字－整型		默认初值0
count	积分	否	否	数字－长整型		默认初值0，每购书100元加1分，2～9分98折；10～49分95折；50～99分90折；100分以上85折

（9）留言表（notebook）（表3-9）。

表3-9 留言表

字段名	含义	关键字否	空否	类型	大小	说明
id	编号	是	否	自动编号		
c_id	客户号	否	否	数字－长整型		
subject	主题	否	否	文本	50	
content	内容	否	否	备注		
notetime	留言时间	否	否	日期/时间		

（10）评论表（advice）（表3-10）。

表3-10 评论表

字段名	含义	关键字否	空否	类型	大小	说明
id	编号	是	否	自动编号		
s_id	图书号	否	否	文本	30	
p_name	评论人	否	否	文本	50	
content	内容	否	否	备注		
p_time	评论时间	否	否	日期/时间		

（11）意见表（ideadb）（表3-11）。

表3-11 意见表

字段名	含义	关键字否	空否	类型	大小	说明
y_id	编号	是	否	自动编号		
y_title	标题	否	否	文本	30	
y_name	意见人	否	否	文本	20	
content	内容	否	否	备注		

续表

字段名	含义	关键字否	空否	类型	大小	说明
type	类型	否	否	文本	1	a 对网站的建议； b 对公司的建议； c 对图书的投诉； d 对服务的投诉
y_time	意见时间	否	否	日期/时间		

（12）书店公告表（announce）（表3-12）。

表 3-12 书店公告表

字段名	含义	关键字否	空否	类型	大小	说明
id	编号	是	否	自动编号		
content	内容	否	否	备注		
time1	时间	否	否	日期/时间		

（13）书店新闻表（news）（表3-13）。

表 3-13 书店新闻表

字段名	含义	关键字否	空否	类型	大小	说明
id	编号	是	否	自动编号		
title	标题	否	否	文本	255	
content	内容	否	否	备注		
time1	时间	否	否	日期/时间		

（14）管理员信息表（admin）（表3-14）。

表 3-14 管理员信息表

字段名	含义	关键字否	空否	类型	大小	说明
id	编号	是	否	自动编号		
name	姓名	否	否	文本	8	
pass	密码	否	否	文本	30	

另外，图书封面照片存放在一个文件夹中，照片文件名为图书号。

【任务巩固】

3-3-1 设计网络玩具店的数据库。
3-3-2 设计网络体育用品店的数据库。
3-3-3 设计网络儿童服装店的数据库。

【任务拓展】

设计网络百货商店的数据库（数据库需求、数据表设计、字段和字段类型等请做市场调查后按数据库理论来设计）。

项目四 ASP+Access 实训 1——网络商店后台系统设计

【项目要求】

本项目主要让学生掌握 HTML 和 VBScript，熟悉 IIS 的运行环境配置，掌握 ASP 的常用对象，能够设计用户信息提交界面和接收文件，设计添加、查询、修改、删除等数据库的操作程序。为后面网络商店前台系统设计的学习打下基础。本项目参考学时 34 学时。

【教学目标】

1. 知识目标
★掌握 HTML、VBScript 的知识。
★熟悉 IIS 的运行环境配置。
★掌握 ASP 的常用内置对象。
★巩固掌握 SQL 的查询、添加、修改、删除等数据库操作命令。
★掌握 ASP 的 ADO 技术。
2. 能力目标
★能够加装 IIS 并配置运行环境，配置简单的站点或创建虚拟目录。
★能够设计用户信息提交程序（登录、注册、修改用户信息）。
★能设计出对数据库进行查询、添加、修改、删除的程序。
3. 素质目标
★锻炼学生自主学习、拓展提高的能力。
★培养学生独立设计功能齐全、操作方便的数据库相关网页。

【教学方法参考】

讲授法、案例驱动法、演示法

【教学手段】

多媒体课件、案例、实训

【设备、工具和材料】

计算机、Internet

任务 1 用户界面设计

【任务目标】

通过本任务的学习，使学生掌握用 HTML 设计各类用户界面，包括信息提交界面和信息展示界面，掌握界面的装饰方法，设计出美观大方的用户界面，从而实现人机对话。

客户购买图书前都必须先登录，从而知道客户的信息，完成为客户的送货服务，如图 4-1 所示的登录界面设计就是本任务要完成的。

图 4-1 的登录界面用于实现登录信息的输入功能是可以了，但美观上欠佳，可以做成如图 4-2 所示的登录界面。

图 4-1　登录界面　　　　　　　　图 4-2　修饰后的登录界面

【任务实现】

一、知识要点

（一）HTML 的基本知识

HTML 是一种超文本标记语言，它由各种标记元素组成，每个标记用"<＞"包含起来，它由一个标记名和许多属性组合而成，完成一定的功能。大部分标记是成对的，<...>表示开始，</...>表示结束。标记的大小写通用。

HTML 文件由头部和主体两部分组成，文件的扩展名可用.htm 和.html，也可用.asp，文件名的长度不超过 255 个字符。文件保存后就可以通过浏览器来编译运行。我们常用的是微软的 IE 浏览器。

（二）HTML 的常用标记

1. 开始和结束标记

Web 页面的开始标记：<html>，页面结束标记：</html>

2. 头部标记

头部标记：<head>…</head>。

3. 标题标记

标题标记：<title>…</title>，用于设置网页的标题。

标题标记位于头部标记中，标题文档写在标记中间。如：

　　<html>
　　<head>
　　<title>文海书店</title>
　　</head>
　　</html>

这样就把网页的标题设为"文海书店"。

4. 主体标记

主体标记：<body>…</body>。

主体是网页设计的绝大部分，它设计了全部文档区的内容。

常用属性有：

- bgcolor：背景颜色，可用保留字或六位十六进制数表示（前两位为红；中间两位为绿；后两位为蓝），如红色背景<body bgcolor="red">或<body bgcolor=#ff0000>。
- background：背景图片，图片可以用各种图片格式，建议用.jpg 或.gif 格式。路径可以是绝对路径也可以是相对路径，如在网页文件同一文件夹中直接写图片文件名；如在网页文件的下级文件夹中写：文件夹名/图片文件名，例如网页文件在 f:/网络书店/index.html，图片文件在 f:/网络书店/img/isbn987-8-1.jpg，要把该图片设为背景则 background="img/isbn987-8-1.jpg"；如网页文件和图片文件在同一盘下，则用../表示相同部分，再写上不同的路径，例如网页文件在 f:/网络书店/include/index.html，图片文件在 f:/网络书店/img/isbn987-8-1.jpg，要把该图片设为背景则 background="../img/isbn987-8-1.jpg"；如网页文件和图片文件在同一机器里，则用完整的路径表述，例如网页文件在 f:/网络书店/include/index.html，图片文件在 e:/show/img/isbn987-8-1.jpg，要把该图片设为背景则 background="d:/show/img/isbn987-8-1.jpg"；如网页文件和图片文件不在同一机器里，则用完整的 HTTP 路径表述，例如我们要将网易的 d:/show/ img/isbn987-8-1.jpg 设为背景，则 background="http://www.163.com/d:/show/img/isbn987-8-1.jpg"
- width：文档显示的宽度，单位为像素。
- height：文档显示的高度，单位为像素。
- text：文档文字的色彩。
- link：文档中待链接的超链接对象的颜色风格。
- alink：文档中超链接对象的颜色风格。
- vlink：文档中已链接的超链接对象的颜色风格。text、link、alink、vlink 取值与背景颜色相同

5. 段落标记

段落标记<p>，表示新的一段的开始，可以单个使用。

常用属性有：align 对齐方式，left 左对齐；right 右对齐；center 居中对齐。

6. 换行标记

换行标记
，表示新的一行开始。

7. 水平线标记

水平线标记<hr>，画一条水平线。常用属性有：size 水平线的厚度；align 对齐方式；width 水平线的宽度；noshade 设定水平线为实线。

8. 字体标记

字体标记<font>…</font>用于设定文档文字的字体。

常用属性有：size 字号大小；face 字体；color 字的颜色，颜色值的设置参考 bgcolor。

61

9. 字符格式标记

字符格式标记…以黑体字显示；<i>…</i>以斜体字显示；<u>…</u>加下划线。

10. 图像标记

图像标记<img>，用于添加图片，图片文件可以有多种格式，该标记是单个的。

常用属性有：

- src：图片文件的地址，用法和 background 相同。该属性是必选属性。
- alt：图片的文字说明，当图片不能正常显示则在图片位置显示文字，如正常显示则在鼠标移到图片上时显示文字。
- align：对齐方式，默认左对齐。
- border：边框线条类型，默认无边框。

11. 超链接标记

超链接标记"<a>主体</a>"，它的使用可以使你方便地访问任何一个文件，有很强的随机跳转能力。超链接由两部分组成，一是主体，用谁做超链接，可以是文档、图片等；二是超链接目标，它可以是本页面的某部分，也可以是各类文件。

常用属性有：href 连接目标的地址。name 锚的名字。target 打开窗口的方式，它有 4 种方式：_blank 链接目标显示到新的浏览器窗口中；_self 链接目标显示到浏览器窗口的下一页面上；_top 链接目标显示到浏览器窗口的整个窗口中，不管是否有框架；_parent 链接目标显示在该浏览器窗口的父窗口中。

（1）链接本机文件，如：<a href=top.htm>打开 top 文件</a>。地址用法和 background 相同。

（2）链接网络计算机上的文件，如：<a href=http://www.163.com>网易首页</a>。

（3）链接电子邮箱，如：<a href=mailto:yjx@163.com>给我写信</a>。

（4）链接本网页的某位置，先在某位置建立锚点，作为链接目标：如：<a name=maodian>HTML 是面向对象的超文本标记语言</a>。然后再在网页的别处写上主体，如：<a href=#maidian>HTML</a>。

12. 表格标记

（1）表格标记<table>…</table>创建一个表格。

（2）表格标题<caption>…</caption>显示表格的标题。

（3）表格的行<tr>…</tr>定义表格的一行。

（4）表格的单元格<td>…</td>定义表格的一个单元格。

（5）表格的字段名<th>…</th>表格的行或列的名称。

常用属性有：border 表格边框的类型，0 为默认值，无边框线。width 宽度；hieght 高度；align 对齐方式；bgcolor 背景颜色；colspan 跨行；rowspan 跨列；cellpadding 单元格到文字间的距离；cellspacing 单元格与单元格之间的间隙。

例 4-1 画一张成绩报告单。

```
<html>
<body>
<table>
<caption>成绩报告单</caption>
<tr><th>姓名</th><th>数据库</th><th>网页设计</th></tr>
<tr><td>张三</td><td>98</td><td>89</td></tr>
```

```
<tr><td>李四</td><td>68</td><td>54</td></tr>
</table>
</body>
</html>
```

运行结果如图 4-3 所示。

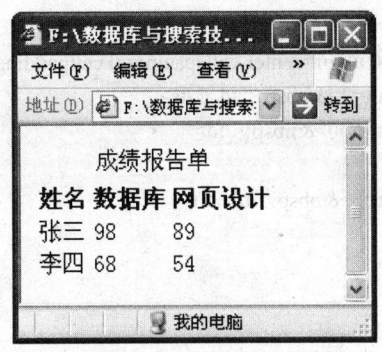

图 4-3 表格标记应用（1）

还可以对表格做一些修饰，如字体、表格的线条、对齐方式、长和宽等。代码如下：

```
<html>
<body>
<table border=2 width=300 align=center cellspacing=0 cellpadding=3>
<caption><font size=5 face=魏体 color=#ff0000>成绩报告单<font></caption>
<tr><th align=center width=20%>姓名</th>
    <th align=center width=40%>数据库</th>
    <th align=center width=40%>网页设计</th></tr>
<tr><td align=center>张三</td><td align=right>98</td>
<td align=right>89</td></tr>
<tr><td align=center>李四</td><td align=right>68</td>
<td align=right>54</td></tr>
</table>
</body>
</html>
```

运行结果如图 4-4 所示。

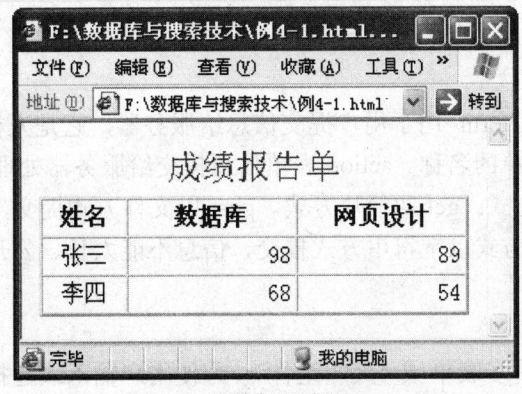

图 4-4 表格标记应用（2）

表格还用于对页面进行布局设计，每张网页总是分成许多区域，一个区域起一类功能，显示一部分相关内容，这种区域的布局可以用表格来做，每个单元格就是一个区域。如图4-5所示的网页布局可以用以下程序来实现。

例4-2 用表格进行网页布局。

```
<html>
<body>
<table border=1 width=800 align=center cellspacing=0 cellpadding=3>
<tr height=140><td colspan=2> </td></tr>
<tr><td width=20% height=600> </td>
  <td > </td></tr>
<tr height=60><td colspan=2> </td></tr>
</table>
</body>
</html>
```

运行结果如图4-5所示。

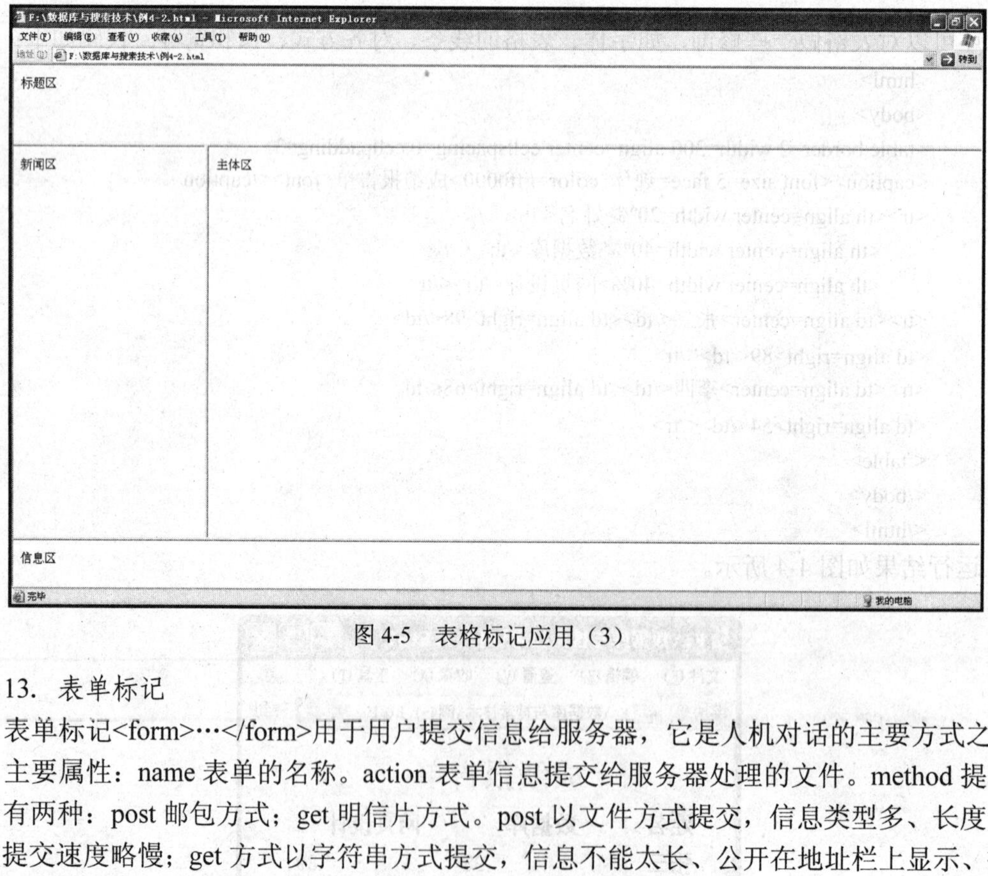

图4-5 表格标记应用（3）

13. 表单标记

表单标记<form>…</form>用于用户提交信息给服务器，它是人机对话的主要方式之一。

主要属性：name 表单的名称。action 表单信息提交给服务器处理的文件。method 提交方式，有两种：post 邮包方式；get 明信片方式。post 以文件方式提交，信息类型多、长度无限制、提交速度略慢；get 方式以字符串方式提交，信息不能太长、公开在地址栏上显示、提交速度较快。

14. 表单域标记

表单中我们要放上许多表单域（又叫组件），方便用户输入或选择信息，它们的通用属性有 name 表单域的名字；value 表单域的值。常用表单域有：

（1）文本框<input type=text>用于用户输入单行信息。

常用属性有：size 文本框的可见字符长度。maxlength 最大输入字符串长度。

（2）密码框<input type=password>用于用户输入单行密码。

常用属性：size 密码框的可见字符长度。

（3）文本区<textarea></textarea>用于输入多行字符。

常用属性有：rows 文本区的可见行数。cols 文本区的可见列数。

（4）单选框<input type=radio>用于选择单个信息。

注意：一组单选框起相同的名字。

（5）复选框<input type=checkbox>。

（6）下拉列表<select></select>。

（7）滚动菜单<select multiple></select>。

下拉列表、滚动菜单中的被选内容用"<option value=值>可见内容</option>加载"。

（8）按钮：①提交按钮<input type=submit>；②重置按钮<input type=reset>；③普通按钮<input type=button>。

二、任务实施

简单的登录界面程序代码如下：

```
<html>
<head>
<title>登录</title>
</head>
<body>
登录<br>
客户名：<input type=text name=cname><br>
密码：<input type=password name=cpass><br>
<input type=submit value=提交>
<input type=reset value=重置>
</body>
</html>
```

效果如图 4-6 所示。

图 4-6 简单的登录界面

图 4-6 的登录界面虽然已经能完成登录的信息输入功能，但为了美观，我们可以进一步

65

对字体、表单域和布局进行设计，程序代码如下：

```html
<html>
<head>
<title>登录</title>
</head>
<body>
<table border=0 width=160 hieght=80>
<tr><td colspan=2 align=center><font color=#ff0000 size=5 >登录</font></td></tr>
<tr><td align=right>客户名：</td><td><input type=text name=cname size=12></td></tr>
<tr><td align=right>密  码：</td>
<td><input type=password name=cpass size=12></td></tr>
<tr><td colspan=2 align=center><input type=submit value=提交>
<input type=reset value=重置></td></tr>
</table>
</body>
</html>
```

效果如图 4-1 登录界面所示。

如果需要把界面做得更加漂亮而又有特色，并能提交信息，还可以作进一步的设计，程序代码如下：

```html
<html>
<head>
<title>登录</title>
</head>
<body>
<table width="197" height="153"  border="0" cellpadding="0" cellspacing="0">
  <tr><td width="197" valign="top" background="dunluo.jpg">
    <table width="100%"  border="0" cellspacing="0" cellpadding="0">
      <tr height="50"><td> </td><td> </td></tr>
      <form name="form" method="post" action="login.asp">
        <tr><td width="40%" height="24" align=right>用户名：</td>
          <td width="60%" height="24" ><input name="user" type="text" size="12"></td></tr>
        <tr><td height="24" align=right>密  码：</td>
          <td height="24"><input name="pass" type="password" size="12"></td></tr>
        <tr height="20"><td> </td><td> </td></tr>
        <tr><td colspan=2 align=center>
            <a href="reg.asp" target="_blank">
            <img src="reg.jpg" width="51" height="19" border="0"></a>
    
            <a href="#">
<input type="image" src="login.jpg" border=0 name="images" width="51" height="19">
</a></td>
        </tr>
      </form>
    </table>
  ·</td></tr></table>
</body>
</html>
```

效果如图 4-2 修饰后的登录界面所示。

其中背景图片、注册图片和登录图片先做好后保存在 images 文件夹中。如果有更漂亮的图片不妨换上试一试。

【任务巩固】

4-1-1　设计一张首页的布局，用表格对其布局。

4-1-2　请设计如图 4-7 所示的客户留言界面。

图 4-7　客户留言界面

4-1-3　请完成如图 4-8 所示的客户注册界面。

图 4-8　客户注册界面

【任务拓展】

一、HTML 的其他标记

1. 头元素标记<meta>

头元素是为了完善网页的功能，它有 3 个属性：name（声明版权）；HTTP-equiv（绑定 HTTP 的响应元素）；content（为 name 或 HTTP-equiv 属性赋值）。

2. 游动标记

游动标记<marquee>…</marquee>设置对象在窗口内的滚动。对象可以是文档、图片等。

常用属性有：direction 游动方向，left 向左；right 向右；up 向上；down 向下。behavior 游动方式，alternate 来回游动；slide 游动转圈。scrollamount 游动速度，其值是整数。

3. 框架标记

框架标记<frameset>…<frame>…</frameset>构建多区域的网页窗口。

主要属性有：row 横向分割。col 纵向分割。值的个数决定分割的块数，中间用","分开。其取值有 3 种：百分数，表示割占窗口的比例。像素值，按给定的像素分割窗口。剩余值*，按前面的分割后剩余的大小分配窗口。

例 4-3 实现如图 4-5 所示的页面布局，将窗口一分为三。

```
<html>
<frameset rows=100,*,60>
   <frame name=a1 src=top.html>
   <frameset cols=20%,*>
      <frame name=a1 src=left.html>
      <frame name=a1 src=center.html>
   </frameset>
   <frame name=a1 src=foot.html>
</frameset>
</html>
```

再另编写 4 个文件：top.html、left.html、center.html、foot.html，分别显示"标题区"、"新闻区"、"主体区"和"信息区"。

效果如图 4-9 所示。

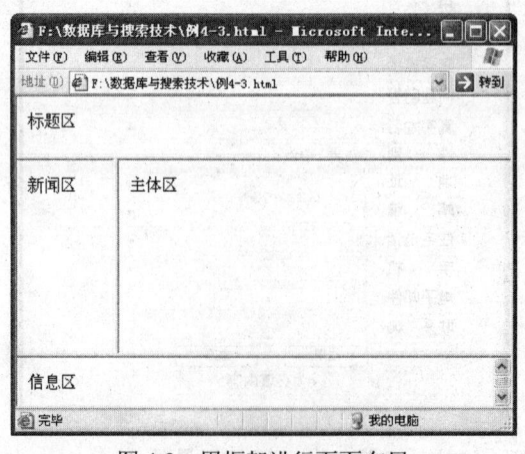

图 4-9 用框架进行页面布局

4. 层

层<div>…</div>可以把文档分割为独立的、不同的部分。它可以用作严格的组织工具，并且不使用任何格式与其关联。

二、表格的嵌套

在表格中还可以再画表格，这就是表格的嵌套。如图 4-5 所示表格标记应用的首页布局左侧部分还要划分为三个区域：客户登录区、网站新闻区、网站公告区，可以再用表格来布局。代码如下：

例 4-4 表格的嵌套。

```
<html>
<body>
<table border=1 width=800 align=center cellspacing=0 cellpadding=3>
<tr height=200><td colspan=2> </td></tr>
<tr><td width=20% height=600>
    <table border=1 width=160 align=center cellspacing=0 cellpadding=3>
        <tr height=200><td> </td></tr>
        <tr height=200><td> </td></tr>
        <tr height=200><td> </td></tr>
    </table>
</td>
<td > </td></tr>
<tr height=40><td colspan=2> </td></tr>
</table>
</body>
</html>
```

效果如图 4-10 所示。

图 4-10 表格标记应用

首页主窗体要分成四部分：最新书籍、畅销书籍、推荐书籍、折扣书籍。你能实践吗？

任务2　用户提交信息的验证

【任务目标】

通过本任务的学习，使学生掌握 VBScript 的基础知识、VBScript 的控制与循环语句、VBScript 的常用内置函数、VBScript 的自定义与过程、VBScript 的事件过程。

客户登录，输入信息，那么这些信息是否合理呢？它的完整性如何呢？我们应该加以验证，如图 4-11 所示是登录信息中姓名未输入时的提示。

图 4-11　信息提示框

重要的信息或做一些很难挽回的操作，应该作二次确认，避免误操作而带来的不必要的麻烦，如图 4-12 所示即是二次确认对话框。它们是如何设计的？本任务的目标就是要学会它。

图 4-12　二次确认框

【任务实现】

一、知识要点

（一）VBScript 的基础知识

VBScript 是一种面向对象的编程语言，它直接嵌入到 HTML 中用于对网页程序的控制、选择做出相应的反应，扩展了 HTML 的功能。还可以插入到 ASP 中，制作成完美的动态网页。

VBScript 语句可以放入<Script>…</Script>的 HTML 标记中，该标记主要有两个属性：language 用于指明脚本语言的种类；runat 用于确定脚本语言运行于服务器端还是客户端，默认运行在客户端。

加入 VBScript 的网页文件可以保存为.htm 或.html，也可以保存为.asp。

每一个语句结束以回车键确定，即一行一句。

（二）VBScript 的数据类型和运算符

1. 数据类型

VBScript 的数据类型只有一种变体型（variant），当赋予不同的数据，系统会自动选定最合适的子类型来存储数据。常见的子类型有 boolean 逻辑型；byte 字节型；integer 整型；single 单精度浮点型；double 双精度浮点型；date 时间日期型；string 字符串型。

2. VBScript 的运算符

算术运算符："+"加；"-"减；"*"乘；"/"除；mod 整除取余；"^"求幂；"\"整除。

逻辑运算符："and"与；"or"或；"not"非。它们的返回值是逻辑型。

比较运算符："="等于；"<>"不等于；"<"小于；"<="小于或等于；">"大于；">="大于或等于。它们的返回值也是逻辑型。

连接运算符："+"或"&"，用于连接字符串。

赋值运算符："="，为变量、常量等赋值。

3. VBScript 常量和变量

常量中数值型的直接书写，如 3.14。字符型用""框起来，如"欢迎你，老朋友！"。时间日期型用# #框起来，如#2010-10-26#。

常量定义的一般格式： const 常量名=值

例如：const a="欢迎"

　　　const b=3.1416

　　　const c=#2010-10-10#

变量定义的一般格式：dim 变量名1,变量名2,…

例如：dim a,b,c

VBScript 还允许隐式声明，即可以直接使用。

4. VBScript 的数组

定长数组的定义：dim 数组名(最大下标,…)

例如：dim a(7)　　　//定义一个8个元素的数组（下标从0开始）

　　　dim b(3,4)　　//定义一个4行5列的二维数组

动态数组的定义：dim 数组名()

或　redim 数组名()

动态数组的再定义：redim 数组名(最大下标)

例如：dim a()

　　　…

　　　redim a(7)　　　//重定义 a 为8个元素的数组

　　　redim preserve a(11)　//重定义 a 为12个元素的数组，原数组的值不变

（三）VBScript 的常用函数

1. 函数使用方法

VBScript 提供了许多函数，要一一记住是不现实的，但可以通过资料查找到，然后按方法使用即可。使用函数要关注 4 个方面：函数的功能、返回值、函数名、参数的个数和类型。首先按照需要完成的操作看函数的功能，确定其返回值符合要求，看好它的函数名和参数，接下来按其格式编写即可。

例如我们要知道字符串的长度就找到相关功能的函数，格式为：len(string)，其中，函数名为 len()，参数是 1 个，字符串型，函数为返回字符串的长度。

    s="欢迎你，老朋友！"
    d=len(s)　　//d 的值为 8

再如我们的学号前两位是系号，再四位是班级号，最后是学生的序号，知道了学号如何得到系号、班级号？Left(string,length)，返回 string 的左侧 length 位的子串。Mid(string,start,length)，返回 string 的第 start 到第 length 的子串。

    xh="09101866"　　//学号
    xihao=left(xh,2)　　//系号
    bjh=mid(xh,3,6)　　//班级号

常见的 VBScript 函数参见附录。

2. 提示和选择框函数

提示和选择框是最常用的人机对话方式，它可以对客户的每一个操作做出反应。提示客户的操作结果、提醒客户的非法或不合理的操作、防止客户的误操作等，都是必不可少的。

提示框函数的格式如下：

    alert(提示信息)

功能：产生一个弹出式警告框。

如：alert("对不起，客户名不能空！")

结果如图 4-11 所示。

选择框函数 1 的格式如下：

    confirm(提示信息)

功能：弹出一个二次选择框。单击"确定"按钮返回 true；单击"取消"按钮返回 false。

如：confirm("你真的要退出吗？")

结果如图 4-13 所示。

选择框函数 2 的格式如下：

    msgbox 提示信息,数值 1+数值 2

功能：弹出一个二次选择框。

其中数值 1 取 0，显示一个"确定"按钮，也是默认值；取 1，显示"确定"和"取消"两个按钮；

图 4-13 二次选择框

取 2，显示"终止"、"重试"和"忽略"三个按钮；取 3，显示"是"、"否"和"取消"三个按钮，如图 4-14 所示；取 4，显示"是"和"否"两个按钮；取 5，显示"重试"和"取消"两个按钮。

数值 2 取 0 为无图标，如图 4-14 所示；取 16，显示临界图标❌；取 32，显示询问图标❓；

取 48，显示警告图标⚠；取 64，显示提示图标ⓘ。

msgbox 的返回值分别是："确定"，1；"取消"，2；"终止"，3；"重试"，4；"忽略"，5；"是"，6；"否"，7。

如：msgbox "你真的要退出吗？",3

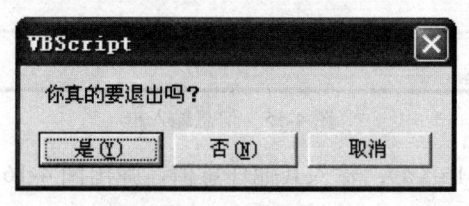

图 4-14　选择框

可以取不同的数字组合来实现不同的按钮和图标，如 17，是"确定"和"取消"两个按钮，临界图标的选择框。

（四）VBScript 的选择、循环和转折语句

1. 选择语句

格式 1：if 条件 then
　　　　执行体 1
　　　　else
　　　　执行体 2
　　　　end if

注意：

（1）条件可以用结果是逻辑值的表达式，如逻辑表达式、比较表达式，返回值是逻辑值的函数、逻辑常量、逻辑变量等。

（2）如果执行体 2 为空，else 可省略。

（3）两个执行体总是执行其一，所以 if 语句是二选一。

例 4-5　简单的密码验证程序。

```
<html>
<body>
<script language=vbs>
  dim mm,kl
  mm="1234"
  kl=inputbox("请输入密码：")
  if kl=mm then
    alert("欢迎光临！")
  else
    alert("密码错误！")
  end if
</script>
</body>
</html>
```

运行后输入框如图 4-15 所示。

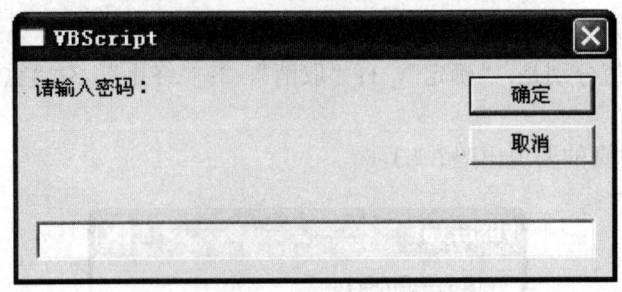

图 4-15　信息输入框

输入 1234，弹出图 4-16（a）；输入其他任意值，弹出图 4-16（b）。

（a）　　　　　　　　　　　　　　（b）

图 4-16　信息提示框

格式 2：if 条件 1 then
　　　　　执行体 1
　　　　Elseif 条件 2 then
　　　　　执行体 2
　　　　Elseif 条件 3 then
　　　　　执行体 3
　　　　…
　　　　Else
　　　　　执行体 n+1
　　　　End if

注意：
（1）条件的设计要求与 if 语句相同。
（2）elseif 中间不能加空格。
（3）n+1 个执行体只执行一个，所以是多选一。

例 4-6　百分制转换成五分制。

```
<html>
<body>
<script language=vbs>
    dim cj
    cj=inputbox("请输入成绩：")
    if cj<60 and cj>=0 then
        alert("成绩等第：不合格")
```

```
            elseif cj<70 then
                alert("成绩等第：合格")
            elseif cj<80 then
                alert("成绩等第：中")
            elseif cj<90 then
                alert("成绩等第：良")
            elseif cj>=90 and cj<=100 then
                alert("成绩等第：优")
            else
                alert("输入的成绩不合理！")
            end if
        </script>
    </body>
</html>
```

当用户输入 90 分，结果如图 4-17 所示。

图 4-17　90 分转换成优等

格式 3：select case 表达式
  case 值 1
   执行体 1
  case 值 2
   执行体 2
  …
  case else
   执行体 n+1
  end select

注意：
（1）表达式可以是整型或字符型。
（2）表达式的值与 case 值比较相同时，即执行它的执行体，比较的值有多个可用逗号分隔。
（3）n+1 个执行体只执行一个，所以是多选一。

例 4-7　百分制转换成五分制。
  <html>
  <body>
  <script language=vbs>

```
dim cj
cj=inputbox("请输入成绩： ")\10
select case cj
    case 0,1,2,3,4,5
        msgbox "成绩等第：不合格",16
    case 6
        msgbox "成绩等第：合格",48
    case 7
        msgbox "成绩等第：中",64
    case 8
        msgbox "成绩等第：良",64
    case 9,10
        msgbox "成绩等第：优",64
    case else
        msgbox "输入的成绩不合理！",48
end select
</script>
</body>
</html>
```

当输入 88 分时，结果如图 4-18 所示。

图 4-18　88 分转换成"良"

2. 循环语句

循环语句通常有 4 部分：一循环的起点，循环从哪开始；二循环的终点，循环到哪结束；三循环执行体，重复要做的操作；四递进，从开始走到结束。当然不一定所有的循环设计都有四部分，但你可以从四方面来考虑。常用的几种循环格式如下：

格式 1：while 条件

　　　　循环执行体

　　　　wend

注意：

（1）条件应是逻辑值结果表达式。

（2）循环设计特别要当心死循环。

例 4-8　1+2+…+100=?

```
<html>
<body>
<script language=vbs>
    dim i,s
    i=2                  //循环起点
    s=1
    while i<=100         //循环终点
        s=s+i            //循环执行体
        i=i+1            //递进
    wend
    msgbox "1+2+...+100="&s,64
</script>
```

```
</body>
</html>
```
运行结果如图 4-19 所示。

图 4-19 运行结果（1）

格式 2：for 循环变量=初值 to 终值 step 步长
　　　　'循环执行体
　　　Next

注意：
（1）循环将从初值到终值，每次递进步长，步长为 1，是默认值，可省略。
（2）若需要提前退出可使用 exit for 语句。

例 4-9　1*2*…*n=?
```
<html>
<body>
<script language=vbs>
    dim i,s,n
    n=inputbox("请输入一个整数：")
    s=1
    for i=1 to n
        s=s*i
    next
    msgbox n&"!="&s,64
</script>
</body>
</html>
```
输入 10，运行结果如图 4-20 所示。

格式 3：do while 条件
　　　　'循环执行体
　　　Loop

图 4-20 运行结果（2）

注意：
（1）条件应是逻辑值结果表达式。
（2）若需要提前退出可使用 exit do 语句。

例 4-10　不断进行百分制到五分制的转换，输入 n 结束
```
<html>
<body>
<script language=vbs>
```

```
            dim cj
            do while true
               cj=inputbox("请输入成绩：")
               if cj="n" then
                  exit do
               end if
               cj=cj\10
               select case cj
                  case 0,1,2,3,4,5
                     msgbox "成绩等第：不合格",16
                  case 6
                     msgbox "成绩等第：合格",48
                  case 7
                     msgbox "成绩等第：中",64
                  case 8
                     msgbox "成绩等第：良",64
                  case 9,10
                     msgbox "成绩等第：优",64
                  case else
                     msgbox "输入的成绩不合理！",48
               end select
            loop
         </script>
      </body>
   </html>
```

输入 88，结果如图 4-18（88 分转换成"良"）所示。再输入 n，结束。

（五）VBScript 的自定义函数和过程

函数定义：function 函数名(参数)

　　　　　　　'执行体

　　　　　　end function

函数调用：函数名(参数)

函数具有返回值，它的返回值就是与函数名相同的变量。

过程定义：sub 过程名(参数)

　　　　　　　'执行体

　　　　　　end sub

过程调用：call 过程名 参数

如果中途要结束过程，可用命令 exit sub。

提示：过程是没有返回值的，这是函数与过程的根本区别。

例 4-11 任意输入边长，求正方形的面积和周长。

```
<html>
<head>
<script language=vbs>
```

```
            function area(a)
                area=a^2
            end function
            sub s(a)
                x=a*4
                msgbox "边长为"&a&"的正方形周长是"&x,64
            end sub
        </script>
    </head>
    <body>
        <script language=vbs>
            dim zc
            zc=inputbox("请输入正方形的边长：")
            msgbox "边长为"&zc&"的正方形面积是"&area(zc),64
            call s(zc)
        </script>
    </body>
</html>
```

输入 6 后，结果如图 4-21 所示。

图 4-21 调用过程、函数求面积、周长

事件过程：sub 表单域名_事件名()
　　　　　　执行体
　　　　　　end sub

当该表单域发生该事件时就调用该过程，常见的事件有 onclick 单击事件；onchange 改变事件；onselect 选择事件；onkeydown 按下键盘事件。当然用表单域的事件属性调用过程也能达到异曲同工的效果。

如按钮的单击事件过程：
```
<input type=button name=b value=提交>
    …
    sub b_onclick()
        '执行体
    end sub
```

如写成按钮的事件属性，部分代码是：
```
<input type=button name=b onclick=area() value=提交>
    …
```

```
sub area()
    '执行体
end sub
```

（六）VBScript 的对象

VBScript 的对象常用的有 window 对象（窗口对象）和 document 对象（文档对象）。每个对象都有自己的属性、方法和事件。使用对象的格式为：对象名.属性|方法|事件

表 4-1 和表 4-2 列出了它们的属性、方法和事件。

表 4-1 window 对象的主要属性、方法和事件

属性	意义	方法	功能	事件	结果
status	更改状态栏的内容	alert	提示框	onload	加载窗口事件
document	文档	confirm	选择框	onunload	离开、切换页面事件
location		prompt	输入框		
history		open	打开网页		
navigator		close	关闭网页		

表 4-2 document 对象的主要属性和方法

属性	意义	方法	功能
bgcolor	设置背景色	write	执行 HTML 的代码
fgcolor	设置前景色	close	关闭
cookie	在客户机存放客户信息	clear	清除
lastmodified	文档的最后修改日期时间	open	打开

例 4-12 冒泡法排序。

```
<html>
<body>
<script language=vbscript>
dim a(9)
dim i,j,x
a(0)=8
a(1)=19
a(2)=-32
a(3)=88
a(4)=78
a(5)=12
a(6)=54
a(7)=3.14
a(8)=5
a(9)=78
for i=0 to 8
    for j=i+1 to 9
```

```
            if a(i)<a(j) then
                x=a(i)
                a(i)=a(j)
                a(j)=x
            end if
        next
    next
    for i=0 to 9
    document.write(a(i)&"    ")
    next
    </script>
    </body>
    </html>
```

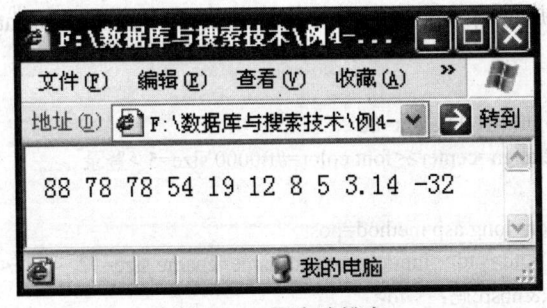

运行结果如图 4-22 所示。

图 4-22 冒泡法排序

例 4-13 弹出式广告窗口。

```
    <html>
    <head>
    <script language=vbscript>
    sub openw()
        setopenwindow=window.open("head.html","new","height=80,width=200")
    end sub
    </script>
    </head>
    <body onload=openw()>
    </body>
    </html>
```

Head.html 文件的代码如下：

```
    <html>
    <body>
    <a href="vbscript:window.close()">关闭窗口</a>
    </body>
    </html>
```

结果如图 4-23 所示。

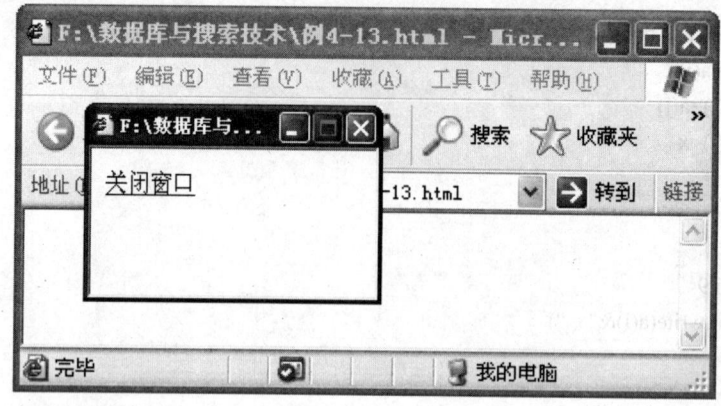

图 4-23 弹出小窗口

二、任务实施

下面来做登录界面并对输入的信息进行初步的合理性验证。log.html 文件的代码如下：

```
<html>
<body>
<table border=0 width=160 height=80>
<tr><td colspan=2 align=center><font color=#ff0000 size=5 >登录
</font></td></tr>
<form name=faction=long.asp method=post>
<tr><td>客户名：</td><td><input type=text name=cname size=12></td></tr>
<tr><td>密  码：</td>
<td><input type=password name=cpass   size=12></td></tr>
<tr><td colspan=2 align=center><input type=button name=b value=提交>
<input type=reset value=重置></td></tr>
</form>
</table>
<script language=vbs>
sub b_onclick()
dim n
n=f.cname.value            //获取客户名的值
if n=""then
alert("对不起，姓名不能为空！")
f.cname.focus              //聚焦客户名文本框
exit sub                   //结束过程
end if
n=f.cpass.value
if n="" then
alert("密码不能为空！")
f.cpass.focus
exit sub
end if
f.submit                   //提交表单
end sub
```

```
        </script>
    </body>
</html>
```
当客户没有输入用户名，结果如图 4-11 的信息提示框所示。

用户注册信息的注册、初步合理性验证和二次确认，enroll.html 文件的代码如下：

```html
<html>
<head>
<title>用户注册</title>
</head>
<body>
<form name="myform" action="reg.asp" method="post">
  <table width="380" border="1" align="center" cellpadding="1" cellspacing="0" >
  <caption>客户注册</caption>
  <tr><td width="26%" align="right">客 户 名：</td>
    <td width="74%"><input name="user" type="text" id="user" size="30">*</td></tr>
  <tr><td align="right">密    码：</td>
    <td><input name="pass" type="password" id="pass" size="33">*</td></tr>
  <tr><td align="right">密码提示：</td>
    <td><input name="tishi" type="text" size="30"></td></tr>
  <tr><td align="right">问题回答：</td>
    <td><input name="huida" type="text" size="30"></td></tr>
  <tr><td align="right">真实姓名：</td>
    <td><input name="xingming" type="text" size="30">*</td></tr>
  <tr><td align="right">性    别：</td>
    <td><input type=radio name=sex value=男 checked>男
        <input type=radio name=sex value=女>女</td></tr>
  <tr><td align="right">地    址：</td>
    <td><input name="dizhi" type="text" size="30">*</td></tr>
  <tr><td align="right">邮    编：</td>
    <td><input name="youbian" type="text" size="30">*</td></tr>
  <tr><td align="right">住宅电话：</td>
    <td><input name="quhao" type="text" size="4">-
<input name="tel" type="text" size="23">*</td></tr>
  <tr><td align="right">手    机：</td>
    <td><input name="shouji" type="text" size="30">*</td></tr>
  <tr><td align="right">电子邮箱：</td>
    <td><input name="mail" type="text" size="30"></td></tr>
  <tr><td align="right">联系  QQ：</td>
    <td><input name="qq" type="text" size="30"></td></tr>
  <tr><td colspan="2" align="center">
      <input type=button name=bt value="　注册　" onclick=yz()>
        <input type="reset" name="reset" value="　重写　" ></td></tr>
  <tr><td colspan="2" align="center">*为必填内容</td></tr>
  </table>
</form>
<script language=vbscript>
```

```
sub yz()
  dim n,s
  n=myform.user.value
  if n="" then
     alert("对不起，客户名不能为空！！")
     myform.user.focus
     exit sub
  end if
  s="您的资料如下："&chr(13)&"客  户  名："&n
  n=myform.pass.value
  if n="" then
     alert("密码不能为空！")
     myform.pass.focus
     exit sub
  end if
  s=s&chr(13)&"密      码：******"
  n=myform.tishi.value
  if n="" then
     s=s&chr(13)&"密码提示：空"
  else
     s=s&chr(13)&"密码提示："&n
  end if
  n=myform.huida.value
  if n="" then
     s=s&chr(13)&"问题回答：空"
  else
     s=s&chr(13)&"问题回答："&n
  end if
  n=myform.xingming.value
  if n="" then
     alert("真实姓名不能为空！")
     myform.xingming.focus
     exit sub
  end if
  s=s&chr(13)&"真实姓名："&n
  n=myform.dizhi.value
  if n="" then
     alert("地址不能为空！")
     myform.dizhi.focus
     exit sub
  end if
  s=s&chr(13)&"地      址："&n
  n=myform.youbian.value
  if n="" then
     alert("邮编不能为空！")
     myform.youbian.focus
```

```
        exit sub
    end if
    s=s&chr(13)&"邮    编："&n
    n=myform.quhao.value
    if n="" then
        alert("区号不能为空！")
        myform.quhao.focus
        exit sub
    end if
    s=s&chr(13)&"住宅电话："&n
    n=myform.tel.value
    if n="" then
        alert("电话不能为空！")
        myform.tel.focus
        exit sub
    end if
    s=s&"-"&n
    n=myform.shouji.value
    if n="" then
        alert("手机不能为空！")
        myform.shouji.focus
        exit sub
    end if
    s=s&chr(13)&"手    机："&n
    n=myform.mail.value
    if n="" then
        s=s&chr(13)&"电子邮箱：空"
    else
    s=s&chr(13)&"电子邮箱："&n
    end if
    n=myform.qq.value
    if n="" then
        s=s&chr(13)&"联系 QQ：空"
    else
        s=s&chr(13)&"联系 QQ："&n
    end if
    s=s&chr(13)&"请仔细核对您的资料以免在商品的交易中给您带来不必要的麻烦！"
    s=s&chr(13)&"您确定要提交吗？"
    n=confirm(s)
    if n then
        myform.submit
    end if
    end sub
</script>
</body>
</html>
```

效果如图 4-8 所示。输入信息后，单击"注册"按钮，结果如图 4-12 二次确认框所示。

【任务巩固】

4-2-1　输入一个身高数值，判定 1.2 米以下免票；1.2～1.5 米半票；1.5 米以上全票。输出结果。

4-2-2　求 1000 以内能被 13 整除的的数，并输出结果。

4-2-3　打印九九表。

4-2-4　初步验证留言信息提交的合理性。

【任务拓展】

JavaScript 和 VBScript 都是一种脚本语言，它们都是面向对象的，都能完成对网页的控制设计。但 JavaScript 具有 Java 的风格，更深得网页设计者的喜爱。

初学者首先要注意二者细节上的相同点和不同点，JavaScript 对字母是敏感的，而 VBScript 不是；JavaScript 语句结束用分号，而 VBScript 结束用回车键；块执行体 JavaScript 用大花括号，而 VBScript 用 end；标识符的命名规则也有所不同；保留字也有所不同；运算符的种类、书写也有所不同；等等。

相同相近点太多，大到设计思想、设计理念，小到变量、运算符的意义、判断语句、循环语句、对象、函数（过程），等等，都是一致的。

例 4-14　冒泡法排序用 JavaScript 来编写，代码如下：

```
<html>
<body>
<script language=Javascript>
var a=new Array(8,19,-32,88,78,12,54,3.14,5,78);   //创建数组并赋初值
var i,j,x                                           //声明变量
for(i=0;i<a.length-1;i++){                          //冒泡排序
   for(j=i+1;j<a.length;j++){
     if(a[i]<a[j]){
        x=a[i];
        a[i]=a[j];
        a[j]=x;
     }
   }
}
for(i=0;i<a.length;i++)                             //遍历数组
   document.write(a[i]+"    ");                     //显示数组元素的值
</script>
</body>
</html>
```

运行结果如图 4-22 冒泡法排序所示。

任务 3 ASP 运行环境配置

【任务目标】

通过本任务的学习，使学生了解 Windows 操作系统中 IIS 的加装与配置，了解网站的建立调试，为网络商店的设计与调试创建必要的环境。

按照自己机器的操作系统完成一种 ASP 运行环境的配置，为以后 ASP 程序的编辑、调试和发布建立必要的软件条件。

【任务实现】

（一）Windows 2000/2003 服务器版的 ASP 运行环境配置

Windows 服务器版可以通过 IIS（Internet Information Services）为动态网页的调试和发布提供支持，IIS 是一个功能强大、性能优越的网络服务器，是目前使用最广泛的管理器。它不但进行网络管理，向用户提供 Wab 服务，还能提供较完善的 asp 程序开发服务。

1. IIS 的安装

单击"开始"/"设置"/"控制面板"，如图 4-24 所示。

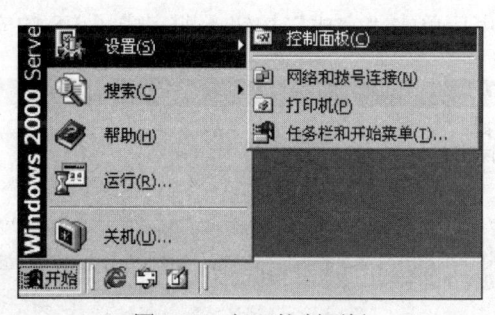

图 4-24 打开控制面板

打开"控制面板"，如图 4-25 所示。

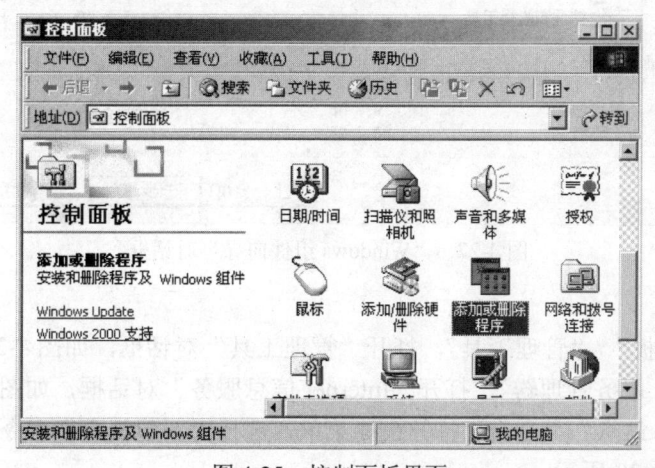

图 4-25 控制面板界面

单击"添加或删除程序"图标,打开"添加/删除程序"对话框,如图 4-26 所示。

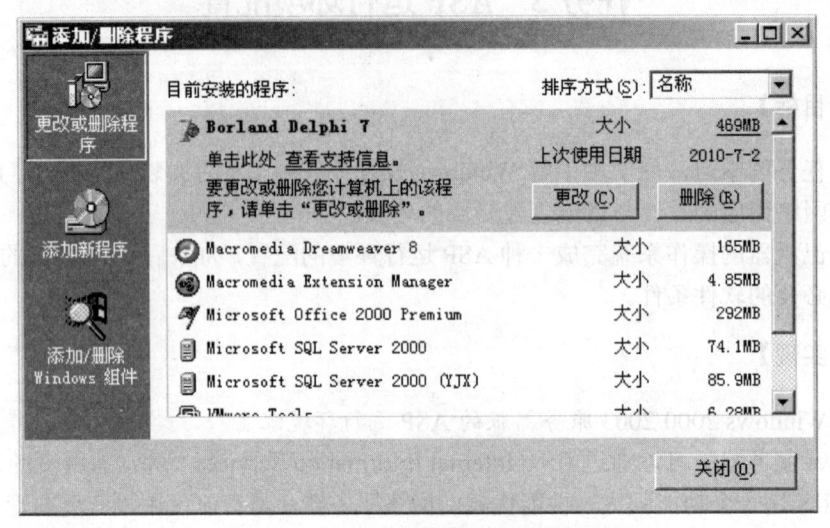

图 4-26 "添加/删除程序"对话框

单击左边的"添加/删除 Windows 组件"按钮,打开"Windows 组件向导"对话框,如图 4-27 所示,选中"Internet 信息服务(IIS)"复选框,插入 Windows 的安装盘,单击"下一步"按钮,系统进行安装,结束后单击"完成"按钮,即完成了 IIS 的安装。

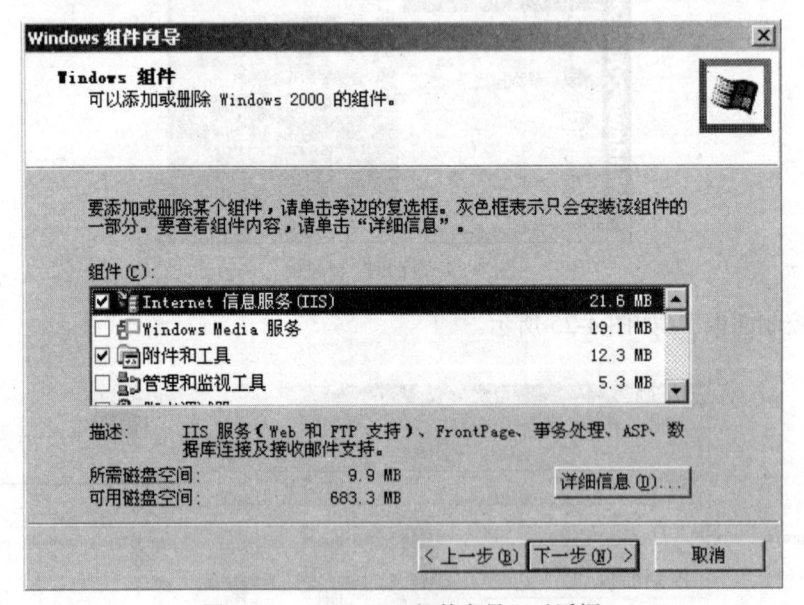

图 4-27 "Windows 组件向导"对话框

2. 站点建设

选择"控制面板"/"管理工具",打开"管理工具"对话框,如图 4-28 所示。

选择"Internet 服务管理器",打开"Internet 信息服务"对话框,如图 4-29 所示。

在"默认 Web 站点"上右击,打开快捷菜单,选择"新建站点"命令,打开"Web 站点创建向导",如图 4-30 所示。

图 4-28 "管理工具"界面

图 4-29 "Internet 信息服务"界面

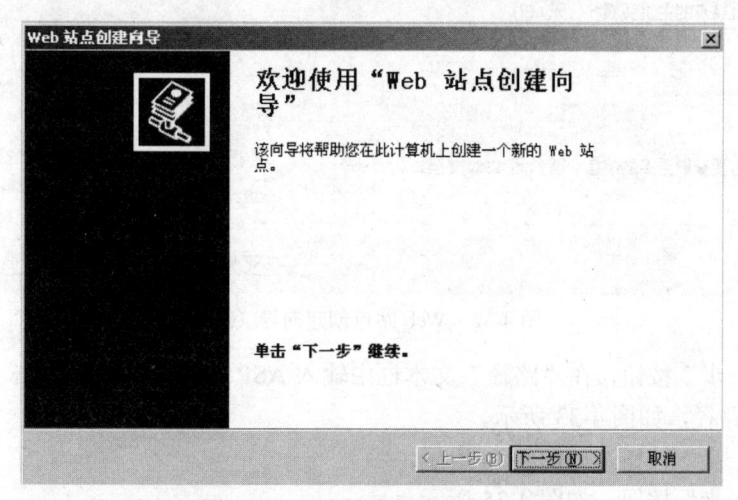

图 4-30 Web 站点创建向导（1）

单击"下一步"按钮,在"说明"文本框中输入站点名,如 www.yjx.com,如图 4-31 所示。

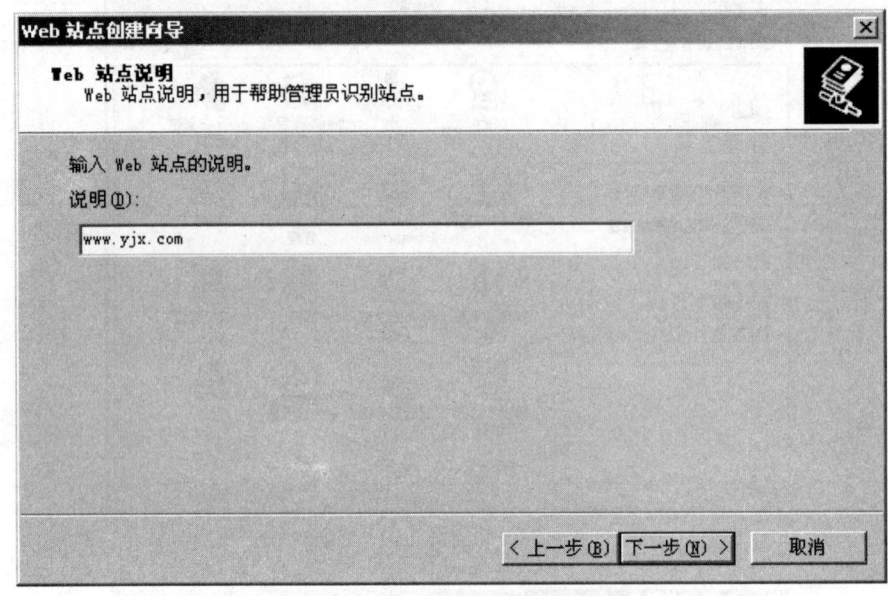

图 4-31 Web 站点创建向导(2)

单击"下一步"按钮,在"输入 Web 站点使用的 IP 地址"下拉列表中选择本机的 IP 地址(如未设本机 IP 地址可输入 127.0.0.1),如图 4-32 所示。

图 4-32 Web 站点创建向导(3)

单击"下一步"按钮,在"路径"文本框中输入 ASP 文件的路径或单击"浏览"按钮选取 ASP 文件的路径,如图 4-33 所示。

单击"下一步"按钮,如图 4-34 所示。

单击"下一步"按钮,如图 4-35 所示。

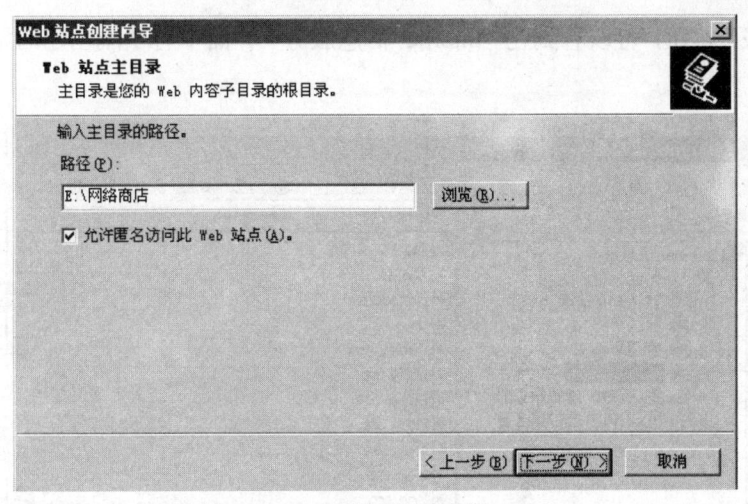

图 4-33　Web 站点创建向导（4）

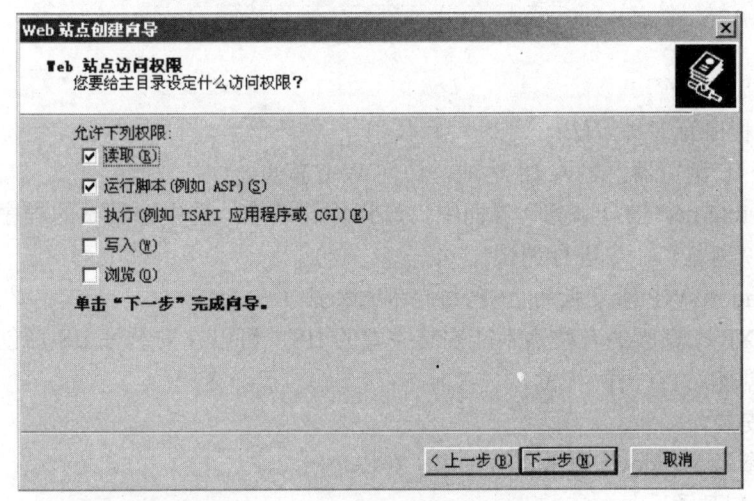

图 4-34　Web 站点创建向导（5）

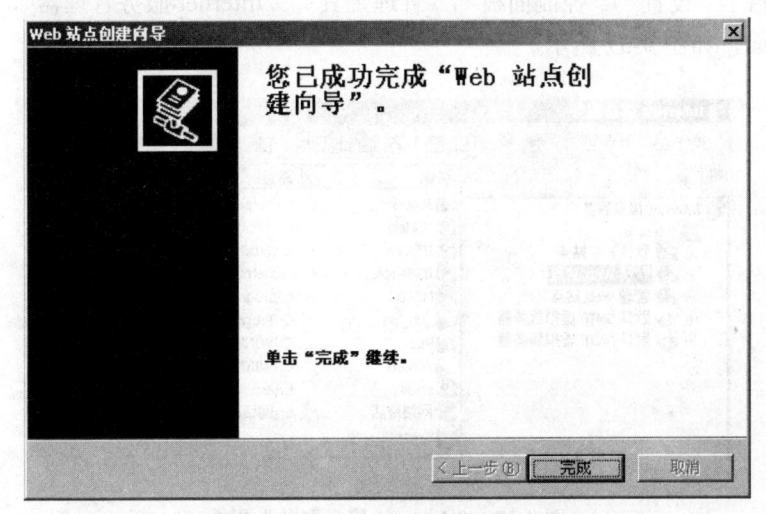

图 4-35　Web 站点创建向导（6）

单击"完成"按钮,可以看到在"Internet 信息服务"界面中有了刚创建的站点,如图 4-36 所示。

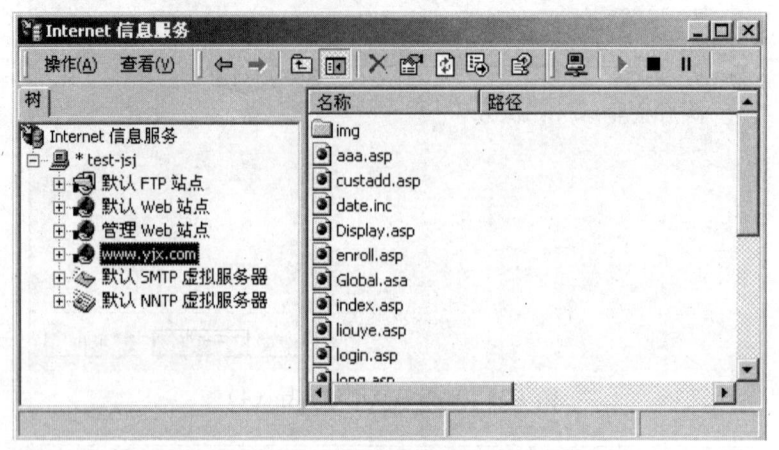

图 4-36 站点建设完成

3. 运行 ASP 程序

运行 ASP 程序有多种方法:

(1)打开 IE 浏览器,输入 IP 地址,访问 Web 首页。

(2)在"Internet 信息服务"界面中,选择你的站点,选中要调试的程序,右击打开快捷菜单,选择"浏览"命令进行调试。

(二)Windows XP 家庭版的 ASP 运行环境配置

Windows XP 家庭版的有些盘不能安装完整的 IIS,可以在安装好 IIS 后创建虚似目录来调试。效果和创建站点一样。

1. IIS 的安装

安装过程参考 Windows 服务器版的 IIS 安装。

2. 创建虚似目录

选择"开始"/"设置"/"控制面板"/"管理工具"/"Internet 服务管理器",打开"Internet 信息服务"界面,如图 4-37 所示。

图 4-37 "Internet 信息服务"界面

在"默认 Web 站点"上右击,打开快捷菜单,选择"新建"/"虚拟目录"命令,打开"虚拟目录创建向导"对话框,如图 4-38 所示。

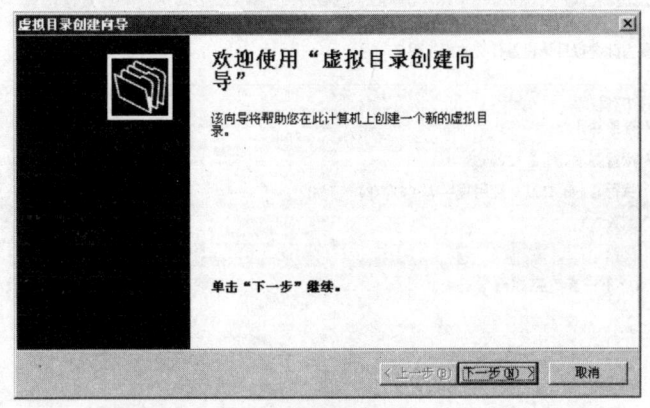

图 4-38　虚似目录创建向导对话框(1)

单击"下一步"按钮,在"别名"文本框中输入名字,如"网络商店",如图 4-39 所示。

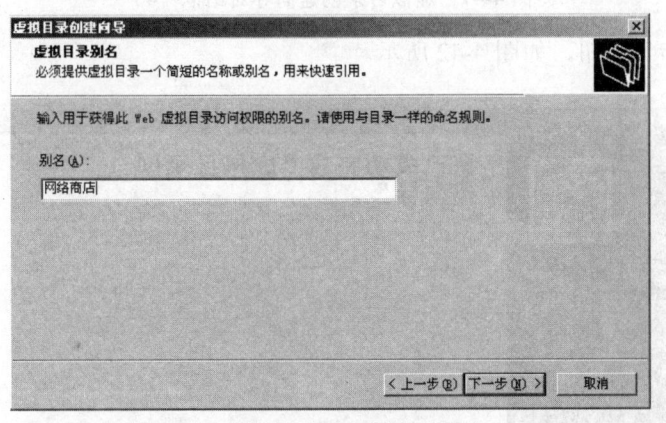

图 4-39　虚似目录创建向导对话框(2)

单击"下一步"按钮,在"目录"栏输入或单击"浏览"按钮选择网站的目录,如图 4-40 所示。

图 4-40　虚似目录创建向导对话框(3)

单击"下一步"按钮，取默认选项即可，如图 4-41 所示。

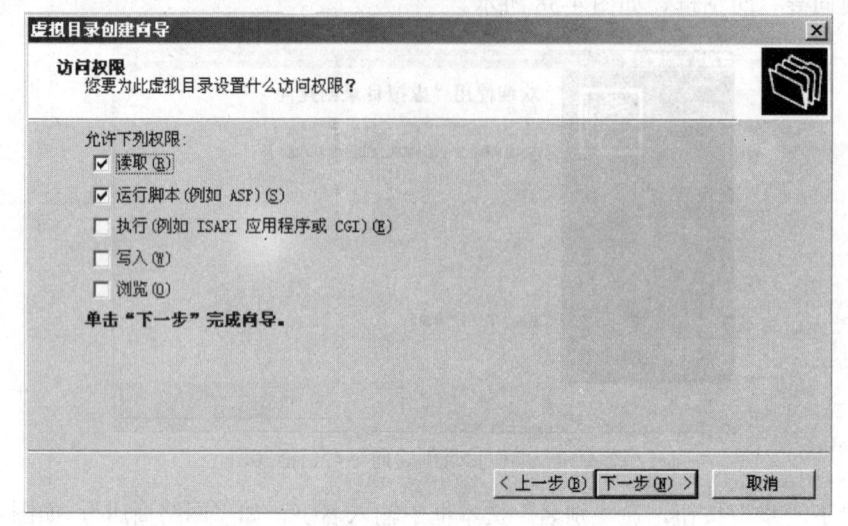

图 4-41　虚似目录创建向导对话框（4）

单击"下一步"按钮，如图 4-42 所示。

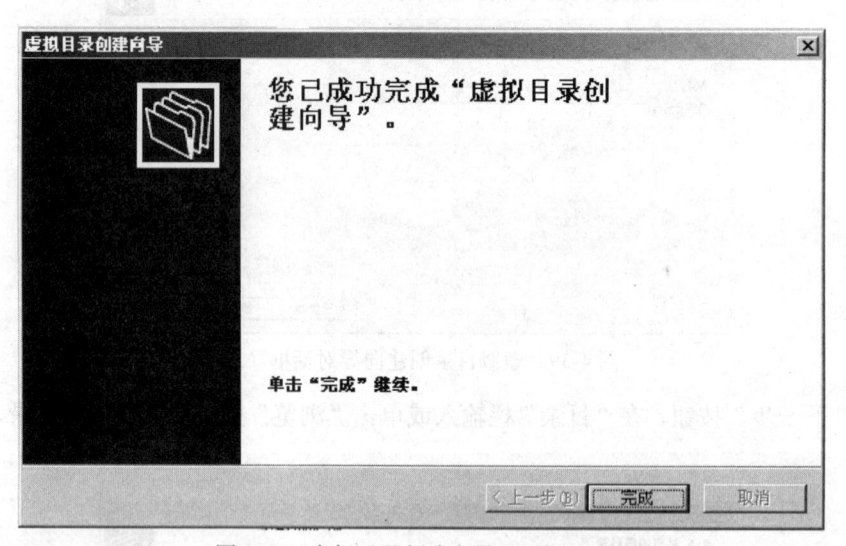

图 4-42　虚似目录创建向导对话框（5）

单击"完成"按钮，一切 OK 了。

3. 运行 ASP 程序

运行 ASP 程序的方法有多种：

（1）打开 IE 浏览器，输入地址：http://localhost/网络商店/文件名。

（2）打开 IE 浏览器，输入地址：http://127.0.0.1/网络商店/文件名。

（3）打开"Internet 信息服务"，单击"网络商店"，选择要调试的程序，右击选择"浏览"命令，即开始运行程序了。

上述方法也可用于 Windows 服务器版。

（三）Windows 2008 的 ASP 运行环境配置

1. IIS 的安装

启动 Windows 2008，进入"服务器管理器"对话框，单击左侧树的"角色"，如图 4-43 所示。

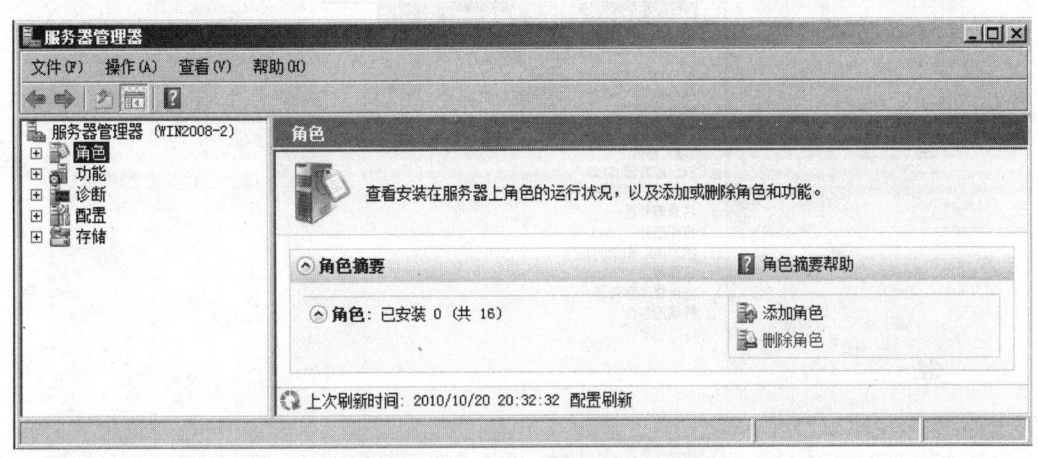

图 4-43 "服务器管理器"界面

单击"添加角色"超链接。打开"添加角色向导－开始之前"对话框，如图 4-44 所示。

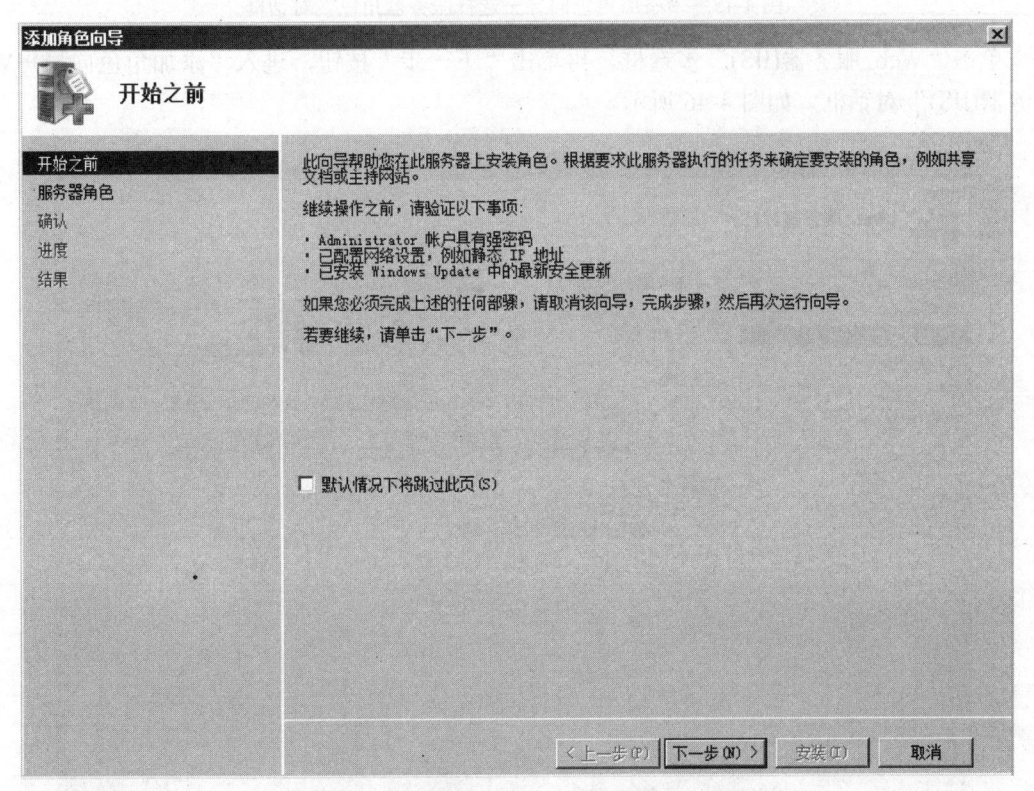

图 4-44 "添加角色向导－开始之前"对话框

单击"下一步"按钮，进入"添加角色向导－选择服务器角色"对话框，如图 4-45 所示。

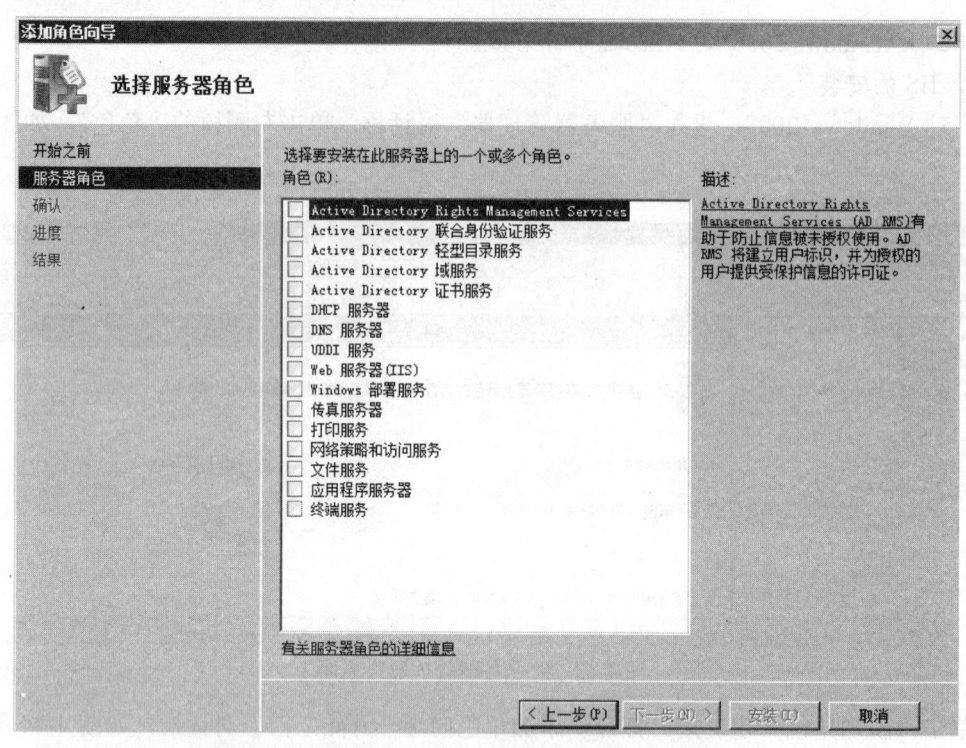

图 4-45 "添加角色向导－选择服务器角色"对话框

单击"Web 服务器(IIS)"多选框,再单击"下一步"按钮,进入"添加角色向导－Web 服务器(IIS)"对话框,如图 4-46 所示。

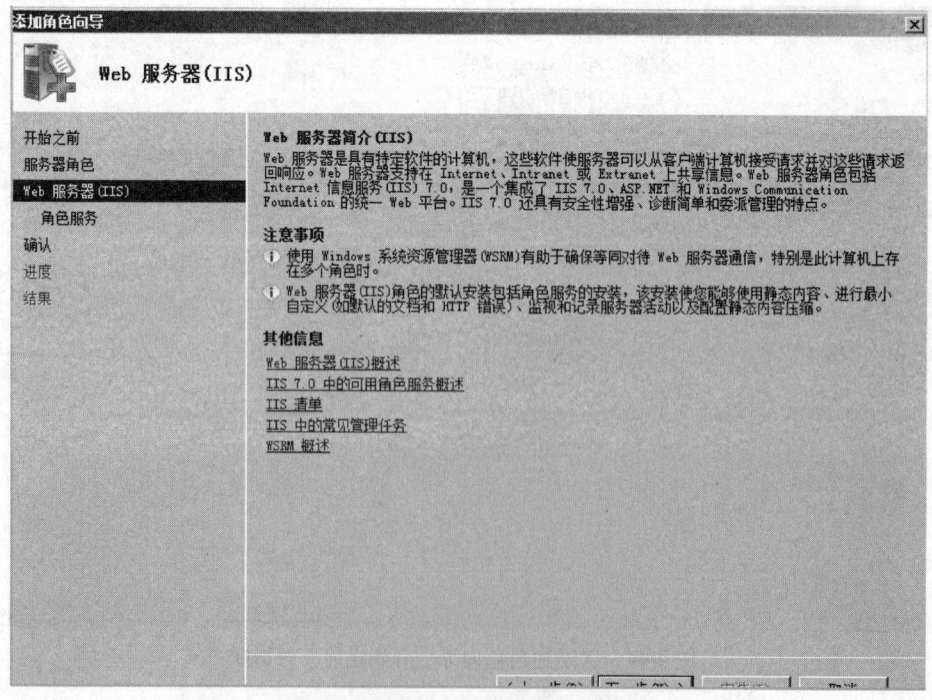

图 4-46 "添加角色向导－Web 服务器(IIS)"对话框

单击"下一步"按钮,进入"添加角色向导－选择角色服务"对话框,如图4-47所示。

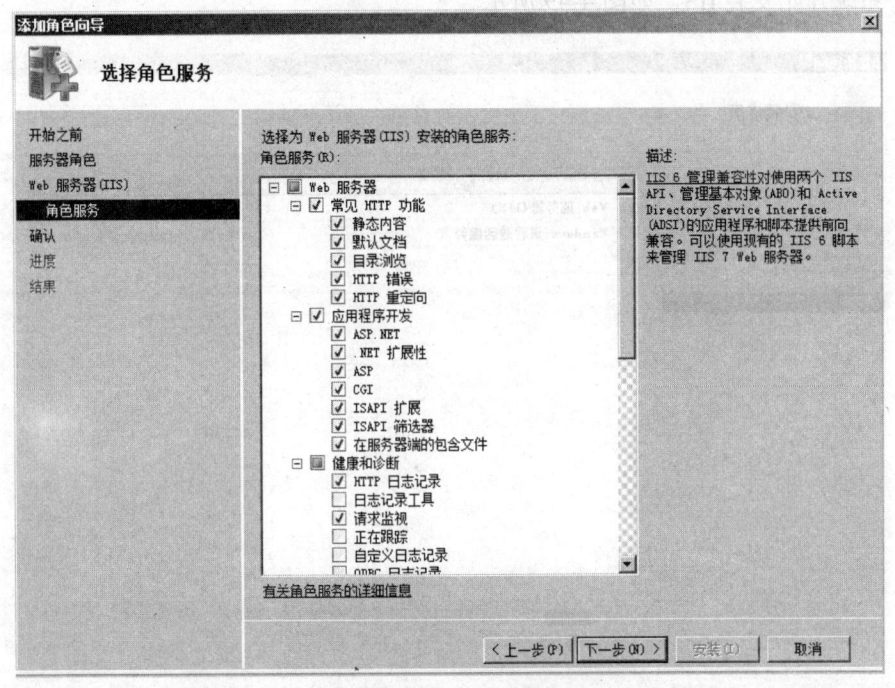

图4-47 "添加角色向导－选择角色服务"对话框

单击需要服务的多选框,如 ASP 等。单击"下一步"按钮,进入"添加角色向导－确认安装选择"对话框,如图4-48所示。

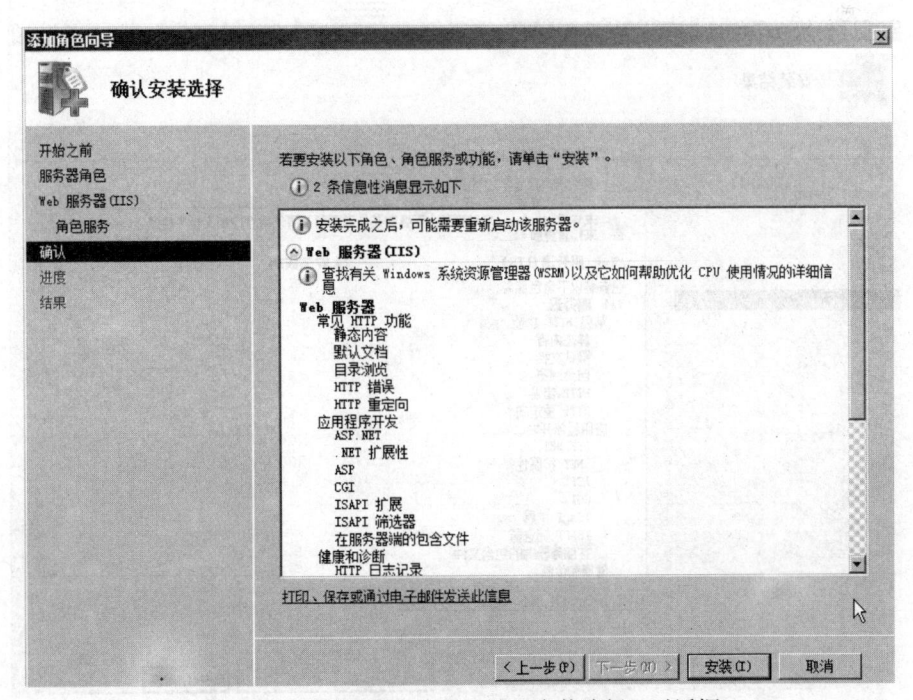

图4-48 "添加角色向导－确认安装选择"对话框

把 Windows 2008 安装盘插入光驱，单击"安装"按钮，进入"添加角色向导－安装进度"对话框，系统开始安装 IIS，如图 4-49 所示。

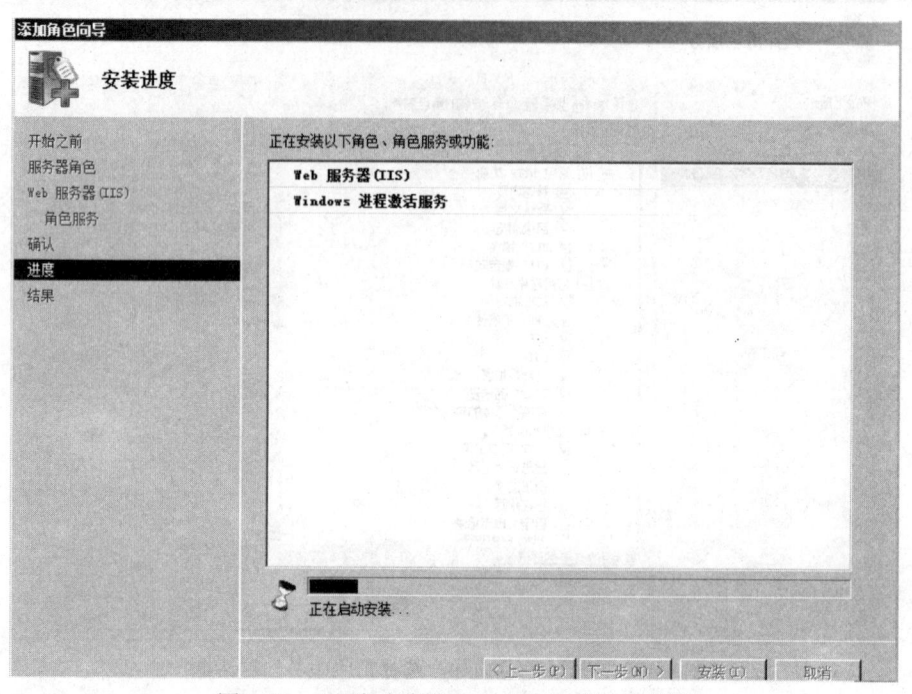

图 4-49　"添加角色向导－安装进度"对话框

安装结束，弹出"添加角色向导－安装结果"对话框，如图 4-50 所示。

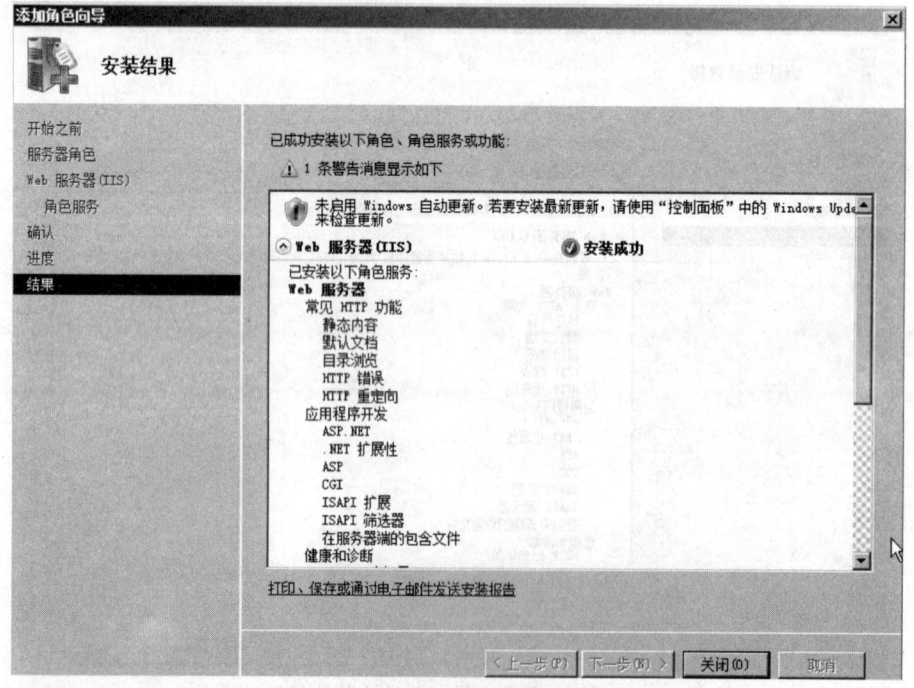

图 4-50　"添加角色向导－安装结果"对话框

单击"关闭"按钮，IIS 安装成功，"服务器管理器"界面如图 4-51 所示。

图 4-51 "服务器管理器"界面

2. 创建网站

单击"开始"/"管理工具"/"Interent 信息服务(IIS)管理器"，打开"Interent 信息服务(IIS)管理器"对话框，如图 4-52 和图 4-53 所示。

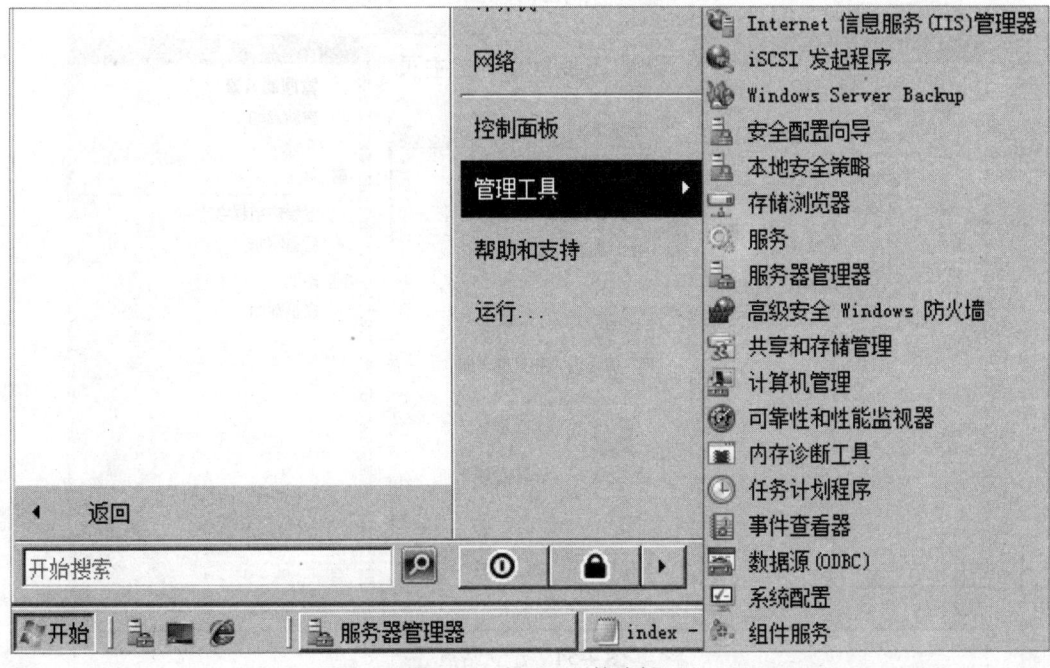

图 4-52 打开 IIS 的路径

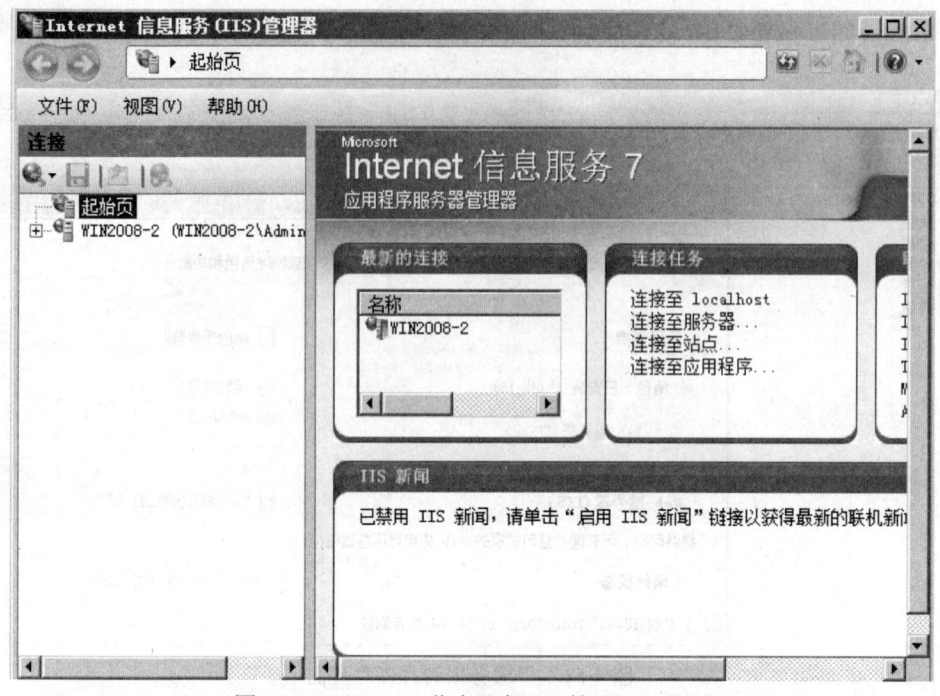

图 4-53 "Interent 信息服务(IIS)管理器"界面

展开左侧的"起始页"树,右击"网站",弹出快捷菜单,如图 4-54 所示。

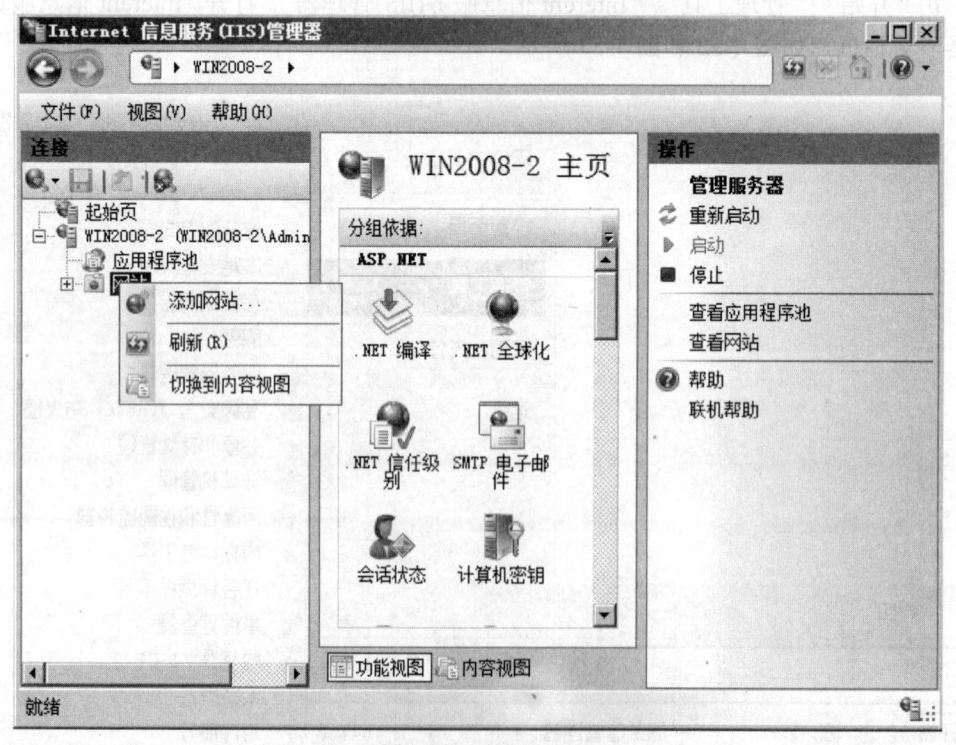

图 4-54 建立站点

单击"添加网站…"命令,打开"添加网站"对话框,如图 4-55 所示。

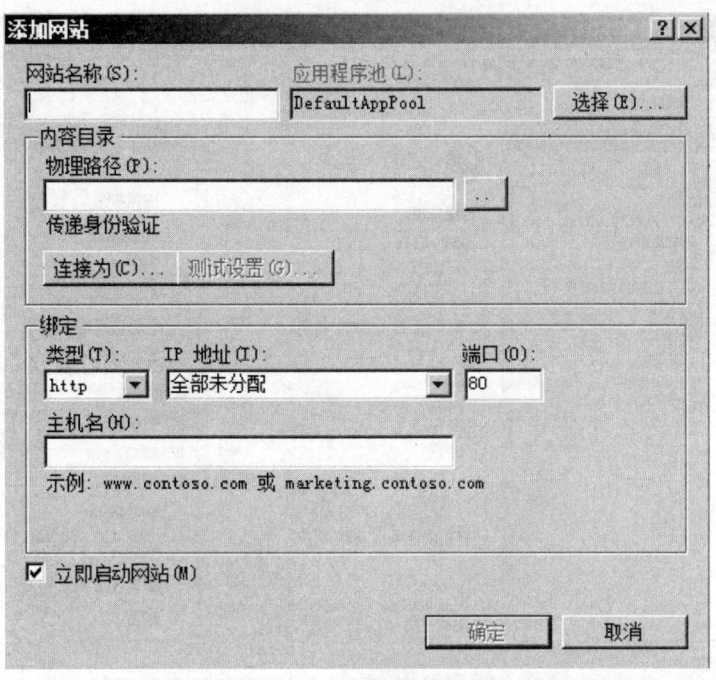

图 4-55 "添加网站"对话框

输入网站名称,选择或输入网站文件存放的物理路径,选择本机的 IP 地址,具体数据自行输入,如图 4-56 所示。

图 4-56 "添加网站"对话框

单击"确定"按钮,网站创建成功,如图 4-57 所示。

图 4-57　网站创建完成

3. 运行网页程序

选中站点，单击中部下方的"内容视图"按钮，选中要运行的程序，单击右侧的"浏览"超链接，如图 4-58 所示。系统就开始运行程序了。

图 4-58　运行程序

（四）没有 IIS 系统的 ASP 运行

当前有许多盗版系统或手上没有系统盘或机器不带光驱或其他原因无法安装 IIS，可以到网上下载一个迷你服务器，安装、设置、运行后到 IE 浏览器中去调试 ASP 程序。

如迷你 ASP，它是一款绿色软件，下载后可直接打开使用。双击"迷你 ASP"应用软件，如图 4-59 所示。

图 4-59　迷你 Web 服务器

单击工具栏按钮 Settings 或选择 "服务"/"设置…"命令，打开 Settings 对话框，如图 4-60 所示。

图 4-60　网站设置对话框（1）

在"网页目录"文本框中输入或选择网站文件的地址，如图 4-61 所示。单击"确定"按钮，完成设置。

要运行 ASP 程序，只要打开 IE 浏览器，在地址栏输入 http://127.0.0.1 或 http://localhost，按 Enter 键，在 IE 窗口中会显示所有子文件夹和文件列表，如图 4-62 所示。

数据库与搜索技术

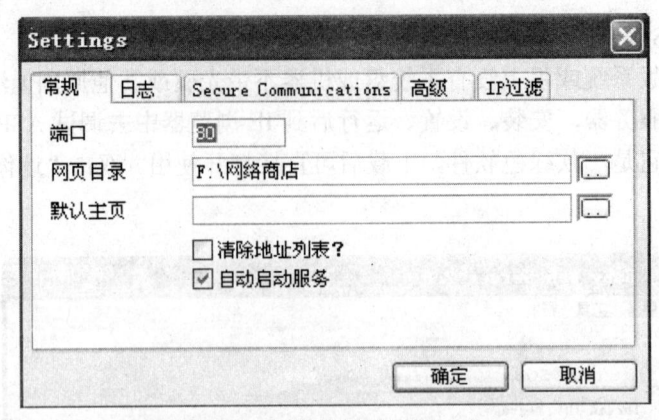

图 4-61 网站设置对话框（2）

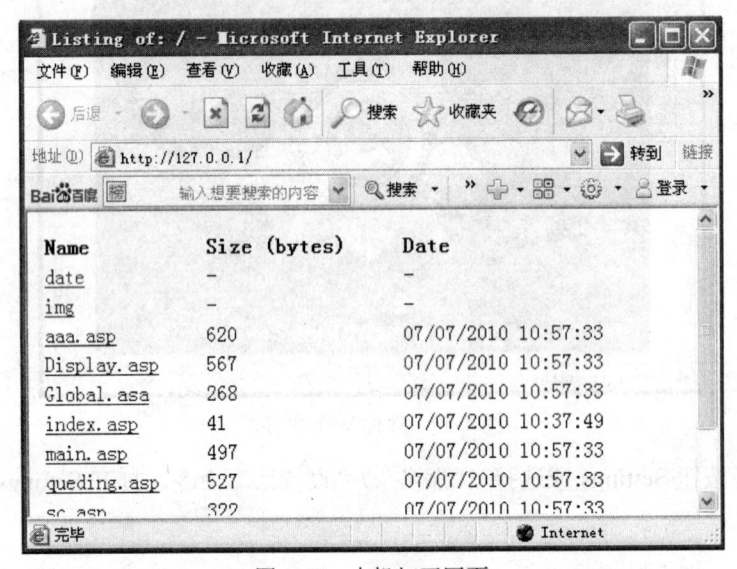

图 4-62 本机打开网页

双击你想要调试的文件，即可运行了。

在"默认主页"文本框中输入或选择你的网站首页文件名，如图 4-63 所示。

图 4-63 首页设置

单击"确定"按钮,打开 IE 浏览器,在地址栏输入 http://127.0.0.1 或 http://localhost,按 Enter 键,即可运行首页文件了。

另外,许多动态网页设计工具也可以创建网站、调试程序,如 Dreamweaver。

请根据操作系统配置好 ASP 的环境,接下来就可以开始网络商店的设计了。

任务 4 数据的查询

【任务目标】

通过本任务的学习,使学生了解静态网页和动态网页的区别,了解动态网页运行机制,掌握 ASP 的常用对象、ASP 的 ADO 技术,进一步掌握 SQL 的查询命令在 ASP 数据库访问时的应用,学会通过数据的查询验证客户的身份。

网络商店购物时不同的顾客有不同的折扣,原则是在本店购物的次数和累计金额,同时客户是否已经注册,真实姓名、住宅地址等信息是什么。这就需要客户用注册的身份登录,服务器就可以查询到该客户的资料,如图 4-64 所示是常见的登录窗口。本任务就是要学会用设计好的登录界面,查询到客户的全部资料。

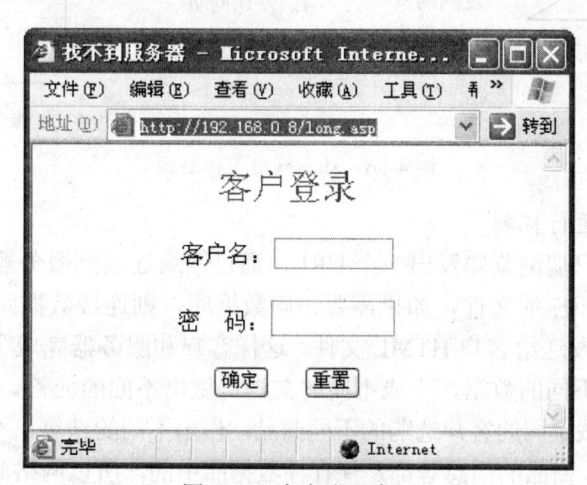

图 4-64 客户登录窗口

【任务实现】

一、知识要点

(一)动态网页的概念

在网络刚出现的时候,Microsoft 公司便推出了一种标记语言(HTML)用于制作网页,它对网络的发展做出了贡献,直到现在还是网页设计的主力军。这种标记语言所设计的网页叫"静态网页",它是一种被固化了的、不随用户的不同而作出不同反应的网页。如图 4-8 所示的客户注册网页,网页的内容事前由设计者编写好,每个用户都能看到几乎相同的网页。其工作原理如图 4-65 所示。

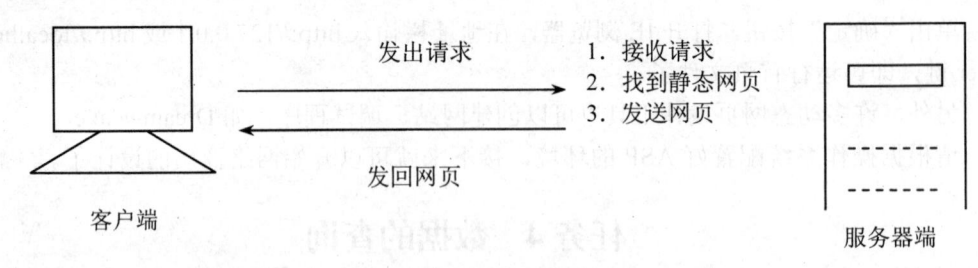

图 4-65 静态网页工作原理

随着网络技术的发展和人们需求的提高,"动态网页"应运而生,ASP(Active Server Pages)便是其中优秀的一员。所谓"动态网页"简单地说就是能根据不同用户的不同请求做出不同反应,同时具有了数据库技术。它给网页技术的发展带来了新面貌,也给数据库技术提供了更广泛的应用。其工作原理如图 4-66 所示。

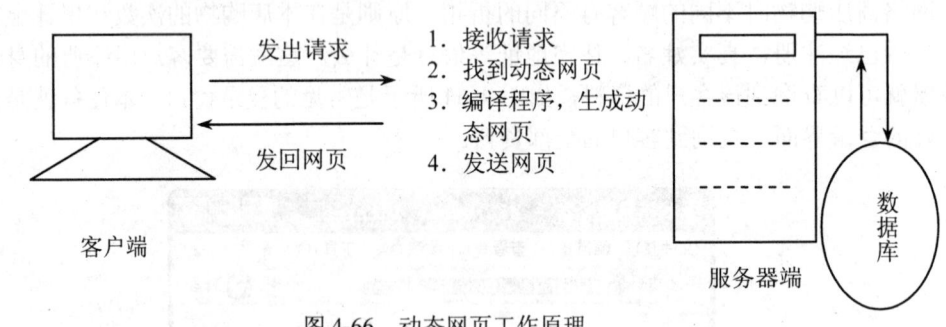

图 4-66 动态网页工作原理

（二）动态网页运行机制

首先,客户在用户端浏览器发出一个 URL,通过网络连接到服务器。而后服务器按客户的请求在硬盘上找到相应的文件,如果需要访问数据库,则连接数据库,读写数据,再编译成 HTML 文件,最后发送给客户 HTML 文件。这样客户和服务器完成了交互性对话,不同的客户访问到数据库中不同的数据,生成不同的文档,做出不同的应答。

可见网络商店要按不同的客户选购的不同商品,作出不同的结算、不同的优惠和不同买卖协议,而客户的信息、商品的信息等都是保存在数据库中的,所以网络商店一定是动态网页。

（三）ASP 的对象

ASP 提供许多内置对象。每个对象负责一方面的功能,通过对象的属性、集合、方法的使用完成各种操作,实现网页编程。

对象的语法结构：

      对象名[.集合(变量)|属性|方法(参数)]

说明：

（1）.为分量符,表示属于某对象。

（2）[]中的为可选部分。

（3）|号分开的为任选一个。

（4）集合是多个变量组成的整体。

1. request 对象

request 对象负责把客户端提交给服务器的信息接收下来或者说是服务器获取客户端的信息。

（1）form 集合。form 集合用于获取客户端表单以 post 方式提交的数据。post 方式能把表单中的数据打包成文件形式提交给服务器。它的优点是数据的种类、长度、个数受限制少。

如表单为：

<form name=f method=post action=custadd.asp>
<input type=text name=user>
</form>

接收语句为：

username=request.form("user")

（2）querystring 集合。querystring 集合用于获取客户端表单以 get 方式提交的数据和打开、转向新网页时在地址后的"?"后传递的参数。它的优点是数据的传送速度快。

如表单为：

<form name=f method=get action=custadd.asp>
<input type=text name=user>
</form>

接收语句为：

username=request.querystring("user")

如超链接为：

<a href=custadd.asp?p=3>返回</a>

接收语句为：

page=request.querystring("p")

有时集合名可以省略，写成 page=request("p")

（3）cookies 集合

cookies 集合是一组"记忆"在客户机里的变量。访问它的格式如下：

request.cookies("变量名")

2. response 对象

response 对象是由服务器向客户端浏览器发送超文本格式的数据。它和 request 对象是一对亲兄弟，一个发，一个收。

（1）write 方法。write 方法用于向客户输出信息和输出 HTML 语句，输出的内容有常量、变量、函数和 HTML 语句。

如：name="张三"

response.write(name&"先生：
现在的北京时间为："&now())

（2）redirect 方法。redirect 方法用于转向一个 URL 网页。

如：response.redirect("userup.asp")

（3）cookies 集合。用于服务器对客户机的 cookies 集合设置数值，如客户机的 cookies 变量不存在，则在客户机上创建。它的一般格式如下：

response.cookies("变量名")

request 对象的 cookies 集合和 response 对象的 cookies 集合都是对客户机的一组变量操作，前者用于提取存储，后者用于设置。它们配合使用可以把客户的信息暂时保存起来，以便后用。如登录次数的记忆。

3. server 对象

server 对象用于访问和使用服务器方法和属性。

（1）createobject 方法。createobject 方法用于创建一个已注册到服务器上的组件实例。如创建一个 connection 实例，用于连接数据库：

    set cn=server.createobject("adodb.connection")

（2）mappath 方法。mappath 方法用于获取某文件在服务器上的绝对路径。

如获取 ss.mdb 在服务器上的绝对路径：

    server.mappath("ss.mdb")

4. application 对象

application 对象是一个供全体应用程序使用和全体客户共享的对象。其特点是在 application 对象中定义的变量可以为网站中的所有文件使用；每一位客户共享此变量；从定义开始只要服务器在运行将永久保存等。常用于作网页计数器，统计访问网站人次、当前在线人数，发布公共信息等。

定义 application 变量并赋值：

    application("变量名")=值

lock 方法，锁定对 application 的变量的操作。

unlock 方法，释放锁定。

5. session 对象

session 对象是一个供全体应用程序使用的但是给某个客户单独使用的对象。其特点是在 session 对象中定义的变量可以为网站中的所有文件使用；某位客户独立使用的变量；从某客户登录开始到关闭网站将永久保存等。常用于暂存某客户、某过客的信息等。

定义 session 变量并赋值：

    session("变量名")=值

6. connection 对象

connection 对象用于连接数据库，完成对数据库的相关操作。

（1）open 方法：完成与数据库的链接。

如以 sa 用户名，用 123456 密码链接 Access 的 part.mdb 数据库：

    cn.open"Driver={Microsoft Access Driver(*.mdb)};
    DBQ="&server.MapPath("part.mdb"),sa,123456

它是采用 ODBC 技术连接数据库的。

（2）close 方法：关闭与数据库的链接。关闭后还应该释放内存资源。如：

    cn.close
    set cn=nothing

（3）execute 方法：执行 SQL 命令。

例：删除客户信息表中客户名为"张三"的信息。

    cn.execute("Delete from clientdb where C_nosename ='张三' ")

7. recordset 对象

recordset 对象是执行对数据库的查询并处理查询结果，也可以执行其他操作。

（1）创建 recordset 对象。

    set re=server.createobject("adodb.recordset")

（2）open 方法：执行查询数据库并将结果暂存在 recordset 对象中。
语法格式：recordset.open SQL 命令,链接数据库对象,光标类型,锁定方式
其中光标类型取值：1：只许前移（默认类型）；2：键集；3：动态；4：静态。
锁定方式取值：1：只读（默认类型）；2：悲观的；3：乐观的；4：批量乐观。
如无条件查询 clientdb 表的所有字段：

  re.open "select * from clientdb",cn,1,3

（3）close 方法：关闭 recordset 对象。关闭后还应该释放内存资源。如：

  re.close
  set re=nothing

（4）movelast 方法：光标移到最后一条记录。

（5）movefirst 方法：光标移到第一条记录。

（6）movenext 方法：光标后移一条记录。

（7）moveprevious 方法：光标前移一条记录。

（8）move 方法：光标后移若干条记录。

格式：recordset 对象.move 移动记录数,开始处

如从当前光标处后移 20 个记录：re.move -20

（9）eof 属性：光标位于最后一条记录后为 true，否则为 false。

（10）bof 属性：光标位于第一条记录前为 true，否则为 false。

（11）recordcount 属性：查询结果的记录条数。

（12）pagesize 属性：分页显示时设定每页的记录条数。

（13）absolutepage 属性：分页显示时光标定位所在页码的第一条。

（14）pagecount 属性：分页显示时的页码数。

（15）fields 集合：包含了查询结果的一张数据表，相当于二维表，fields(n)指 n+1 条记录；count 为字段数；name 为字段名；value 为数据的值。

如第三字段名：re.fields(2).name；第四字段的值：re.fields(3).value；字段数：re.fields.count。

（四）ASP 程序的调试

参考项目五之任务 5。

二、任务实施

会员登录身份验证实际是通过对数据库查询来确定的；它主要由会员登录窗口、完整性确定、提交信息、接收信息、查询数据库组成。

会员登录窗口程序 long.asp 的代码如下：

```
<html>
<head>
<title>客户登录</title>
</head>
<body>
<form action=login.asp name=f method=post>
<p align=center><font size=5 color=red>客户登录</font>
<p align=center>客户名： <input type=text name=username size=10>
<p align=center>密  码： <input type=password name=pass size=10>
```

```
<p align=center><input type=button name=b value=确定 onclick=aa()>  
<input type=reset name=r value=重置>
</form>
<script language=vbs>
sub aa()
dim n
n=f.username.value
if n="" then
alert("客户名不能为空！")
f.username.focus
exit sub
end if
n=f.pass.value
if n="" then
alert("密码不能为空！")
f.pass.focus
exit sub
end if
f.submit
end sub
</script>
</body>
</html>
```

运行结果如图 4-64 客户登录窗口所示。

登录窗口的身份验证实际是通过查询数据库的相关表的相关字段来完成的。

会员身份验证程序 login.asp 的代码如下：

```
<html>
<head>
<title>客户身份验证</title>
</head>
<body>
<% uname=request.Form("username")
   upass=request.Form("pass")
set cn=server.createobject("adodb.connection")
cn.open"Driver={Microsoft Access Driver (*.mdb)};DBQ="&server.MapPath("part.mdb")
set re=server.createobject("adodb.recordset")
sql="select C_nosename,C_pass from usertb where C_nosename ='"&uname&"'"
    re.open sql,cn
    if re.eof then
       response.Write(uname&"的客户尚未注册！<a href=long.asp>返回</a>")
    else
       if re("c_pass")=upass then
          session(usern)=uname
          response.Write(uname&"，欢迎你的光临！<a href=long.asp>返回</a>")
       else
          response.Write("对不起，你的密码有误！<a href=long.asp>返回</a>")
```

```
            end if
        end if
re.close
set re=nothing
cn.close
set cn=nothing
   %>
</body>
</html>
```

运行结果如图 4-67 所示。

图 4-67 登录成功

管理员浏览客户的留言，也是通过对数据库的访问来完成的，其中创建 connection、recordset 对象，连接数据库为常用模块，可以单独写成一个文件（文件可以是数据也可以是语句，扩展名为.inc、.asp 文件等），以后需要就包含此文件即可。代码如下：

数据库连接文件 date.inc
```
<%
set c=server.createobject("adodb.connection")
cn.open"Driver={Microsoft Access Driver (*.mdb)};DBQ="&server.MapPath("part.mdb")
set re=server.createobject("adodb.recordset")
%>
```

管理员浏览客户的留言文件 looknote.asp（即查询留言表中的编号、主题和留言时间及客户信息表中的客户名）的代码如下：

```
<% @ language=vbscript %>
<!--#include file=date.inc-->
<html>
<head>
<title>查询留言</title>
</head>
<body>
<% sql="select id,c_nosename,subject,notetime from notebook,clientdb"
sql=sql&" where notebook.c_id=clientdb.C_id"
    re.open sql,cn,1,3
    if re.eof then
        response.Write("尚未有客户留意！<a href=index.asp>返回</a>")
    else
        response.Write("<table border=1>")
```

```
            response.Write("<caption>客户留言表</caption>")
            response.Write("<tr><td>编号</td><td>客户名</td><td>主题</td>")
            response.Write("<td>留言时间</td><td>更多</td></tr>")
            while not re.eof
            response.Write("<tr><td>"&re("id")&"</td><td>"&re("C_nosename")&"</td>")
            response.Write("<td>"&re("subject")&"</td><td>"&re("notetime")&"</td>")
            response.Write("<td><a href=ment.asp?p="&re("id")&">更多>></a></td></tr>")
            re.movenext
            wend
        end if
    %>
    </table>
    </body>
    </html>
```

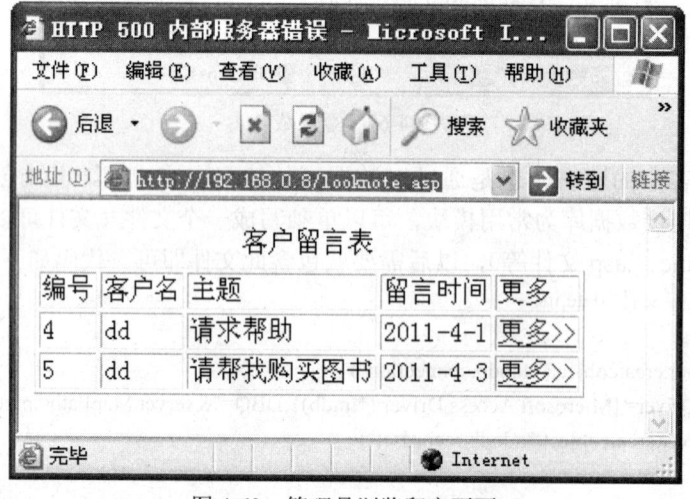

运行结果如图 4-68 所示。

图 4-68　管理员浏览留言页面

【任务巩固】

4-4-1　限定登录次数，如三次输入客户名或密码有误，则不允许再登录。

4-4-2　浏览所有图书的书刊号、图书名、单价、出版时间等信息。

4-4-3　浏览库存图书的书刊号、图书名、单价、入库量、库存量等信息。

4-4-4　浏览会员订购图书的订单号、订购者姓名、书刊号、图书名、单价、订购量、订购时间等信息。

【任务拓展】

一、视图的查询

对于多表的链接查询还可以应用查询视图的创建来实现。步骤如下：

1. 建立查询

参考项目二/任务 2/任务深化/Access 查询。

创建查询留言表中的编号、主题和留言时间及客户信息表中的客户名的查询。

打开 Access，打开 part 数据库，单击左侧的"查询"，如图 4-69 所示。

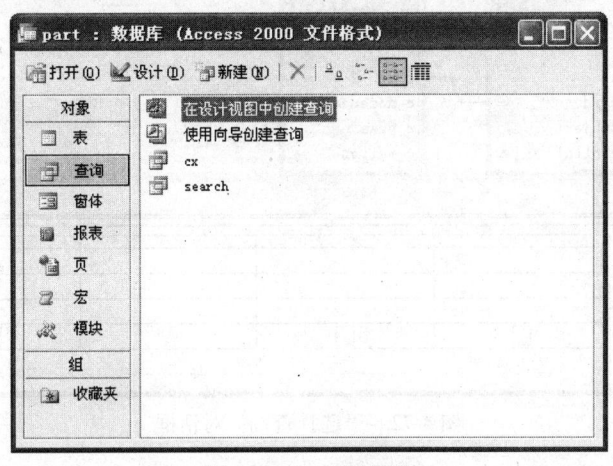

图 4-69　打开数据库

单击"新建"按钮，打开"新建查询"对话框，如图 4-70 所示。

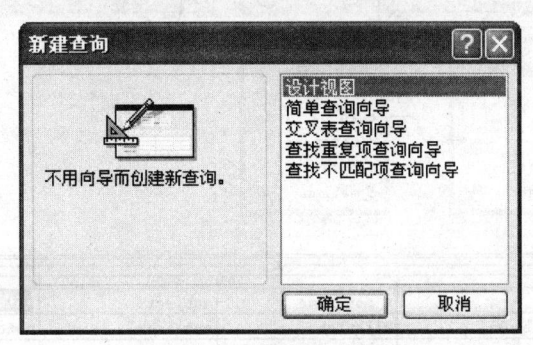

图 4-70　"新建查询"对话框

选择"设计视图"，单击"确定"按钮，打开"显示表"对话框，如图 4-71 所示。

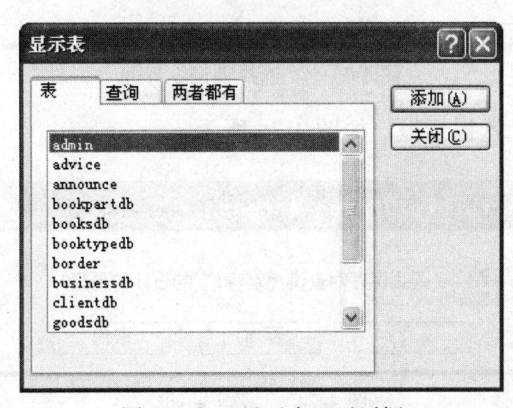

图 4-71　"显示表"对话框

选择需要用的表，如 notebook，单击"添加"按钮，反复多次，把全部需要的表添加进去。单击"关闭"按钮，显示"选择查询"界面，如图 4-72 所示。

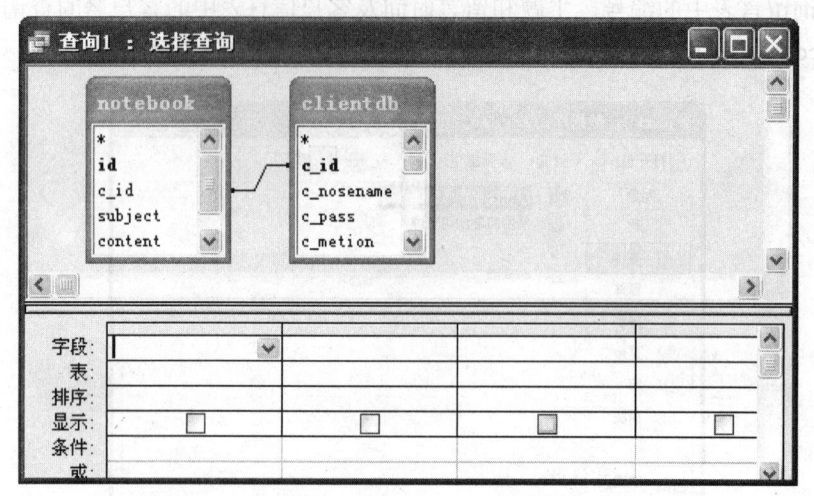

图 4-72 "选择查询"对话框

其中两表的链接用线条表示。选择需要查询的字段，如 notebook.id 等，如图 4-73 所示。

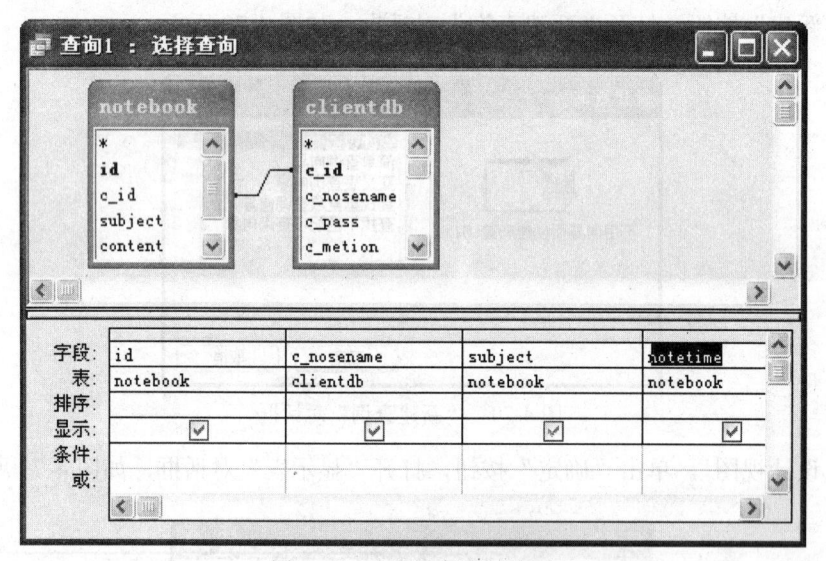

图 4-73 "选择查询"界面

单击 ⊠ 按钮，弹出二次提示框，如图 4-74 所示。

图 4-74 二次提示框

单击"是"按钮，弹出"另存为"对话框，如图 4-75 所示。

图 4-75　"另存为"对话框

输入查询名称，如 cx。单击"确定"，查询创建成功，如图 4-76 所示。

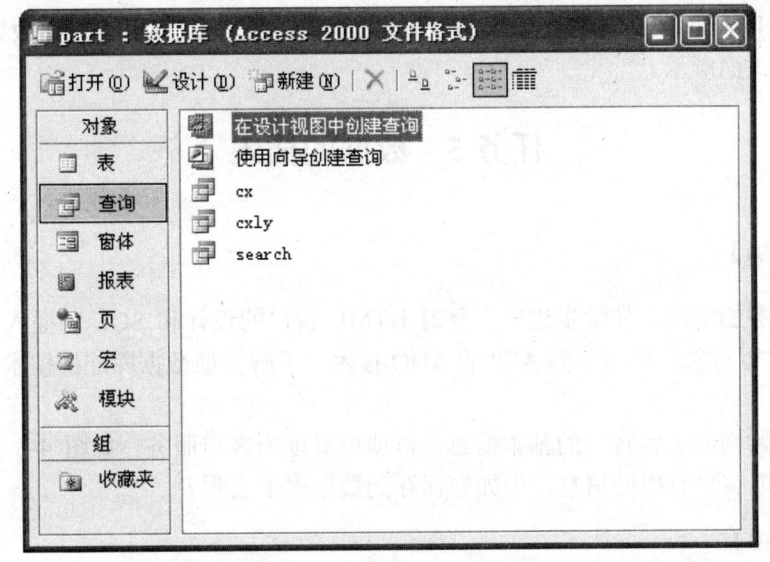

图 4-76　part 数据库的查询

2. 访问查询

cxnote.asp 文件的代码如下：

```
<% @ language=vbscript %>
<!--#include file=date.inc-->
<html>
<head>
<title>查询留言</title>
</head>
<body>
<%
  re.open "select * from cxnote",cn,1,3
    if re.eof then
      response.Write("尚未有客户留意！<a href=index.asp>返回</a>")
    else
      response.Write("<table border=1>")
      response.Write("<caption>客户留言表</caption>")
      response.Write("<tr><td>编号</td><td>客户名</td><td>主题</td>")
      response.Write("<td>留言时间</td><td>更多</td></tr>")
```

```
            while not re.eof
            response.Write("<tr><td>"&re("id")&"</td><td>"&re("C_nosename")&"</td>")
            response.Write("<td>"&re("subject")&"</td><td>"&re("notetime")&"</td>")
            response.Write("<td><a href=ment.asp?p="&re("id")&">更多>></a></td></tr>")
            re.movenext
            wend
        end if
%>
</table>
</body>
</html>
```

其实这和 looknote.asp 文件是一样的效果，中间只是修改了 SQL 命令，效果如图 4-68 管理员浏览留言页面所示。

任务 5　数据的插入

【任务目标】

通过本任务的学习，使学生进一步复习 HTML 窗口的设计和 SQL 的插入命令，进一步掌握 ASP 的常用对象，巩固掌握 ASP 的 ADO 技术，了解其他数据库连接技术，学会数据的插入。

网络商店购物应了解客户的基本信息，以便更好地为客户服务。如图 4-8 所示的客户注册窗口便是获取客户有用的信息，但如何保存到数据库中去呢？

【任务实现】

向数据库插入数据，首先要有提供数据的界面，再接收数据，最后把数据插入数据库中。下面以会员信息的注册实例加以说明。

会员注册窗口、初步验证合理性和二次确认，程序见 enroll.html。运行效果如图 4-8 客户注册界面所示。二次提示如图 4-12 二次确认框所示，单击"否"按钮返回注册窗口，单击"是"按钮，提交给服务器的 custadd.asp 程序来进行数据的插入作为会员信息保存起来，程序如下：

```
<!--#include file=date.inc-->
<html>
<head>
<title>会员信息添加</title>
</head>
<body>
<%
username=request.form("user")
userpass=request.form("pass")
tishi=request.form("tishi")
huida=request.form("huida")
```

```
name=request.form("xingming")
sex=request.form("sex")
address=request.form("dizhi")
zipcode=request.form("youbian")
tel=request.form("quhao")&"-"&request.form("tel")
shouji=request.form("shouji")
email=request.form("mail")
qq=request.form("qq")
sql="insert into clientdb (c_nosename,c_pass,c_name,c_sex,c_add,c_post,c_tel
sql=sql&",c_email) values ('"&username&"','"&userpass&"','"&name&"','"&sex&"'
sql=sql&",'"&address&"','"&zipcodde&"','"&tel&"','"&email&"')"
cn.execute(sql)
cn.close
set cn=nothing
response.Write("您的资料已准确保存在数据库中，谢谢光临！<br>")
response.Write("<a href=index.asp>返回首页</a>")
%>
</body>
</html>
```

运行结果如图 4-77 所示。

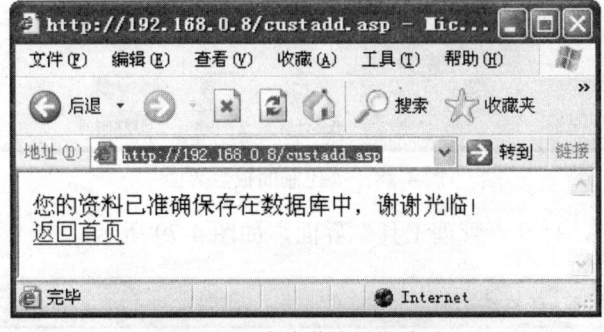

图 4-77　客户信息添加完成

【任务巩固】

4-5-1　在客户注册时密码输入文本框下再增加一个重输密码，在合理性验证中验证重输密码和密码必须相同。

4-5-2　把客户的留言信息添加到数据库中。

4-5-3　图书的入库。

4-5-4　保存客户订购的图书信息。

【任务拓展】

一、通过 OLB DB 连接 Access 数据库

数据库连接文件 date2.inc 的代码如下：

```
<%
set cn=server.createobject("adodb.connection")
cn.open"Provider=Microsoft.Jet.OLEDB.4.0;data source="&server.MapPath("part.mdb")&";User Id=sa;Password=;"
set re=server.createobject("adodb.recordset")
%>
```

二、通过数据源连接 Access 数据库

首先打开"ODBC 数据源管理器",单击"开始"/"控制面板",打开"控制面板"界面,如图 4-78 所示。

图 4-78 "控制面板"界面

双击"管理工具",打开"管理工具"界面,如图 4-79 所示。

图 4-79 "管理工具"对话框

双击"数据源（ODBC）"，打开"ODBC 数据源管理器"对话框，如图 4-80 所示。

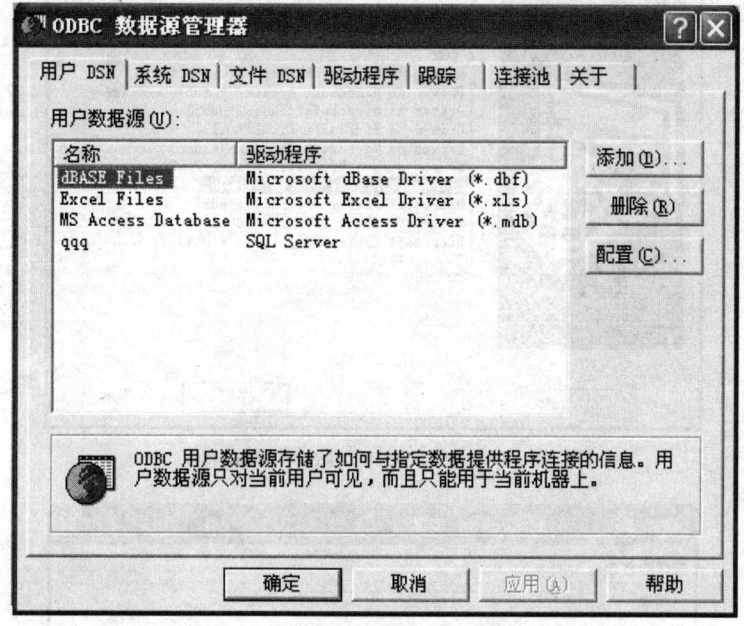

图 4-80　"ODBC 数据源管理器"对话框

单击"系统 DSN"选项卡，如图 4-81 所示。

图 4-81　"ODBC 数据源管理器"对话框

单击"添加"按钮，打开"创建新数据源"对话框，如图 4-82 所示。
选择"Microsoft Access Driver (*.mdb)"数据源的驱动程序，单击"完成"按钮，打开"ODBC Microsoft Access 安装"对话框，如图 4-83 所示。

图 4-82 "创建新数据源"对话框

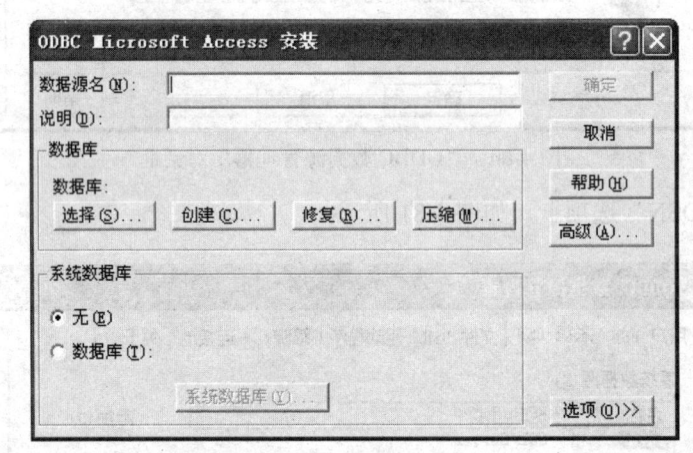

图 4-83 "ODBC Microsoft Access 安装"对话框

输入数据源名，如 show，单击"选择…"按钮，打开"选择数据库"对话框，如图 4-84 所示。

图 4-84 "选择数据库"对话框

选择数据库所在的地址，单击"确定"按钮，效果如图 4-85 所示。

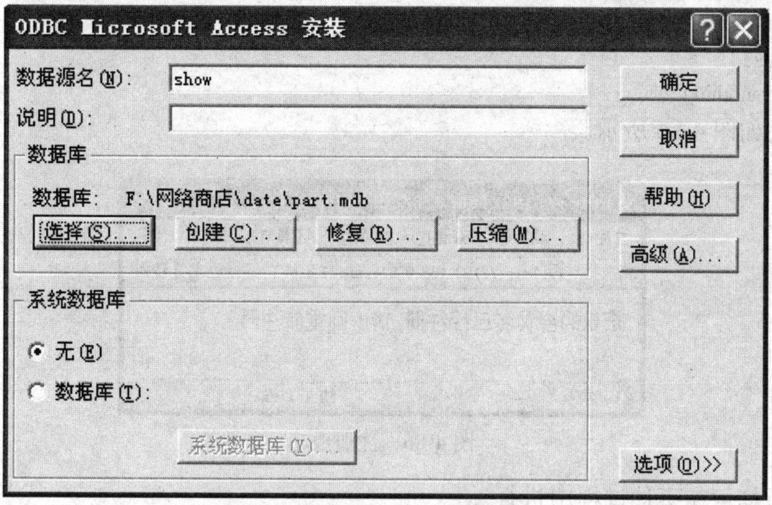

图 4-85 数据源创建成功

单击"确定"按钮，再单击"确定"按钮，数据源创建完成。连接数据源的文件 date3.inc 代码如下：

```
<% set cn=server.createobject("adodb.connection")
    Cn.open "dsn=show;"
%>
```

任务 6 数据完整性

【任务目标】

对数据库的读写首先要保证数据的完整性如关键字不能重复、必写的数据不能空、数据不能太长、数据格式要符合等，通过程序的设计来达到此目标。

【任务实现】

（1）保证关键字无重复。为了使客户名不出现重复，可以通过条件查询数据库表，查询出有无该会员。可以在 custadd.asp 文件中修正以下部分代码：

```
Sql="select c_nosename from clientdb where c_nosename='"&username&"'"
re.open sql,cn,1,3
if re.eof then
sql="insert into clientdb (c_nosename,c_pass,c_name,c_sex,c_add,c_post,c_tel
sql=sql&",c_email) values ('"&username&"','"&userpass&"','"&name&"','"&sex&"'"
sql=sql&",'"&address&"','"&zipcodde&"','"&tel&"','"&email&"')"
cn.execute(sql)
response.Write("您的资料已准确保存在数据库中，谢谢光临！<br>")
response.Write("<a href=index.asp>返回首页</a>")
else
```

```
response.write(username&"的会员名已经注册,请<a href=enroll.html>返回</a>")
response.write("重新注册")
end if
cn.close
set cn=nothing
```

运行结果如图 4-86 所示。

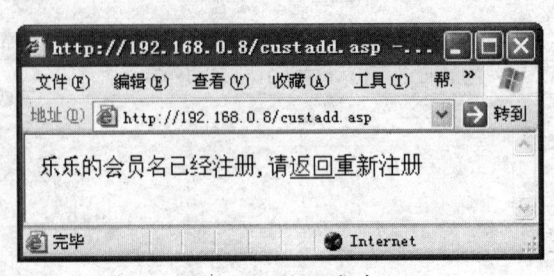

图 4-86 注册成功

以下判断均可在事件过程中进行。

（2）验证必填字段不为空。

```
s=f.username.value
    if s="" then
        msgbox "请输入会员名！"
        f.username.select
        exit sub
    end if
```

（3）数据长度的限定。

```
s=f.zipcodde.value
    if len(s)<>6 then
        msgbox "邮政编码必须六位！"
        f.zipcodde.value=""
        f.zipcodde.select
        exit sub
    end if
```

（4）保证数据为数字型。

```
s=f.zipcodde.value
    if not isnumeric(s) then
        msgbox "邮政编码必须是数字！"
        f.zipcodde.value=""
        f.zipcodde.select
        exit sub
    end if
```

（5）邮箱地址的合理性。

```
s=f.email.value
    if s<>"" then
        if not right(s,4)<>".com" and not right(s,4)<>".net" and not right(s,3)<>".cn" or instr(s,"@")<=1 or instr(s,"@.") then
            msgbox "请正确输入邮箱地址！"
```

```
            f.email.value=""
            f.email.select
            exit sub
         end if
      end if
```
（6）去除字符串中间的空格。
```
      x=trim(f.sname.value)
      s=""
      for i=1 to len(x)
         if mid(x,i,1)<>" " then
            s=s+mid(x,i,1)
         end if
      next
```
（7）判定字符串为汉字或其他字符。
```
      for i=1 to len(s)
         if asc(mid(s,i,1))>=0 and asc(mid(s,i,1))<=255 then
            msgbox "真实姓名请用汉字！"
            f.username.value=""
            f.username.select
            exit sub
         end if
      next
```
数据的完整性还可以在数据库表设计时设定或在 SQL 命令中设定。

【任务巩固】

4-6-1 如何确保真实姓名不少于 2 个汉字？

4-6-2 密码低于 6 位为保密性差的密码，提出警告；但是是合理的，允许使用，如何实现？

4-6-3 如何确保手机号码的完整性？（长度、数字和数字组合）

【任务拓展】

一、身份证号的完整性验证（确定出生日期、年龄、性别）

我国的身份证号码的排列是有一定规律的，1～6 位为地区代码，其中 1、2 位数为各省级政府的代码，3、4 位数为地、市级政府的代码，5、6 位数为县、区级政府代码；7～10 位为出生年份（4 位）；11～12 位为出生月份；13～14 位为出生日期； 15～17 位为顺序号，为县、区级政府所辖派出所的分配码，其中单数为男性分配码，双数为女性分配码；18 位为校验位（识别码）。按此排列规律我们获取身份证号的 7～14 位就可以知道客户的出生日期，获取 7～10 位就可以计算出年龄，获取倒数第二位，判断其单双数就可确定性别。当然还可确定其出生地。

二、正则表达式简介

对于较复杂的合理性判断，可以用正则表达式来解决它，既方便又准确。正则表达式实际是一种模板，需要判断的串与之比较，符合则合理，不符合则不合理。而模板则是由普通字符（例如字符 a~z）以及特殊字符（例如转义字符）组成的文字模式。

常用的字符模式：^ 匹配输入字符串的开始位置；$ 匹配输入字符串的结束位置；* 匹配前面的子表达式零次或多次；+ 匹配前面的子表达式一次或多次；? 匹配前面的子表达式零次或一次；{n}匹配确定的 n 次；{n,m}最少匹配 n 次且最多匹配 m 次；.匹配除"\n"之外的任何单个字符;(pattern)匹配 pattern 并获取这一匹配；x|y 匹配 x 或 y; [xyz]字符集合；[^xyz] 负值字符集合；[a-z]字符范围；[^a-z]负值字符范围；\d 匹配一个数字字符；\D 匹配一个非数字字符；\s 匹配任何空白字符；\S 匹配任何非空白字符；\w 匹配包括下划线的任何单词字符；\W 匹配任何非单词字符；( )标记一个子表达式的开始和结束位置。

例如邮箱地址的正则表达式："^\w+([-+.]\w+)*@\w+([-.]\w+)*\.\w+([-.]\w+)*$"。意思是邮箱地址以若干个字符开始，接着由-+.和若干个字符组成的若干次

VBScript 主要是通过 regexp 对象来实现正则表达式的，常用的属性有：ignorecase 指明模式搜索是否区分大小写；global 指明在整个搜索字符串时模式是全部匹配还是只匹配第一个；pattern 设置被搜索的正则表达式模式。test(str)方法，返回是否搜索到正则表达式模式。

例如判断邮箱地址的合理性。

```
<html>
<body>
<form name=faction=aaa.asp method=post>
<p>请输入邮箱地址：<input type=text name=yx size=20>
<p><input type=button name=bu1    value=确定>
</form>
<script language=vbscript>
sub bu1_onclick()
Dim n,reg
n=f.yx.value
reg="^\w+([-+.]\w+)*@\w+([-.]\w+)*\.\w+([-.]\w+)*$"
if not RegExpTest(reg,n) then
    alert("请正确书写邮箱地址！")
    f.yx. focus
    exit sub
end if
f.submit
end sub
function RegExpTest(patrn, strng)
    dim regEx                          //建立变量
    Set regEx = New RegExp             //创建对象
    regEx.Pattern = patrn              //设置模式
    regEx.IgnoreCase = False           //设置是否区分大小写
    RegExpTest = regEx.Test(strng)     //执行搜索测试
end function
</script>
</body>
</html>
```

任务 7　数据的修改

【任务目标】

通过本任务的学习，使学生巩固掌握 ASP 的常用对象、SQL 的修改命令、ASP 的 ADO 技术，学会在客户端对客户的数据进行修改。

客户注册后可能信息会有变化，也可能发现注册的信息有误或其他的原因需要对自己的某些信息加以修改。如图 4-87 所示是客户修改信息的窗口，单击"确定"按钮后如何完成客户信息修改，本任务就是要学会它的设计。

图 4-87　客户信息修改窗口

【任务实现】

会员信息修改提交文件 update.asp 代码如下：

```
<!--#include file=date.inc-->
<html>
<head>
<title>修改会员信息</title>
</head>
<body>
<% re.open "select * from clientdb where c_id='"&session("c_id")&"'",cn %>
<form name=f method=post action=userup.asp>
<table align="center">
<caption><font size=5>会员信息修改</font><br>(项目空为不修改的内容)</caption>
```

```
<tr><td> </td><td align="right">会 员 名：</td>
<td><%=re("c_nosename")%> </td></tr>
<tr><td>原  密  码：</td><td><%=re("c_pass")%></td>
<td>密    码：</td>
<td><input type=password name=userpass size=16 maxlength=8></td></tr>
<tr><td>原真实姓名：</td><td><%=re("c_name")%></td>
<td>真实姓名：</td>
<td><input type=text name=sname size=16 maxlength=4></td></tr>
<tr><td>原  性  别：</td>
<td><input type=text   name=xsex size=3 readonly value=<%=re("c_sex")%>></td>
<td>性    别：</td>
<td><input type=radio name=sex   value="男" checked>男
<input type=radio name=sex   value="女">女</td></tr>
<tr><td>原详细地址：</td><td><%=re("c_add")%></td>
<td>详细地址：</td><td><input type=text name=address size=16 ></td></tr>
<tr><td>原邮政编码：</td><td><%=re("c_post")%></td>
<td>邮政编码：</td>
<td><input type=text name=zipcodde size=16 maxlength=6></td></tr>
<tr><td>原住宅电话：</td><td><%=re("c_tel")%></td>
<td>住宅电话：</td>
<td><input type=text name=tel1 size=4 maxlength=4>-
<input type=text name=tel2 size=9 maxlength=9></td></tr>
<tr><td>原电子邮箱：</td><td><%=re("c_email")%></td>
<td>电子邮箱：</td><td><input type=text name=email size=16></td></tr>
<tr><td colspan="4" align="center">
<input type=button name=b1 value=确定>    
<input type=reset name=b2 value=重置></td></tr>
</table>
</form>
<% re.close
   set re=nothing
   cn.close
   set cn=nothing %>
</body>
<script language="vbscript">
<!--
sub b1_onclick()
 s=f.userpass.value
 if s<>"" then
   if len(s)<6 then
     if msgbox ("密码小于六位，安全性太差！"&chr(13)&"继续吗？",4)=7 then
       f.userpass.value=""
       f.userpass.select
       exit sub
     end if
   end if
```

```
    end if
    if document.f.sex(0).checked then
       s="男"
    else
       s="女"
    end if
    if s=f.xsex.value and f.userpass.value="" and f.sname.value="" and f.address.value="" and f.zipcodde.value="" and f.email.value="" then
       msgbox "你并未修改自己的信息！"
       exit sub
    end if
    x="您修改的资料如下："&chr(13)
    if f.userpass.value<>"" then
       x=x&"密        码："&f.userpass.value&chr(13)
    end if
    if f.sname.value<>"" then
       x=x&"真实姓名："&f.sname.value&chr(13)
    end if
    if f.xsex.value<>s then
       x=x&"性        别："&s&chr(13)
    end if
    if f.address.value<>"" then
       x=x&"详细地址："&f.address.value&chr(13)
    end if
    if f.zipcodde.value<>"" then
       x=x&"邮政编码："&f.zipcodde.value&chr(13)
    end if
    if f.tel1.value<>"" then
       x=x&"住宅电话："&f.tel1.value&"-"&f.tel2.value&chr(13)
    end if
    if f.email.value<>"" then
       x=x&"电子邮箱："&f.email.value&chr(13)
    end if
    x=x&"您确定要修改吗？"
    if msgbox (x,4)=7 then
       exit sub
    end if
    f.submit
end sub
-->
</script>
</html>
```

运行结果如图 4-87 客户信息修改窗口所示。

接收会员信息，修改数据库文件，userup.asp 文件的代码如下：

```
<!--#include file=date.inc-->
<html>
```

```
<head>
<title>会员信息修改</title>
</head>
<body>
<%
userpass=request.form("userpass")
sname=request.form("sname")
sex=request.form("sex")
address=request.form("address")
zipcode=request.form("zipcodde")
tel=request.form("tel1")&"-"&request.form("tel2")
email=request.form("email")
sql="update usertb set "
f=false
if userpass<>"" then
   sql=sql&"c_pass='"&userpass&"'"
   f=true
end if
if sname<>"" then
   if f then
      sql=sql&","
   end if
   sql=sql&"c_anme='"&sname&"'"
   f=true
end if
if sex<>"" then
if f then
 sql=sql&","
end if
   sql=sql&"c_sex='"&sex&"'"
   f=true
end if
if address<>"" then
if f then
 sql=sql&","
end if
   sql=sql&"c_add='"&address&"'"
   f=true
end if
if zipcode<>"" then
if f then
 sql=sql&","
end if
   sql=sql&"c_post="&zipcode
   f=true
end if
```

```
if tel<>"-" then
if f then
  sql=sql&","
end if
  sql=sql&"c_tel='"&tel&"'"
    f=true
end if
if email<>"" then
if f then
  sql=sql&","
end if
  sql=sql&"c_email='"&email&"'"
end if
sql=sql&" where c_id="&session("c_id")&""
cn.execute(sql)
response.Write("您的资料已在数据库中修改成功，谢谢合作！<br>")
response.Write("<a href=index.asp>返回首页</a>")
set re=nothing
cn.close
set cn=nothing
%>
</body>
</html>
```

运行结果如图 4-88 所示。

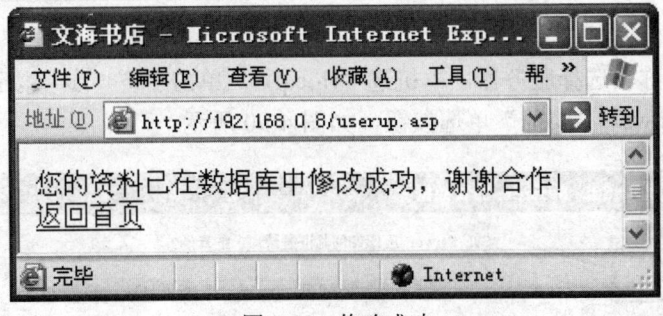

图 4-88 修改成功

【任务巩固】

4-7-1 你还能设想出更加方便操作、功能齐全、界面美观的客户信息修改窗口吗？（如要同时修改客户名）

4-7-2 你能对修改的各项数据的完整性进行验证吗？

4-7-3 完成客户信息的修改。

4-7-4 你能把以上两个文件合成一个文件来完成数据的修改吗？

4-7-5 管理员浏览图书信息、变更图书信息。

【任务拓展】

连接 SQL Server 数据库

1. 通过数据源连接

单击"开始"/"控制面板",打开"控制面板"界面,如图 4-78"控制面板"界面所示,接着按照前图 4-79~图 4-81 所示步骤打开"创建新数据源"对话框(图 4-82),选择"SQL Server"数据库驱动,打开"创建到 SQL Server 的新数据源"对话框,如图 4-89 所示。

图 4-89 "创建到 SQL server 的新数据源"对话框(2)

输入数据源名称,选择服务器,本机选"(local)",单击"下一步"按钮,选择"使用网络登录 ID 的 Windows NT 验证"单选按钮,如图 4-90 所示。

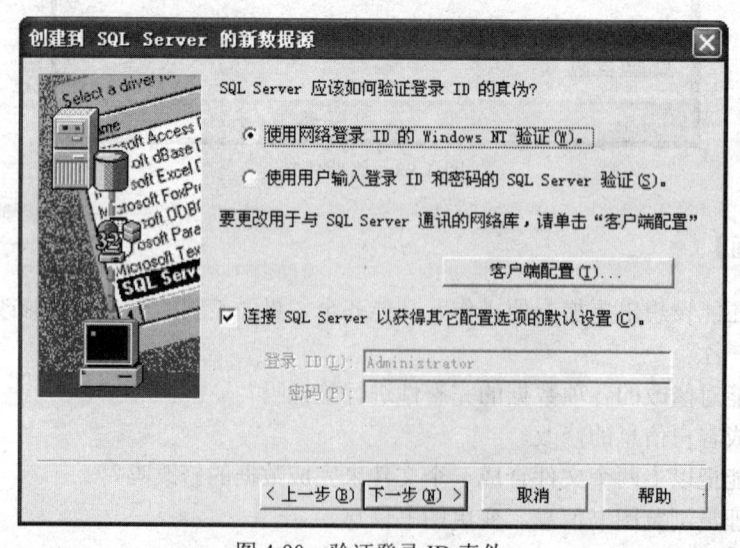

图 4-90 验证登录 ID 真伪

单击"下一步"按钮,更改默认数据库为 part,如图 4-91 所示。

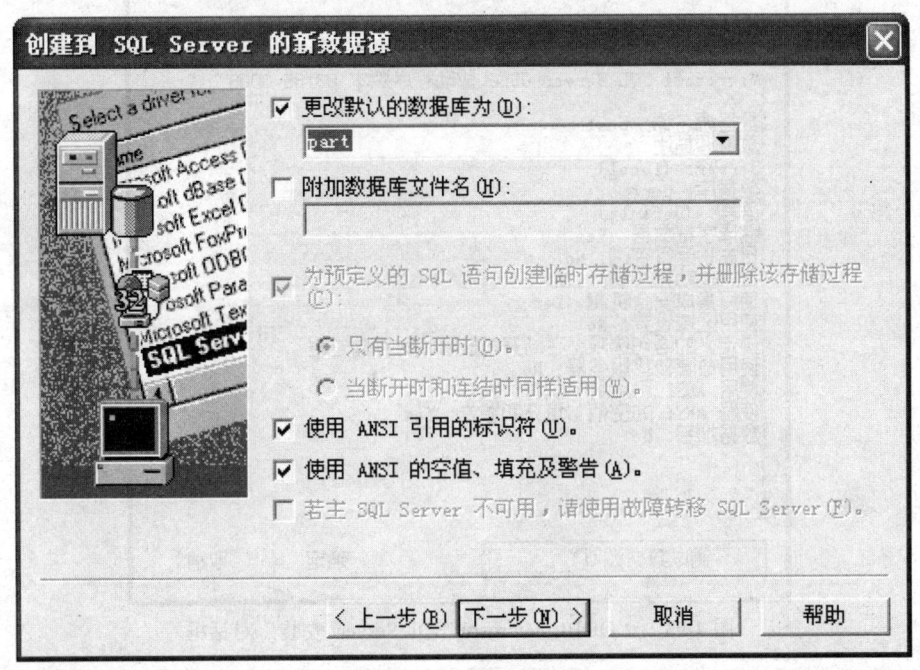

图 4-91 更改默认数据库

单击"下一步"按钮,选择系统消息的语言等选项,如图 4-92 所示。

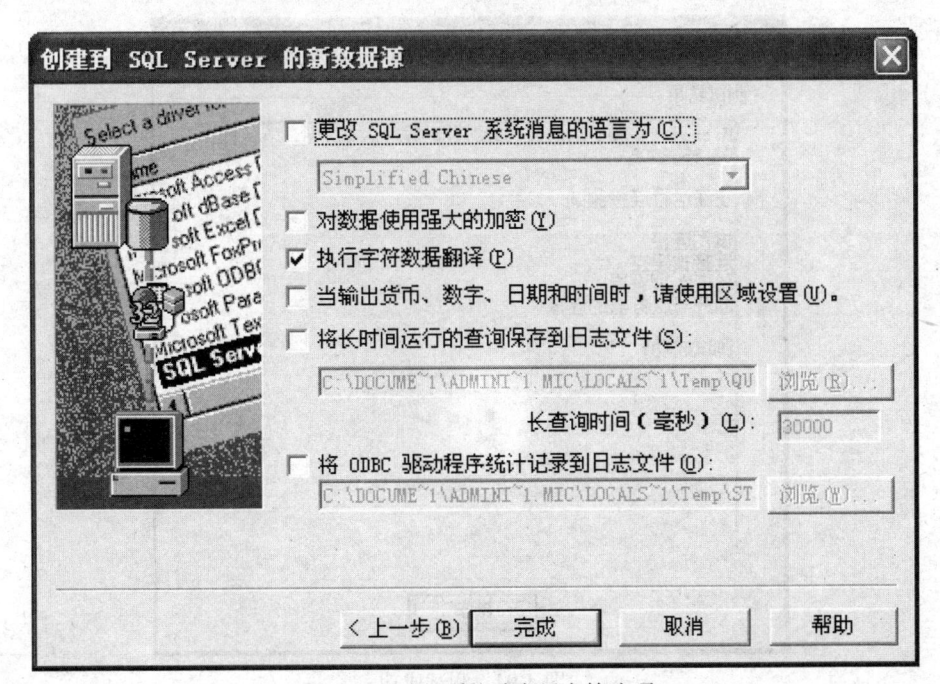

图 4-92 选择系统消息语言等选项

单击"完成"按钮,打开"ODBC Microsoft SQL Server 安装"对话框,如图 4-93 所示。

图 4-93 "ODBC Microsoft SQL Server 安装"对话框

如果想知道数据源创建是否成功，可以单击"测试数据源…"按钮，如成功，则弹出"SQL Server ODBC 数据源测试"对话框，如图 4-94 所示。

图 4-94 测试成功

如不成功则返回重新创建。成功之后，连续多次单击"确定"按钮，其连接语句与连接 Access 相同。

2. 应用 OLE DB 数据库驱动连接

你可以不用创建数据源，直接用命令来连接，代码如下：

```
<% set cn=server.createobject("adodb.connection")
cn.open"Provider=SQLOLEDB;UID=sa;PWD=;Initial Catalog=part;Data Source=(local)"
%>
```

其中，UID 为用户名；PWD 是密码；Initial Catalog 是数据库名；Data Source 是服务器名。

任务 8　数据的删除

【任务目标】

通过本任务的学习，使学生完全掌握 ASP 的常用对象、SQL 的删除命令、ASP 的 ADO 技术，学会在数据库后台将长期不用或违规客户的信息删除掉。

如果会员在一定时间以后一直未光顾本店或者发生违反网络规程的事件或者其他原因，网络商店的管理员可以删除他的信息。如图 4-95 所示便是常见的会员信息删除窗口。本任务就是要学会它的设计。

图 4-95　会员信息删除窗口

【任务实现】

删除会员的文件 userdelect.asp 代码如下：

```
<!--#include file=date.inc-->
<html>
<head>
<title>删除会员信息</title>
</head>
<body>
<form name=f method=get action=userdelect.asp>
<table align="center" border="1">
<caption><font size=5>会员信息删除</font></caption>
```

```
<tr><td align="center">会员名</td><td align="center">密码</td>
<td align="center">真实姓名</td><td align="center">性别</td>
<td align="center">详细地址</td><td align="center">邮政编码</td>
<td align="center">住宅电话</td><td align="center">电子邮箱</td>
<td align="center">删除</td></tr>
<% re.open "select * from clientdb ",cn,1,3
   for i=1 to re.recordcount
      response.Write("<tr>")
      for j=0 to re.fields.count-1
        if re.fields(j).value="" then
           response.Write("<td> </td>")
        else
           response.Write("<td>"&re.fields(j).value&"</td>")
        end if
      next
      response.Write("<td><a href=userdelect.asp?user="&re("username")&">")
response.Write("删除</a></td>")
      response.Write("</tr>")
    re.movenext
if re.eof then
   exit for
end if
next
response.Write("</table>")
response.Write("</form>")
   x=request.querystring("user")
   if x<>"" then
      cn.execute("delete from client where username='"&x&"'")
      response.Redirect("userdelect.asp")
   end if
   re.close
   set re=nothing
   cn.close
   set cn=nothing %>
</body>
</html>
```

运行效果如图 4-95 会员信息删除窗口所示。

当会员数很多时,可以采用分页显示技术,代码修正如下:

```
<form name=f method=get action=userdelect.asp>
<table align="center" border="1">
<caption><font size=5>会员信息删除</font></caption>
<tr><td align="center">会员名</td><td align="center">密码</td>
<td align="center">真实姓名</td><td align="center">性别</td>
<td align="center">详细地址</td><td align="center">邮政编码</td>
```

```asp
<td align="center">住宅电话</td><td align="center">电子邮箱</td>
<td align="center">删除</td></tr>
<% re.open "select * from clientdb ",cn,1,3
   re.pagesize=2
   page=clng(request.QueryString("p"))
   if page<1 then
      page=1
   elseif page>re.pagecount then
      page=re.pagecount
   end if
   re.absolutepage=page
   for i=1 to re.pagesize
      response.Write("<tr>")
      for j=0 to re.fields.count-1
         if re.fields(j).value="" then
            response.Write("<td> </td>")
         else
            response.Write("<td>"&re.fields(j).value&"</td>")
         end if
      next
      response.Write("<td><a href=userdelect.asp?user="&re("username")&">删除</a></td>")
      response.Write("</tr>")
      re.movenext
if re.eof then
   exit for
end if
next
response.Write("</table>")
if page=1 then
   response.Write(" 【上一页】 ")
else
   response.Write("<a href=userdelect.asp?p="&(page-1)&">【上一页】</a> ")
end if
for i=1 to re.pagecount
   if i=page then
      response.Write(" 【"&i&"】  ")
   else
      response.Write("<a href=userdelect.asp?p="&i&">【"&i&"】</a> ")
   end if
next
if page=re.pagecount then
   response.Write(" 【下一页】 ")
else
```

response.Write("<a href=userdelect.asp?p="&(page+1)&">【下一页】</a>")
end if
response.Write("   共"&re.pagecount&"页,"&re.recordcount&"条记录。当前页码:"&page)
response.Write("</form>")

运行结果如图 4-96 所示。

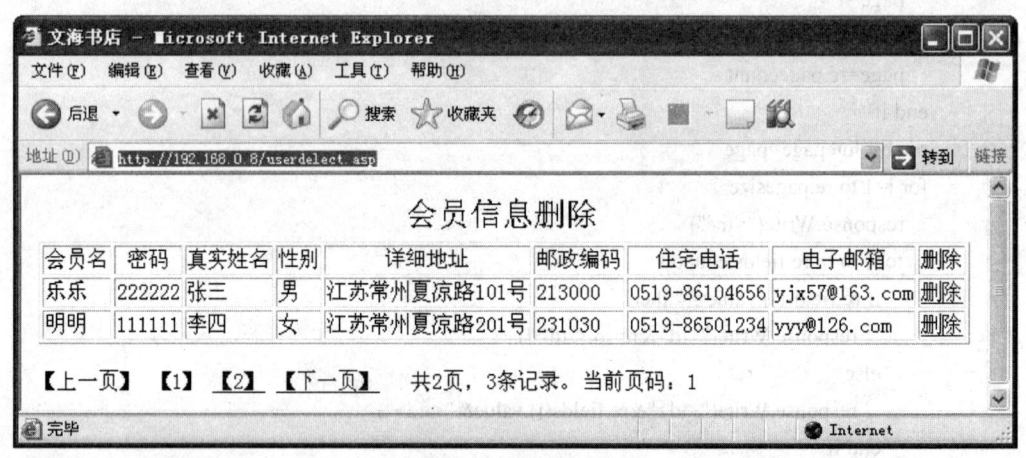

图 4-96 客户删除窗口

【任务巩固】

4-8-1 请完善程序,使会员信息删除窗口按真实姓名排序。
4-8-2 每页显示 10 条记录;当一页记录不满 10 条时,用空表格加满 10 条。
4-8-3 在页面超链接上加【第一页】和【最后一页】。
4-8-4 删除的超链接改为多选按钮,加一个删除按钮,单击后把选中的都删除。
4-8-5 当没有会员信息时,不显示表格,提示"目前尚无会员注册"。
4-8-6 书籍的下架。

【任务拓展】

更强的数据库操作对象 Command

Command 对象对数据库的操控能力更强,处理性能更优。它的使用和其他对象的使用思想方法是一致的。它的工作过程主要有以下几步:

(1) 创建 Command 对象:set cm=server.createobject("adodb.command")
(2) 连接数据源:cm.actionconnection="dsn=数据源名称"
(3) 设定数据库操作命令为 SQL 命令:cm.commandtype=1
(4) 设置操作数据库的 SQL 命令:cm.commandtext=SQL 命令
(5) 执行指定操作(a)无返回值:cm.execute()
     (b)有返回值:set re=cm.execute()

接下来的操作就和前面的一样了。

管理员浏览客户的留言文件 looknote.asp（即查询留言表中的编号、主题和留言时间及客户信息表中的客户名），应用 Command 对象来实现，代码如下：

```asp
<% @ language=vbscript %>
<html>
<head>
<title>查询留言</title>
</head>
<body>
<%
set cm=server.createobject("adodb.command")
cm.activeconnection="dsn=yjx"
cm.commandtype=1
sql="select id,C_nosename,subject,notetime from notebook,clientdb"
sql=sql&"where notebook.C_id=clientdb.C_id"
cm.commandtext=sql
set re=cm.execute()
    if re.eof then
        response.Write("尚未有客户留意！<a href=index.asp>返回</a>")
    else
        response.Write("<table border=1>")
        response.Write("<caption>客户留言表</caption>")
        response.Write("<tr><td>编号</td><td>客户名</td><td>主题</td>")
response.Write("<td>留言时间</td><td>更多</td></tr>")
        while not re.eof
response.Write("<tr><td>"&re("id")&"</td><td>"&re("C_nosename")&"</td>")
response.Write("<td>"&re("subject")&"</td><td>"&re("notetime")&"</td>")
response.Write("<td><a href=ment.asp?p="&re("id")&">更多>></a></td></tr>")
            re.movenext
        wend
    end if
%>
</table>
</body>
</html>
```

运行结果如图 4-68 管理员浏览留言页面所示。

任务 9　项目练习与实践

设计一个简单的留言板模块。首先客户登录，输入留言信息，保存到数据库中，查询留言信息，修改留言信息，删除留言信息。

（1）设计登录界面，验证客户名、密码不能空，确定客户名是否是会员，密码正确与否，正确进入留言界面。

（2）设计留言程序，留言界面如图 4-97 所示。写出对留言板信息的完整性、合理性的验证，并保存到数据库中。

图 4-97 留言板

（3）设计一个浏览留言信息的程序。
（4）设计一个修改、删除留言信息的程序。

项目五 ASP+Access 实训 2——网络商店前台系统设计

【项目要求】

本项目主要让学生进一步掌握动态网页设计的基本知识，熟悉网络商店的前台和客户端平台的设计规划，能够进行网络商店各类页面的设计。学会设计购物车，结合项目四设计出较为完整的网络商店。本项目参考学时 30 学时。

【教学目标】

1. 知识目标

★巩固掌握动态网页设计的基本知识。
★熟悉网络商店的设计规划方法。
★进一步掌握 HTML 和 VBScript 的网页编程。
★进一步掌握 ASP 的常用的内置对象。

2. 能力目标

★能够应用网页设计的基本知识规划设计网络商店前台系统。
★能够设计出有个性有风格网络商店的首页和各类客户的前台界面。
★能设计购物车。
★学会网站的系统测试和发布。

3. 素质目标

★锻炼学生自主学习、举一反三的能力。
★培养学生独立设计风格独特的各类网站。

【教学方法参考】

讲授法、案例驱动法、现场演示法

【教学手段】

多媒体课件、案例、实训

【设备、工具和材料】

计算机、Internet

任务 1　网络商店页面设计

【任务目标】

通过本任务的学习，使学生掌握网络商店的页面设计的要求、目标、功能模块的划分和页面格调、风格的设计，特别是首页的设计。

按照网站的服务对象，设计有特色的网络商店页面的布局和风格，按服务定位设计好功能模块，按照网络商店的基本要求设计划分功能模块，按照客户的层次设计各类方便客户的操作的控件，按照安全性要求设计安全性保护措施。

【任务实现】

下面一起来设计项目三中图 3-6 所示的网络书店的首页。书店一定是为读者提供书籍的商店，它应该在第一时间为读者提供最新、最好、性价比最高的精神食粮，这也是网络书店的基本要求。而读者应该是社会的知识阶层，至少也是有一定知识的，为此考虑网店的色调比较深沉，色彩偏暖色，格调高雅知性，风格简洁明快。我们用绘图软件制作了各类图片作为网页的素材。

网页的布局分为四部分区域：标题区域、客户登录公告区域、使用信息区、主体区域。前三部分为每张网页的共有部分，主体区域为每个功能的操作、显示区域。标题区域包括店名、店标记、导航条、搜索引擎等。客户登录公告区域包括客户登录（客户信息显示）、书店新闻、书店公告等。在网页脚部放上一些设计人员和使用的信息。其中标题区域背景图如图 5-1 所示。登录、新闻、公告区域背景图如图 5-2 所示。

图 5-1　标题区背景图

图 5-2　登录、新闻、公告区背景图

按照网络书店的功能和客户的特点设计以下主要功能模块：
- 客户管理模块，包括新客户的注册，客户登录，客户信息修改，客户注销等。
- 客户中心模块，包括找回密码，客户投诉，预定图书，客户留言等。
- 图书展示模块，包括分类展示，按销售状况展示。
- 购物车模块，包括选购、变更、删除图书，生成订购单，结算等。
- 查询搜索模块，包括精确、模糊查询，按书名、按内容查询等。
- 数据库模块，为网络书店的前台、后台提供信息支持。

按照功能模块的要求给出了以下导航条：网站首页、最新书籍、推荐书籍、热门书籍、书籍分类、意见反馈、客户留言、找回密码、客户中心、购物车、订单查询和后台管理及一些常规的功能。

页面的布局常用表格来设计，标题区域、客户登录公告区域、使用信息区分别用三个 ASP 文件来写，以后每个页面都导入它们，方便又简单，详细代码读者可从中国水利水电出版社网站中免费下载。

【任务巩固】

5-1-1　按儿童的特点设计风格明快活泼，色彩鲜艳丰富的儿童玩具商店的背景图。
5-1-2　设计儿童玩具店的功能模块。
5-1-3　设计导航条。

【任务拓展】

导航条设计

导航条是任何网站都少不了的，它是连接每个页面必不可少的工具，现在流行的导航条很多，也很漂亮、实用。但都是应用超链接来完成的，常见的超链接有单级和多级的。本书实例采用单级导航条。下面给出一种多级的设计代码供参考。

```
<!--#include file=date.inc-->
<SCRIPT language=javascript>
function show(obj,maxg,obj2){
  if(obj.style.pixelHeight<maxg) {
    obj.style.pixelHeight+=maxg/10;
        obj.filters.alpha.opacity+=20;
        obj2.background="images/title_show.gif";
    if(obj.style.pixelHeight==maxg/10)
            obj.style.display='block';
      myObj=obj;
        mymaxg=maxg;
        myObj2=obj2;
        setTimeout('show(myObj,mymaxg,myObj2)','5');}
}
function hide(obj,maxg,obj2){
```

```
       if(obj.style.pixelHeight>0){
       if(obj.style.pixelHeight==maxg/5)
            obj.style.display='none';
         obj.style.pixelHeight-=maxg/5;
            obj.filters.alpha.opacity-=10;
            obj2.background="images/title_hide.gif";
            myObj=obj;
            mymaxg=maxg;
            myObj2=obj2;
            setTimeout('hide(myObj,mymaxg,myObj2)','5');}
     else
        if(whichContinue)
               whichContinue.click();
   }
    function chang(obj,maxg,obj2){
     if(obj.style.pixelHeight){
      hide(obj,maxg,obj2);
         nopen='';
         whichcontinue='';}
   else
     if(nopen){
          whichContinue=obj2;
       nopen.click(); }
         else{
          show(obj,maxg,obj2);
          nopen=obj2;
          whichContinue='';}
   }
   </SCRIPT>
   <TABLE cellSpacing=0 cellPadding=0 width="158" align=left border=0 >
   <TBODY><TR><TD vAlign=top align=center>
    <TABLE cellSpacing=0 cellPadding=0 width=158 align=center>
      <TBODY><TR style="CURSOR: hand">
   <TD vAlign=bottom height=42><IMG height=38 src="images/title.gif" width=158>
         </TD></TR></TBODY></TABLE>
   <%
   rs.open "select * from booktypedb",cn,3,3
   for i=1 to rs.recordcount
      set re=server.CreateObject("adodb.recordset")
      re.open "select * from bookpartdb where t_id="&rs("t_id")&"",cn,3,3
   %>
   <TABLE cellSpacing=0 cellPadding=0 width=158 align=center>
     <TBODY><TR style="CURSOR: hand">
```

```
<TD class=list_title id=<%="list"&i%>
  onmouseover="this.typename='list_title2';"
      onclick=chang(<%="menu"&i%>,<%=re.recordcount*30%>,<%="list"&i%>);
      onmouseout="this.typename='list_title';"
"background="images/title_hide1.gif" height=25 align=center>
<SPAN><%=rs("typename")%></SPAN> </TD></TR>
    <TR><TD align="center" valign="middle">
    <DIV class=sec_menu id=<%="menu"&i%>
      style="DISPLAY: none; FILTER: alpha(Opacity=0);
      WIDTH: 158px; HEIGHT: 0px">
        <TABLE   cellSpacing=0 cellPadding=0 width=135 align=center><TBODY>
<%
for j=0 to re.recordcount-1
%>
        <TR><TD height=25>
        <a href="selectfl.asp?p=<%=re("t_id")%>&_
          q=<%=re("z_id")%>" target="_top"><%=re("z_name")%>
        </a></TD></TR>
<%
re.movenext
next
%>
      </TBODY></TABLE>
        </DIV></TD></TR></TBODY></TABLE> 
<%
  re.close
  rs.movenext
next
rs.close
%>
<SCRIPT language=javascript>
    var nopen="";
    var whichContinue=";
</SCRIPT>
```

任务2　商品的展示

【任务目标】

通过本任务的学习，使学生进一步掌握 ASP 的常用对象、SQL 的查询命令、ASP 的 ADO 技术，学会对数据库按不同要求查询并显示结果，对较多的结果采用分页显示技术。

设计完成最新书籍和书籍分类子模块，效果如图 5-3 和图 5-4 所示。

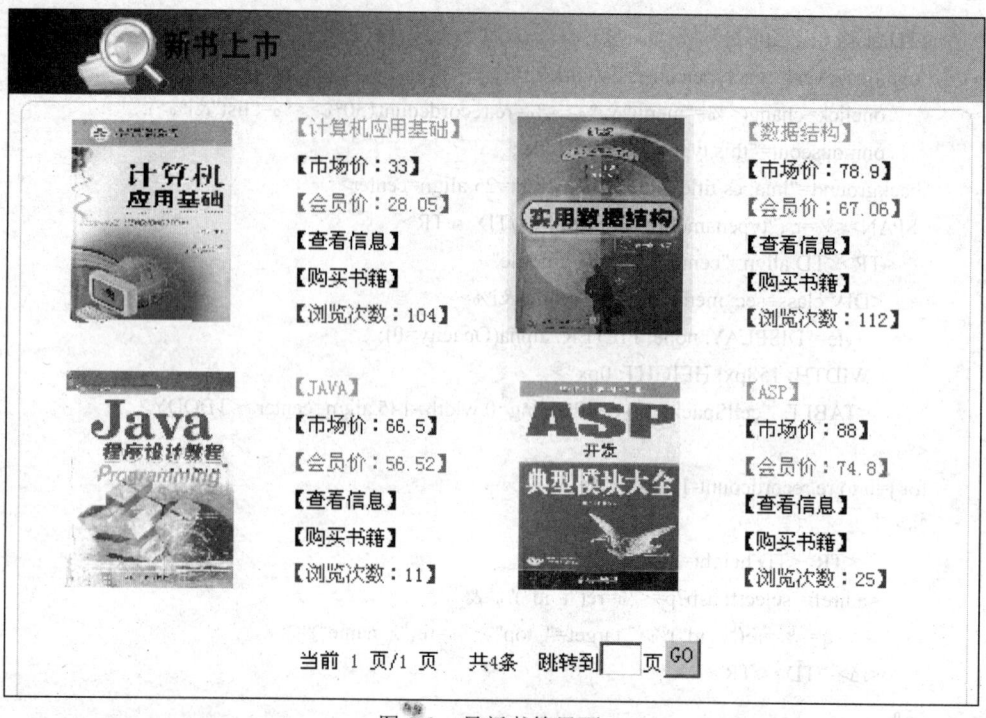

图 5-3 最新书籍界面

图 5-4 书籍分类界面

【任务实现】

最新书籍的展示实际上是对最近上架的前多少种图书的查询，也就是对图书信息表按入库时间（货号）进行排序查询，取前几条记录，其 SQL 命令为：

select top 100 * from booksdb order by g_id desc

分页显示技术参考项目四中的任务 3。

完整的代码请参考网上资源附录 3 "网络书店及数据库源代码"中的文件 books.asp。

图书分类也是按图书的类别进行查询，国家图书分类有专业的分类方法和标准，为了更好地对图书类别进行管理，应该创建图书分类表：大类分类表、子类分类表等。为了方便起见还可以在图书信息表中的类别字段里，在不同的位置上以不同的符号代表图书的大类和子类，如第一位为大类：a 表示科技类；b 表示文艺类……第二位为子类：a 表示计算机类；b 表示机械类……其他代表序号。查询科技类计算机书籍的 SQL 命令为：

    select * from booksdb,businessdb where booksdb.b_id=businessdb.b_id and t_id like '"&p&"%'

其中，p 为类别变量。p="aa"即查询科技类计算机书籍。完整的代码请参考网上资源文件 selectfl.asp。

【任务巩固】

5-2-1　设计推荐书籍和热门书籍子模块。
5-2-2　图书分类显示时，每页显示 10 条记录；当一页记录不满 10 条，用空行加满 10 条。
5-2-3　当没有该类图书时，不显示表格，打印提示"目前尚无该类图书上架"。

【任务拓展】

Recordset 对象的数据库操作方法

（1）添加新记录 addnew()，在当前记录集中添加一条新记录。如：

```
<!--#include file=date.inc-->
<% rs.open "select * from clientdb where s_id='3'",cn,1,3
    rs("c_nosename")="乐乐"
    rs("c_add")="江苏镇江金山路 301 号"
    rs.addnew
%>
```

在客户信息表中添加了一个客户，客户名为乐乐，住址为江苏镇江金山路 301 号。

（2）修改记录 update()，对当前某记录进行修改。如：

```
<!--#include file=date.inc-->
<% rs.open "select * from clientdb where s_id='3'",cn,1,3
    rs("c_pass")="abcd"
    rs.update
%>
```

将客户信息表中客户号为 3 的密码修改为 abcd。

任务3　客户中心的设计

【任务目标】

通过本任务的学习，使学生巩固掌握 ASP 的常用对象，SQL 的查询、修改、删除命令和 ASP 的 ADO 技术，学会在客户端对自己的信息包括密码进行修改，学会找回密码的方法和查询自己购书清单的程序。

首先设计修改客户自己信息的界面，如图 5-5 所示。

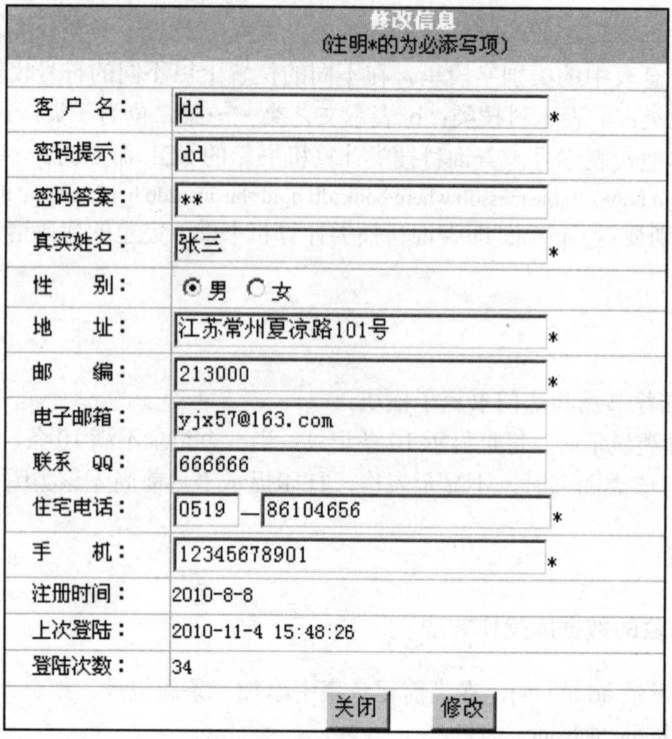

图 5-5　客户修改信息

找回密码的界面，如图 5-6 所示。

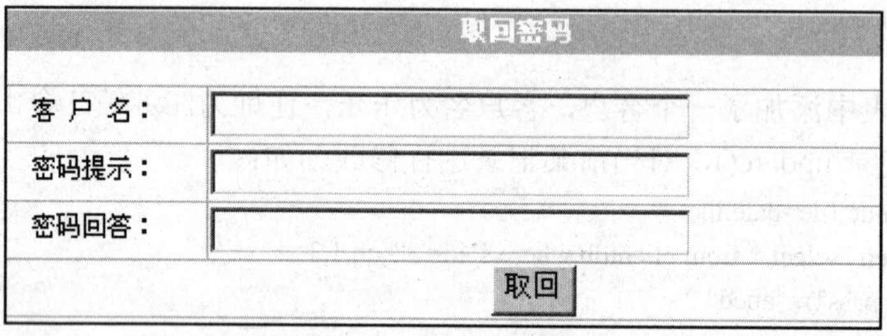

图 5-6　找回密码界面

【任务实现】

修改客户信息的设计思想就是修改记录的思想，首先查询该客户的信息，并显示在文本框中，客户输入新的数据，提交后验证数据的合理性和完整性，最后修改数据。主要代码如下：

```
<!--#include file="date.inc" -->        //连接数据库
<!--#include file="yuezhen.asp" -->     //合理性、完整性验证
<% if session("c_id")<>"" then          //当客户已经登录
sql="select * from clientdb where c_id="&trim(session("c_id"))
rs.open sql,cn,3,3                      //查询该客户的信息
if not rs.eof then
%>
    …
```

```asp
<form name="myform" action="updatauser.asp" method="post">
<tr height="20" bgcolor="#FFFFFF" align="center">
  <td width="21%">客 户 名：</td>
//显示客户信息
  <td width="79%"><div align="left">
    <input name=nosename type=text value=<%=rs("c_nosename")%> size=30 maxlength=30>*
</div></td></tr>
…
<tr height="20" bgcolor="#FFFFFF" align="center">
//隐含提交
    <td colspan="2"><input name="action" type="hidden" value="updateuser">
    <input name="but" type="button" value="修改"></td></tr>
…
<% if request("action")="updateuser" then       //如果提交
sql="update clientdb set c_nosename='"&request("nosename")&"'"
sql=sql&"where c_id="&session("c_id")
cn.execute(sql)                                 //修改客户名
session("user")=request("nosename")             //把新客户名保存到session对象中
response.Write("<script>alert('修改成功!')</script>")
end if    %>
```

详细代码见网上资源附录 3 "网络书店及数据库源代码"中的文件 updatauser.asp 和 yuezhen.asp。

找回密码本质上也是一次条件查询，只要客户名、密码提示和密码回答与数据库的数据一致，即可完成登录。主要代码如下：

```asp
<% if request("action")="thispass" then         //如果提交
    sql="select c_id,count,c_count,c_time2,c_pass,c_metion,c_answer from clientdb"
sql=sql&"where c_nosename='"&request("nose")&"'"
  rs.open sql,cn,1,3    //查询客户存在
  if rs.eof then        //客户不存在
    response.Write("<script>alert('客户名有误!')</script>")
  elseif rs("c_metion")<>request("tishi") then        //密码提示有误
    response.Write("<script>alert('密码提示有误!')</script>")
  elseif rs("c_metion")<>request("huida") then        //'密码答案有误
    response.Write("<script>alert('密码答案有误!')</script>")
  else
    session("c_id")=rs("c_id")
    session("content")=rs("count")
    session("cishu")=rs("c_count")
    session("user")=request("nose")               //保存客户信息，完成登录
    rs("c_count")=rs("c_count")+1
    rs("c_time2")=now()
    rs.update                                     //修改客户的登录时间和次数
    response.Redirect("index.asp")                //打开首页
  end if
end if    %>
```

详细代码见网上资源附录 3 "网络书店及数据库源代码"中的文件 lookpass.asp。

【任务巩固】

5-3-1 设计查询本人的购书记录的程序。

5-3-2 设计密码修改模块。

5-3-3 修改找回密码的程序，当密码提问和密码答案正确时显示密码，再重新登录。

【任务拓展】

ADO 对象库的 Fields 集合和 Field 对象

Field 对象是 Recordset 对象的每一个列，即查询结果集的每一条记录。而 Fields 集合包含了所有 Fields 对象，即查询结果所有记录。它们对数据库查询结果的操控能力更强。

常用属性：ActualSize，功能是返回当前记录的实际长度。DefineSize，设置和返回当前记录定义的长度。Name，返回字段名。Type，返回当前记录的数据类型。Value，返回当前的数据值。如遍历一个 Fields 集合中的全部 Field 对象。

```
<!--#include file="date.inc" -->
<%  rs.open "select * from booksdb",cn,1,3
    do while not rs.eof
      for i=0 to rs.fields.count-1
        Response.write  rs(i).name&": "
        Response.write  rs(i).value&"<br>"
      Next
    rs.movenext
    loop %>
```

任务 4 购物车设计

【任务目标】

通过本任务的学习，使学生进一步巩固掌握 ASP 的常用对象，巩固掌握数据库的读写方法，学会相关知识设计购物车。了解应用 session 对象和 cookies 集合保存客户的个人私有信息，结合 VBScript 函数从而完成购物车的设计。

当客户看中一种书籍，选购它，就可以单击后加入到购物车内，效果如图 5-7 所示。

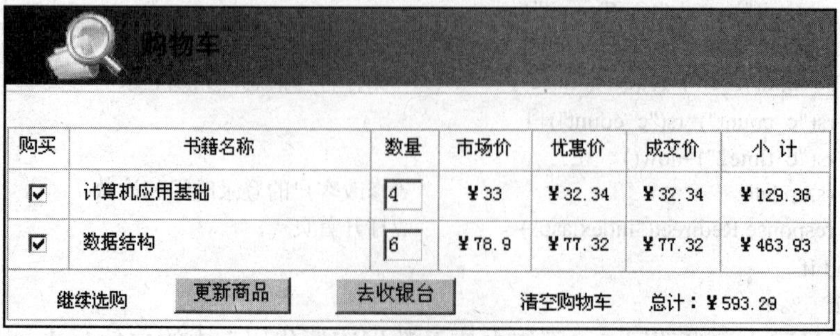

图 5-7 加入购物车

客户选购的图书可以变更数量，或退回，或清空购物车，或继续购买。选购完毕，去收银台，效果如图 5-8 所示。

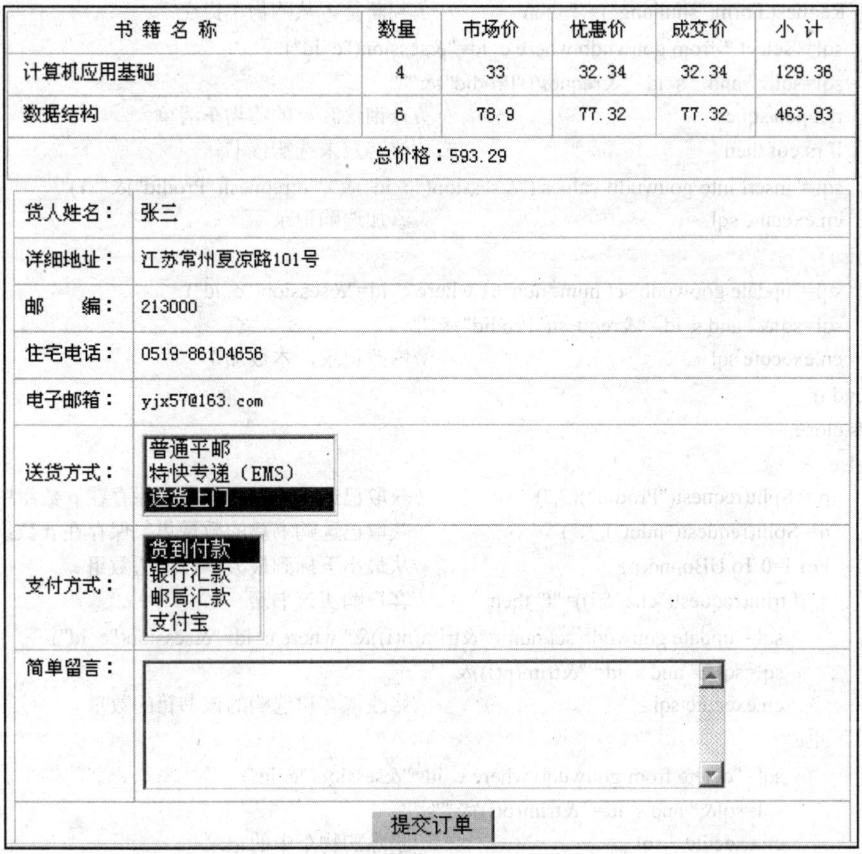

书 籍 名 称	数量	市场价	优惠价	成交价	小 计
计算机应用基础	4	33	32.34	32.34	129.36
数据结构	6	78.9	77.32	77.32	463.93
总价格：593.29						

货人姓名：张三
详细地址：江苏常州夏凉路101号
邮　　编：213000
住宅电话：0519-86104656
电子邮箱：yjx57@163.com
送货方式：普通平邮 / 特快专递（EMS）/ 送货上门
支付方式：货到付款 / 银行汇款 / 邮局汇款 / 支付宝
简单留言：

提交订单

图 5-8　收银台结账

【任务实现】

购物车是客户个人临时存放购物信息的地方，它可以存放在 cookies 中，也可以存放到数据库中，还可以放在 session 中。它们各有特点，cookies 存储量小，读写速度快，占用网络和服务器资源少；数据库存储量大，资源消费较大，工作可靠稳定；session 处于两者中间。本教材实例应用数据库设计购物车。

购物车的数据库实现是通过对数据库的读写来完成的。表中有客户号、书刊号、数量字段，客户选购的书籍信息存放在一个数据库表中，修改本数、退回书架就是对数据库的修改操作，清空购物车就是对数据库的删除操作，当提交订单后也要清空数据库。

加入购物车，首先判断是从选购区加入还是从购物车上变更；如果是在选购区加入，如第一次选购，则在数据库插入一条记录，本数为 1，如已选购则修改记录，本数加 1；如从购物车上变更，则看如是放弃选购那么删除记录，如是修改本数则修改记录。关键代码如下：

```
<!--#include file="date.inc" -->
<%
if session("user")="" then
```

```
            response.Write("<script>alert('请先登录！');window.location.href='index.asp';</script>")
        else
            if request("Prodid")<>"" then              //判断是否选购书籍
                if Request.Form("shuliang")="" then    //判断是否从购物车提交
                    sql="select * from gouwudb where c_id="&session("c_id")
                    sql=sql&" and   s_id='"&request("Prodid")&"'"
                    rs.open sql,cn                     //查询该客户的购物车清单
                    if rs.eof then                     //该客户未选购该书籍
                        sql="insert into gouwudb values ("&session("c_id")&",'"&request("Prodid")&"',1)"
                        cn.execute sql                 //添加选购记录
                    else
                        sql="update gouwudb set num=num+1 where c_id="&session("c_id")
                        sql=sql&" and s_id='"&request("Prodid")&"'"
                        cn.execute sql                 //修改记录，本数加 1
                    end if
                    rs.close
                else
                    p = Split(request("Prodid"), ",")  //获取已选购的书刊号集，保存在 p 数组中
                    n= Split(request("num"), ",")     //获取已选购书籍的数量集，保存在 n 数组中
                    For i=0 To UBound(p)               //从最小下标到最大下标遍历数组
                        if trim(request("che"&i))="t" then  //客户购买该书籍
                            sql="update gouwudb set num="&trim(n(i))&" where c_id="&session("c_id")
                            sql=sql&" and s_id='"&trim(p(i))&"'"
                            cn.execute sql             //修改该客户选购的该书籍的数量
                        else
                            sql[="delete from gouwudb where c_id="&session("c_id")
                            sql=sql&" and s_id='"&trim(p(i))&"'"
                            cn.execute  sql            //删除购物车中的记录
                        end if
                    next
                end if
            end if    %>
```

清空购物车就是删除该客户的全部记录，查看购物车就是查询数据库中该客户的全部记录。详细代码见网上资源附录 3 "网络书店及数据库源代码" 中的 gouwu.asp 文件。

【任务巩固】

5-4-1 如何清空购物车。
5-4-2 设计如图 5-8 所示的收银台界面，显示购物车和客户信息。

【任务拓展】

一、购物车的 cookies 实现

cookies 集合是客户端的一小块内存单元，可以为服务器端进行读写，我们利用它来保存客户的购书信息，该 cookies 就是书店的购物车。

首先用 session("insert")的真假记录该客户是否交易，进行过交易则清空 cookies，代码如下：

```
<% if session("insert") then
    Session("insert")=false
    For each key in request.cookies("id")
        response.cookies("id")(key)=""         //存放书刊号
        response.cookies("num")(key)=""        //存放数量
    next
  end if    %>
```

一旦客户选购了某本书籍，则看一下 cookies 中是否已经选购，已选则数量加 1；未选则在 cookies 中加入书刊号和数量。代码如下：

```
<% f=false
id=trim(request.form("s_id"))
For each key in request.cookies("id")
    if id=request.cookies("id")(key) then
        f=true
        exit for
    end if
next
if f then
response.cookies("num")(id)=request.cookies("num")(id)+1
    else
        response.cookies("id")(id)=id
response.cookies("num")(id)=trim(request.form("s_num"))
    end if   %>
```

查看购物车时，首先看 cookies 中是否有 id 字典，无则购物车为空，有则获取 id 字典的关键字数量。再找到 id 字典中第一个不空的关键字，如果都空则没有购书，否则循环显示 cookies 的值。代码如下：

```
<% if not request.cookies("id").heskeys then    //判断有无 id 字典
Response.write ("<Script>alert('您的购物车为空！'); ")
Response.write ("window.location.href='index.asp';</script>")
    End if
    P=1
    C=cint(request.cookies("id").count
    Do while p<=c
      If request.cookies("id")(p)= "" then
         P=p+1
      Else
         Exit do
      End if
    Loop
    If p>c then
      Response.write("<script>alert('您的购物车空!');window.location.href='index.asp';</script>")
    End if
    Do while p<=c
Sid=request.cookies("id")(p)
```

```
            If sid<>"" then
                Response.write("书刊号："&sid&"<br>数量："& request.cookies("num")(p))
            End if
            P=p+1
        Loop %>
```

如果还需要其他一些信息，可以再查询数据库获得。

二、购物车的 session 实现

客户购买图书，则将图书的信息保存在 Session 中，如第二次以上选购则仅数量加 1。代码如下：

```
        ProductList = Session("ProductList")              //Session("ProductList")中保存已选购的书刊号集
        Products = Split(Request("Prodid"), ",")
              //以逗号分割，把新选购的书刊号赋给 Products（此时变量 Products 以数组形式存在）
        For I=0 To UBound(Products)                       //从数值的最小下标到最大下标遍历数组
            PutToShopBag Products(I), ProductList         //调用过程
        Next
        Session("ProductList") = ProductList              //将处理后的变量 ProductList 的值保存起来
        Sub PutToShopBag( Prodid, ProductList )           //定义过程
            If Len(ProductList) = 0 Then                  //判断是第一次选购吗
                ProductList =Prodid                       //将第一次购书的书刊号保存
            Else If InStr( ProductList, Prodid ) <= 0 Then      //判断原购书集中是否有新选购的书
                ProductList = ProductList&", "&Prodid &""  //将新选购书刊号加入选购集中
              else
                Session( "Q_" &Request("Prodid"))=Session( "Q_" &Request("Prodid"))+1
                //多次选购，数量加 1
              end if
            End If
        End Sub
```

显示购物车信息是按 session 中保存的书刊号和数量进行循环查询的结果，代码如下：

```
        <%
        Sum = 0             //总计
        Products = Split(Session("ProductList"), ",")
        For I=0 To UBound(Products)
        sql="select * from booksdb where s_id='"&trim(products(I))&"'"
        rs.open sql,cn,1,3           //查询书籍信息
        if Not rs.EOF then            //数据库中存在该书
        Quatity = Session( "Q_" &trim(products(I)))         //取得该书籍的选购数量
        ……
            Sum = Sum +clng(rs("g_price")*cdbl(session("zk"))*Quatity*100)/100
                //累加总计（新总计=原总计+保留两位小数(商品价格*折扣率*商品数量)）
        %>
```

如果修改了购物车中的书籍数量，提交后书籍数量的确定代码如下：

```
        <%if Request.Form("shuliang")<>"" then         //判断是在购物车中修改吗
            Quatity = Request.Form( "Q_" & rs("s_id"))  //接收表单提交的书籍数量
            If Quatity <= 0 Then            //判断购书量在 1 以下
```

```
            Quatity = 1
        End If
    end if
Session( "Q_" &rs("s_id")) = Quatity      //保存选购的数量
%>
```

获取后只要用表格显示数据就可以了。

任务 5 项目的调试运行及发布

【任务目标】

通过本任务的学习，使学生了解 ASP 程序的过程、方法和难点，学会网站的发布要求和过程，掌握 Windows 2000 服务器版的 IP 地址和域名的设置、IIS 的站点建设。

打开浏览器，输入网址，进入网络商店，如输入 www.wenhaishudian.com，进入文海书店首页，如图 5-9 所示。本任务将实现这个过程。

图 5-9 文海书店首页

【任务实现】

一、程序的调试

ASP 程序的运行是在服务器端作第一次编译，把动态网页编译成静态网页，到客户端再由浏览器作第二次编译并运行。我们在调试阶段可以在 IIS 上调试，虽然不能看到全部和准确

数据库与搜索技术

的错误之处，但也能找到主要之处。为此开放调试器，步骤如下：

打开 IIS，打开网站的属性对话框，如图 5-10 所示。

图 5-10　站点属性对话框

单击"主目录"选项卡，如图 5-11 所示。

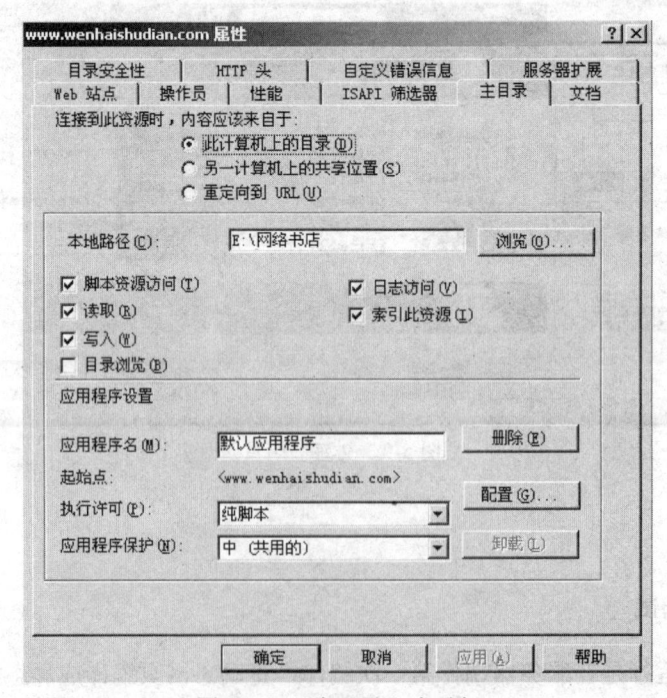

图 5-11　"主目录"选项卡

单击"配置"按钮,打开"应用程序配置"对话框,如图 5-12 所示。

图 5-12 "应用程序配置"对话框

单击"应用程序调试"选项卡,选择"启用 ASP 服务器端脚本调试"和"启用 ASP 客户端脚本调试"复选框,如图 5-13 所示。

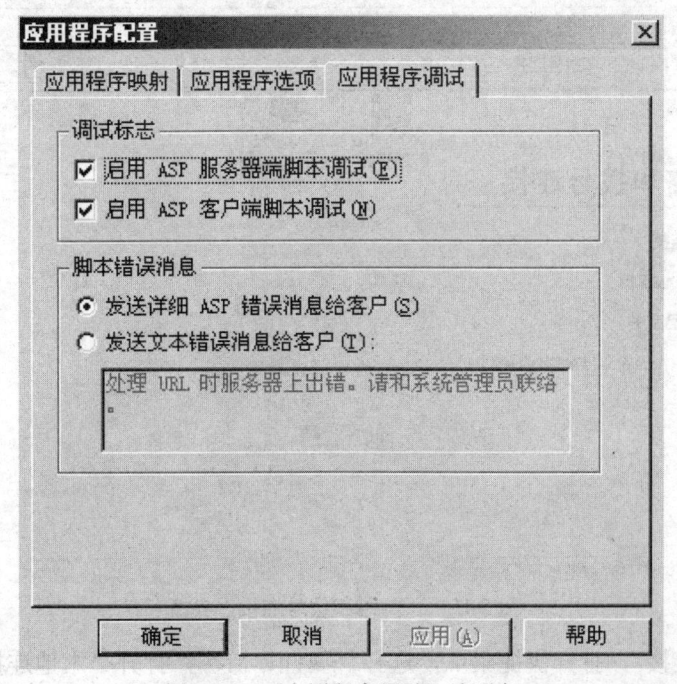

图 5-13 "应用程序调试"选项卡

单击"确定"按钮，回到站点属性对话框，再单击"确定"按钮，设置完毕。以后我们在运行 ASP 程序时会打开调试器，如果程序有错，它会指出大部分错误之处。

二、网站的发布

网站制作、调试完成后就可以发布到互联网上使用了。当然我们应该首先申请到 IP 地址和域名，也可以使用门户网站的免费域名。接下来设置服务器的 IP 地址网关、域名服务器和网站建设。

IP 地址网关、域名服务器的设置步骤如下：

单击"开始"/"设置"/"网络和拨号连接"，如图 5-14 所示。

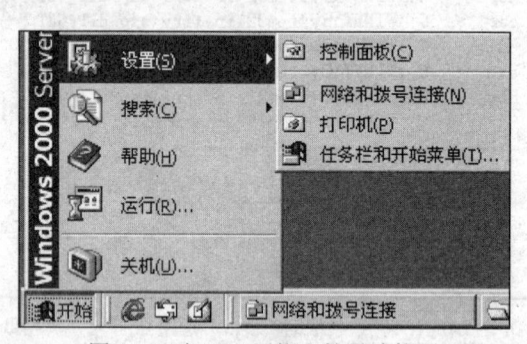

图 5-14　打开"网络和拨号连接"

打开"网络和拨号连接"界面，如图 5-15 所示。

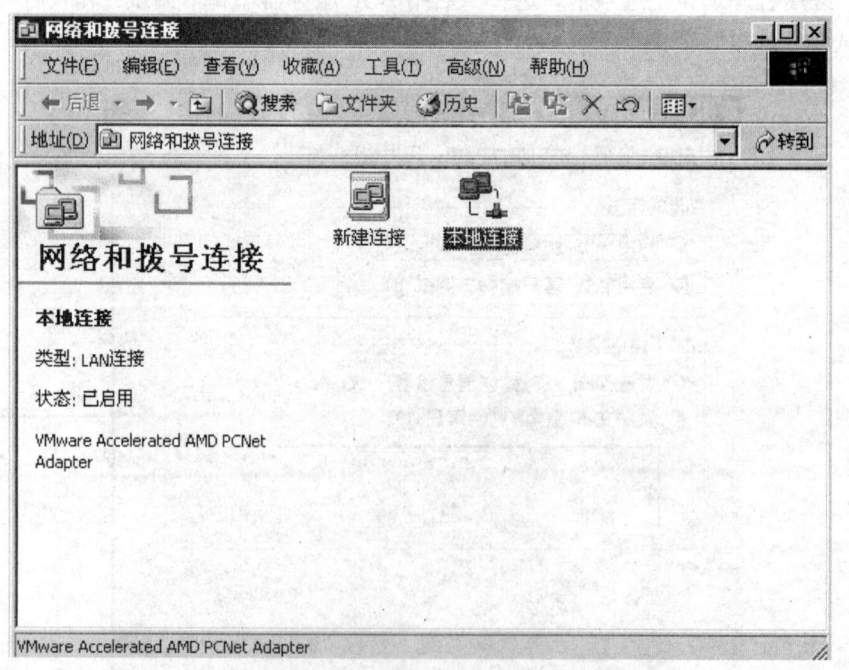

图 5-15　"网络和拨号连接"界面

右击"本地连接"，打开快捷菜单，选择"属性"命令，打开"本地连接属性"对话框，如图 5-16 所示。

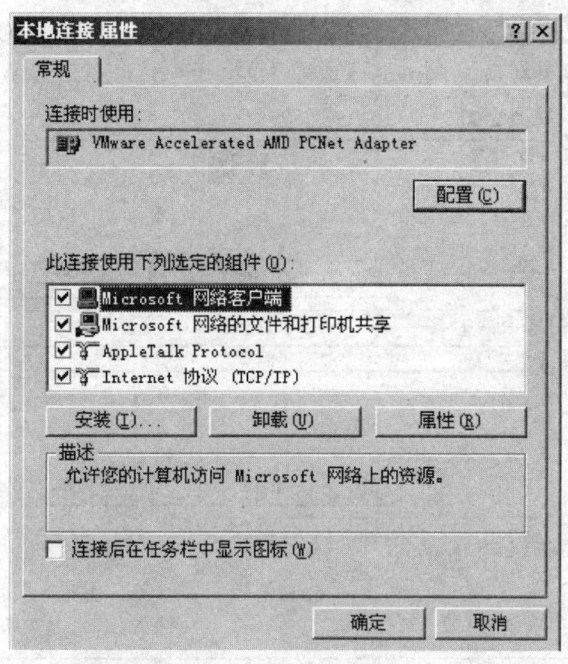

图 5-16 "网络和拨号连接属性"对话框

选中"Internet 协议(TCP/IP)"复选框,单击"属性"按钮,打开"Internet 协议(TCP/IP)属性"对话框,如图 5-17 所示。

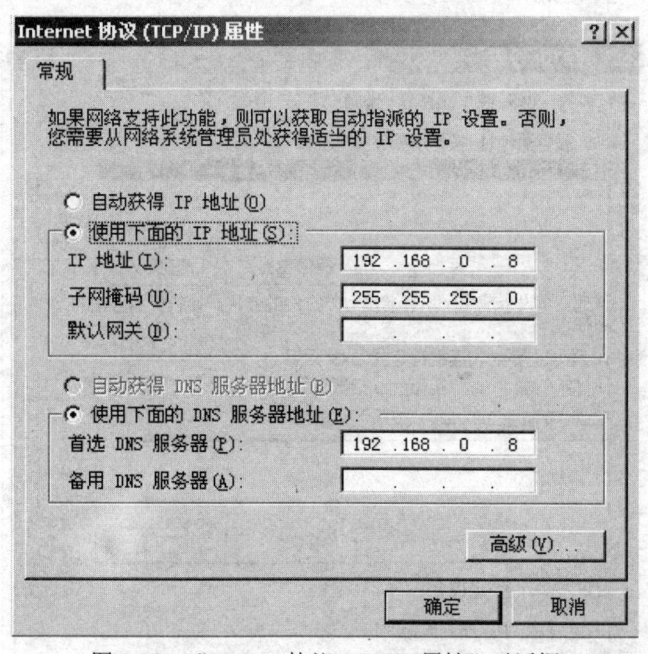

图 5-17 "Internet 协议(TCP/IP)属性"对话框

选择"使用下面的 IP 地址"单选按钮,输入 IP 地址、子网掩码,选择"使用下面的 DNS 服务器地址"单选按钮,输入首选 DNS 服务器的 IP 地址,如图 5-17 所示。单击"高级"按钮,打开"高级(TCP/IP)设置"对话框,如图 5-18 所示。

157

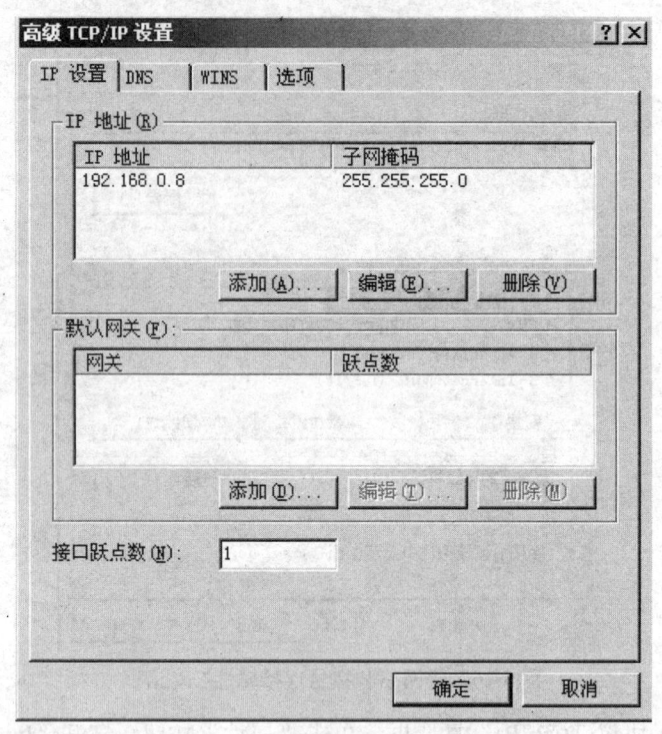

图 5-18 "高级 TCP/IP 设置"对话框

单击 DNS 选项卡，添加 IP 地址，如图 5-19 所示。

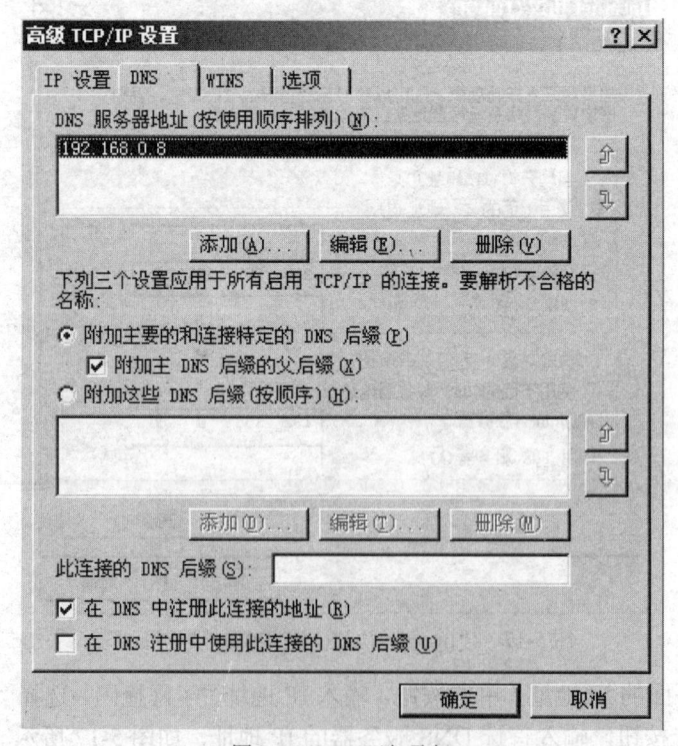

图 5-19 DNS 选项卡

单击"确定"按钮,回到"Internet 协议(TCP/IP)属性"对话框,再单击"确定"按钮,回到"本地连接属性"对话框,再单击"确定"按钮,设置完成。

网站建设的步骤如下:

打开 IIS,选择你的站点,右击打开快捷菜单,选择"属性"命令,打开"属性"对话框,在"说明"文本框中输入域名,在"IP 地址"下拉列表中选择 IP 地址,如图 5-10 所示。单击"文档"选项卡,删除其他默认文档,添加你的首页文件,如图 5-20 所示。

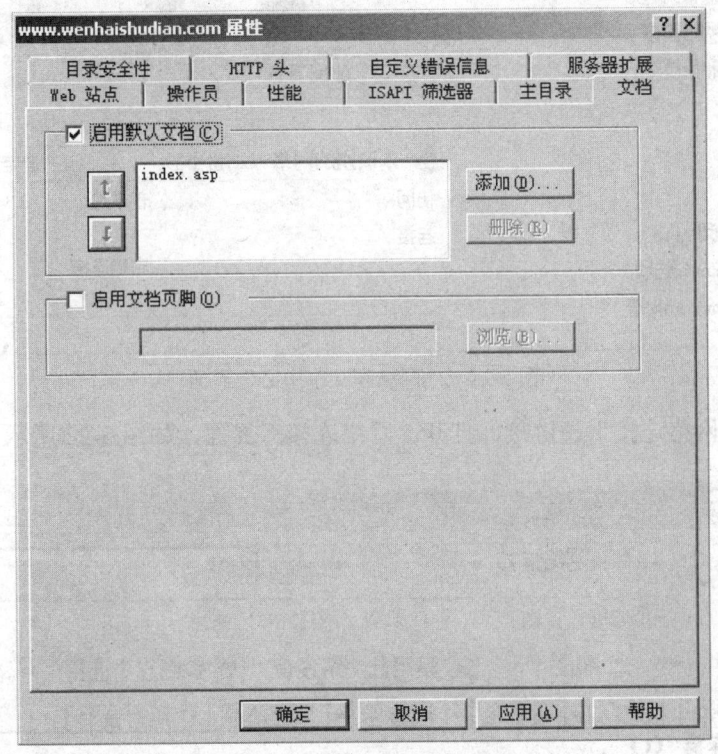

图 5-20 "文档"选项卡

单击"确定"按钮,设置完成。

【任务巩固】

5-5-1 设置自己的 IP 地址和域名服务器。
5-5-2 构建自己的站点。
5-5-3 上网运行你的网站。

【任务拓展】

一、Windows 2008 系统的网页发布

1. IP 地址、域名服务器的设置

右击桌面的"网络"图标,弹出快捷菜单,选择"属性"命令,打开"网络和共享中心"界面,如图 5-21 所示。

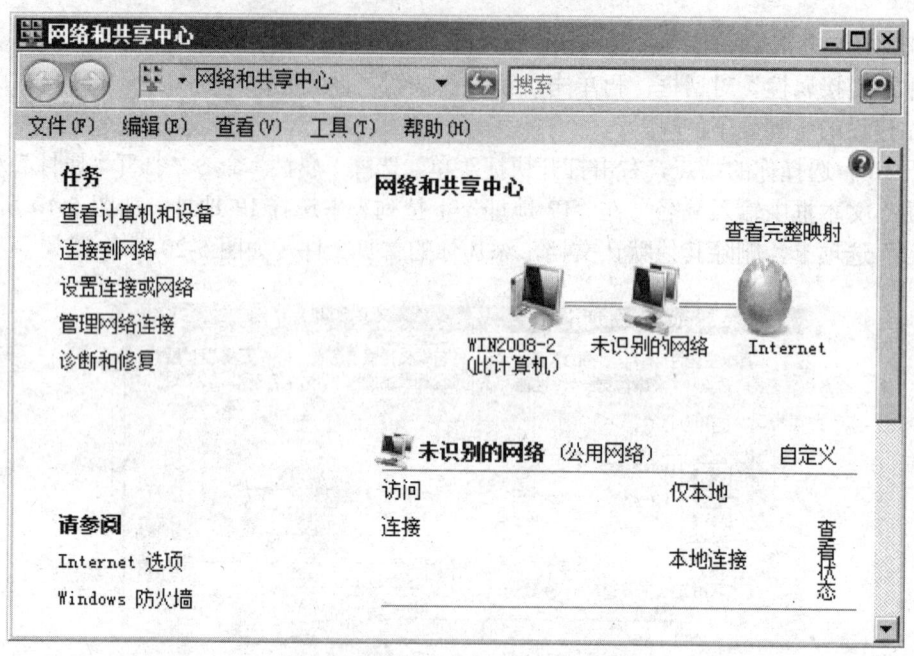

图 5-21 "网络和共享中心"界面

单击"管理网络连接"超链接,打开"网络连接"界面,如图 5-22 所示。

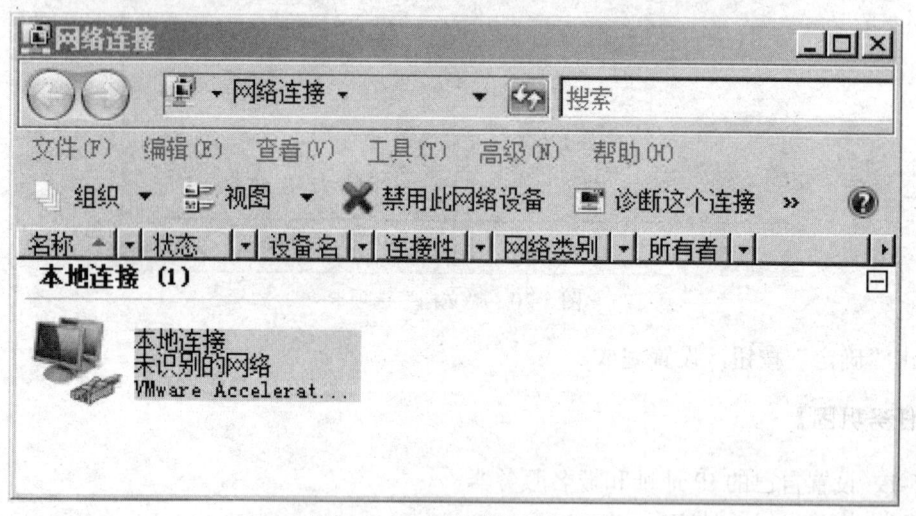

图 5-22 "网络连接"界面

右击"本地连接"图标,弹出快捷菜单,选择"属性"命令,打开"本地连接 属性"对话框,选中"Internet 协议版本 4 (TCP/IPv4)"复选框,如图 5-23 所示。

单击"属性"按钮,接下来就和 Windows 2000 的设置一样,参考图 5-17～图 5-19 即可完成。

2. IIS 的设置

打开 IIS,如图 5-24 所示。

选中你的站点,单击"绑定"超链接,打开"网站绑定"对话框,如图 5-25 所示。

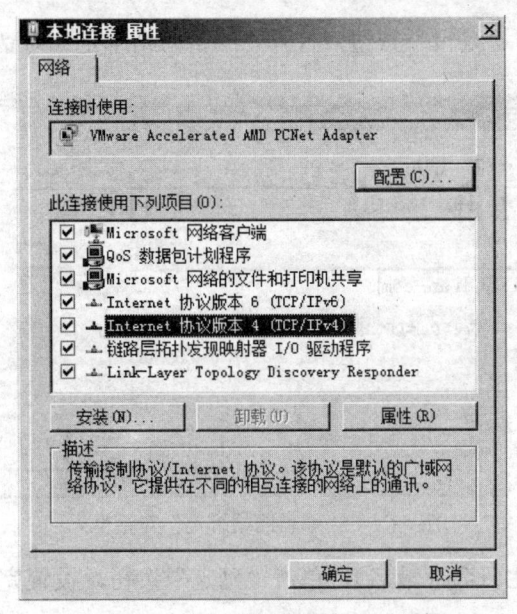

图 5-23 "本地连接 属性"对话框

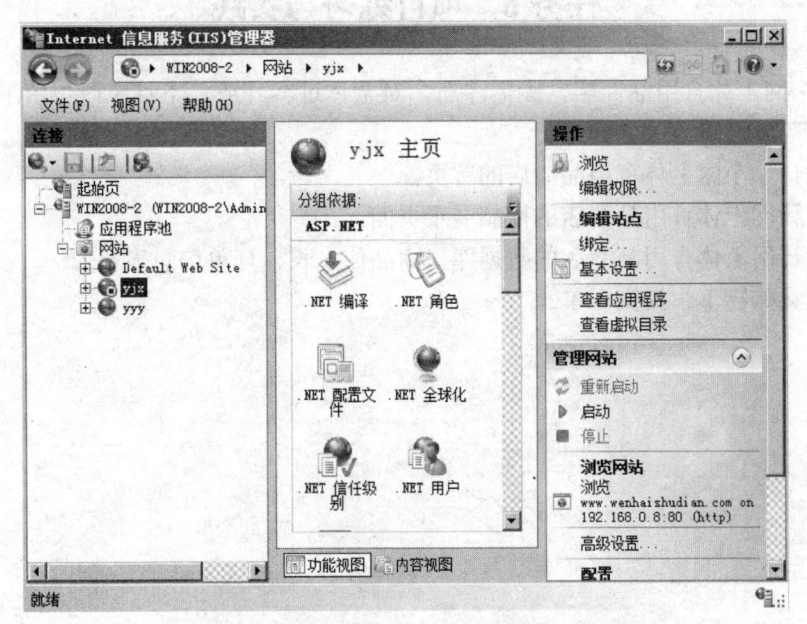

图 5-24 "Internet 信息服务(IIS)管理器"对话框

图 5-25 "网站绑定"对话框

选中你的站点，单击"编辑"按钮，打开"编辑网站绑定"对话框，如图 5-26 所示。

图 5-26 "编辑网站绑定"对话框

选择 IP 地址，输入主机名（域名），单击"确定"按钮，设置完毕。

任务6　项目练习与实践

设计一个网上体育用品商店，无需注册，对全体过客开放，下订单时再留下客户信息。具体要求如下：

（1）设计一个网上体育用品商店的首页。
（2）设计网上体育用品商店的商品展示页面。
（3）设计网上体育用品商店的数据库（商品信息表、订单信息表等）。
（4）设计购物车、提交订单。

项目六　Web 信息基本原理

【项目要求】

本项目主要介绍 Web 信息的基本概念和组织形式，及其在互联网中对应的检索技术。通过本项目的学习，使学生掌握 Web 信息的基本原理，了解信息架构的重要性并对信息的搜索技术有一个基本的概念，为后续项目的学习打好基础。

【教学目标】

1. 知识目标
★ 了解 Web 信息的概念特点和信息组织形式。
★ 掌握现在 Web 信息常用的检索技术并对相应技术的特点有所了解。
★ 了解 Web 信息架构的重要性。
2. 能力目标
★ 能宽泛地了解信息的需求和现在存在的信息的特征。
★ 能了解信息架构的重要性并对搜索技术的应用产生兴趣。
3. 素质目标
★ 培养学生对于问题的来龙去脉的整理能力。
★ 培养学生深入问题症结，寻找解决方案的能力。
★ Windows 2008 系统的网页发布。

【教学方法参考】

讲授法、案例驱动法

【教学手段】

多媒体课件、案例、实训

【设备、工具和材料】

计算机、Internet

任务 1　Web 信息与组织结构

【任务目标】

1. 了解 Web 信息的基本概念和特点。
2. 掌握信息组织架构的必要性和具体的实施。
3. 为后续搜索技术的学习提供必要的知识储备。

【任务实现】

一、信息的定义

信息处于数据和知识之间，对于信息而言，某个问题通常没有一个确定的惟一答案，它是经过加工的数据，往往也会随着数据量的不断补充，随着人类认识社会的不断深入，信息又会有所变化和发展，它是关于客观世界的，可以沟通，不断补充的知识。信息对于接受者有用，对于行为具有潜在的价值。

二、信息与数据、知识的关系

（1）数据。数据是对客观事物的性质、状态以及相互关系等进行记载的符号或者是符号的组合，它是可以识别的、抽象的。

数据就是事实和数字，例如关系型数据库就是高度结构化的，对于特定的问题给出特定的答案。

数据有特定的类型和表现形式，例如数值数据、图形数据、声音数据、视频数据和类似高矮、胖瘦、美丑等的模糊数据等。

（2）知识。按照世界经合组织在 1996 年给知识的定义，将知识分为 4 大类：

- 知道是什么的知识（know-what），主要是叙述事实方面的知识。
- 知道为什么的知识（know-why），主要是自然原理和客观规律方面的知识。
- 知道怎么做的知识（know-how），主要是针对某些事物的技能和能力。
- 知道是谁的知识（know-who），主要是涉及到谁知道和谁知道怎么做的知识。

前两个知识是显性的，可以通过阅读材料、参加会议、搜索数据等方式获得，也就是可以信息化的。

（3）信息与数据、知识的关系。先举一个例子：

数据：沪宁线上每列火车的停靠站名、发车时间，这些是事实，是客观存在的。

信息：综合所有火车的时刻数据，形成列车时刻表，这些是经过有目的的处理后，有意义的数据。

知识：从常州到上海坐火车可以如何选择，这是经过人脑、心智和经验的判断，形成的可供决策的信息。

由上述例子可以看出，信息是介于数据和知识之间的模糊地带，尤其互联网技术的应用，使得传统意义上信息的载体发生了巨大的变化，信息的爆炸式增长对于人们获取知识带来了更大的冲击。

三、Web 对信息的影响

（1）Web 技术。随着互联网络的深入应用，人们应用网络的个性化和社会化的需求进一步增强，通过对互联网上的服务应用、基础设施以及技术的整合，逐渐形成了 Web 技术，现在 Web 2.0 也应运而生。

（2）Web 对信息的影响。Web 不仅仅是技术方案的整合，更是一套理念体系，实践着人们对于信息的诉求。通过互联网，不同地域，甚至是不同年代的人都可以通过网络交换信息，碰撞思想，从而改变认识客观世界的态度。艺术、商业、摄影、文化习惯、思维方式等人类社会的各个方面都可以通过 Web 实现低成本的共享。

因此，Web 信息从某种程度而言，承载了信息的各个特征，也给信息的传递提供了更为广阔的空间和平台。

四、Web 信息的概念和特点

凡是借助 Web 传播和共享的信息我们都称之为 Web 信息。Web 是传递信息、共享信息的媒体，正因为如此，信息所具有的特征，也就是 Web 信息所具有的。

尽管从不同角度出发可以获取 Web 信息的不同定义，但是它们都有一些相同的特质：

- 普遍性。只要有数据客观存在的地方，就会有信息，在自然界和人类社会广泛存在。
- 客观性。信息是经由数据加工而来的，因而秉持了数据客观的特点，如果人为地篡改信息，那就失去了信息存在的意义。
- 动态性。事物是不断变化的，信息也必然随之产生变化，内容、形式、容量等都会发生改变。
- 时效性。由于其具有动态的特征，因此一个固定的信息价值会随着时间的推移而逐渐消失，失去其价值。
- 可识别性。这是人们利用信息的前提。
- 可传递性。通过 Web 技术，可以广泛地传递信息。
- 可共享性。通过 Web，使得原本需要高昂成本才能分享的信息变得轻松易得。

五、信息的组织

1. 信息组织的重要性

寻找信息的代价：如果让我们在互联网上寻找一个信息，可能需要很长的时间，在这期间所耗费的代价有多少？例如我们进入某个购书网站，需要寻找一本书，却苦于网站没有很好的信息组织，不能提供良好的搜索信息，带来的损失有多大？

找不到信息的代价：有多少顾客在购物的时候由于找不到所需的产品而另投别家？

建造、维护、培训的成本：设计和维护一个网站的成本有多大？后续不能提供更好的搜索服务而重做的成本有多大？我们是否知道把新的内容放到哪里？是否知道何时把旧的内容删除？我们是否知道由于复杂信息组织而带来的培训成本有多少？如果合理组织信息，能省下多少成本？

诸如上述的问题还有不少，信息组织，就是找出你应该做的事情，并把信息尽可能直观、清楚地表达出来。

2. 信息组织的核心：用户

信息组织不仅仅局限于搜索引擎技术、分类技术等，它的核心是用户体验，所有的信息整合、重组，都是为了给用户提供更好的服务。而每个具体的信息对于用户而言都对应着一种特定的搜索行为。例如，某个学校内部站点提供了学籍管理系统，那么学生登录后，查询自己的考试成绩就有可能成为经常的行为，那么，有针对性的信息组织就应该能提供以学号或姓名为关键字的搜索。

3. 信息组织的依据：信息需求

正因为信息需要围绕用户来组织，因此正确分析用户的需求就变得十分重要了。用户来网站搜索的时候，他们真正想要的是什么，可能是一个"正确答案"，这个正是数据库搜索技术的需求，例如搜索"中国的面积有多大？"，对于绝大多数用户而言，数据库搜索是最熟悉的一种。

但是，网站存储的不仅仅是高度结构化的数据，例如用户想搜索一些投资建议，或者穿衣打扮的建议时，用户想要的也许就不是一个惟一的确定的"标准答案"，更多的是一些理念或者概念，由此帮助用户做出最终的决策。而这个答案，往往不像某个国家面积、某个城市人口那样正确和标准。

再来看一个钓鱼的例子，我们去钓鱼，往往会有几种可能：

- 明确地知道想钓到哪些鱼。这种情况下，用户确实在寻找正确答案，例如某个数学题目的解答。
- 并不确定是否能钓到鱼，甚至想过随便钓到什么都行，虾也行。这种情况下，用户可能会寻找例如一些晚餐的餐馆清单，其实用户也不确定这些餐馆是否已经客满。
- 乱撒网。如果你想钓到每条鱼，你会张开大网，把任何可以钓到的都拖上来。这种情况下，用户可能就是闲逛，或者写论文时的资料研究。
- 做标记。哪个地方有鱼情，下次再来时就很清楚了。类似这种情况，用户在网络上发现一条有用的信息，但是当时没时间查看，做好标记，下次再来。

上述的情形，分别对应几种不同的信息需求模式：已知条目、探索式、无遗漏式和标记式搜索。用户会因为目的不同，信息需求不同，导致的检索行为也会不同。

4. 信息组织的架构

（1）组织系统：以各种方式为我们展示信息或者给特定的用户群的内容分类。看如图6-1所示的网站。

图6-1 STANFORD首页

其中的 GATEWAYS FOR 就是提供给不同的访问人群，如图 6-2 所示。

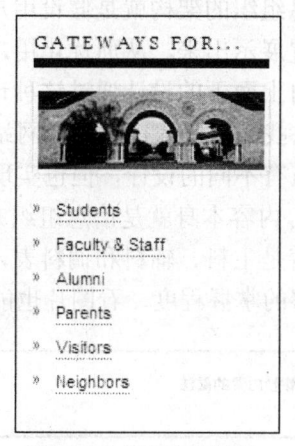

图 6-2　首页上的链接

（2）导航系统：提供给用户在不同内容之间切换，诸如网站上的"A-Z Index"以及"Show Expanded Menus"，如图 6-3 和图 6-4 所示。

图 6-3　导航显示

图 6-4　导航详细显示

（3）搜索系统：可以让用户搜索内容。此处不仅提供网页内容搜索，还提供人名为关键字的搜索，如图 6-5 所示。

图 6-5　搜索系统

（4）标签系统：使用对用户而言有意义的词语来描述分类目录、选项和链接。

通过这个例子可以看到，信息组织的架构就是假设用户访问这个页面后的需求，努力把这些信息提炼并且在最显著的位置展示出来，从而优化用户的访问体验，使用户更好地获取有用的信息，这种架构方式称为自上而下的设计通过这种设计可以帮助用户了解我怎么浏览这个网站，我知道我要什么，怎么找到这些我需要的，网站上有什么等问题。

再来看一个网站，这个网站虽有不同的设计，但也实现了信息组织的目的。

图6-6和图6-7所展示的网站，内容本身就是信息组织方式。食谱本身就有很清晰的结构，顶端有标题，告知菜的名称，接着是主料、辅料和调料表，而且在做法过程中配以图片，这样，即便用户不清楚具体操作步骤的掌握程度，看图片也能一目了然。

图6-6 大虾炒白菜页面

同时，这些信息都是以逻辑性的顺序排列，毕竟在用户操作之前，不清楚食材放入的先后顺序，而成块信息的定义及排放位置，有助于用户辨认出这个页面所介绍的内容是食谱，接下来用户也就很自然地清楚浏览该页面或其他相关页面的方法了。

通过对这个网站设计的分析，通过支持搜索和浏览，来自网站本身的信息内容会使用户的答案浮出水面，这就是自下而上的信息架构。内容形式，排列系统和标签，有助于用户了解这是哪里，这里有什么，从这儿可以去哪里等问题。

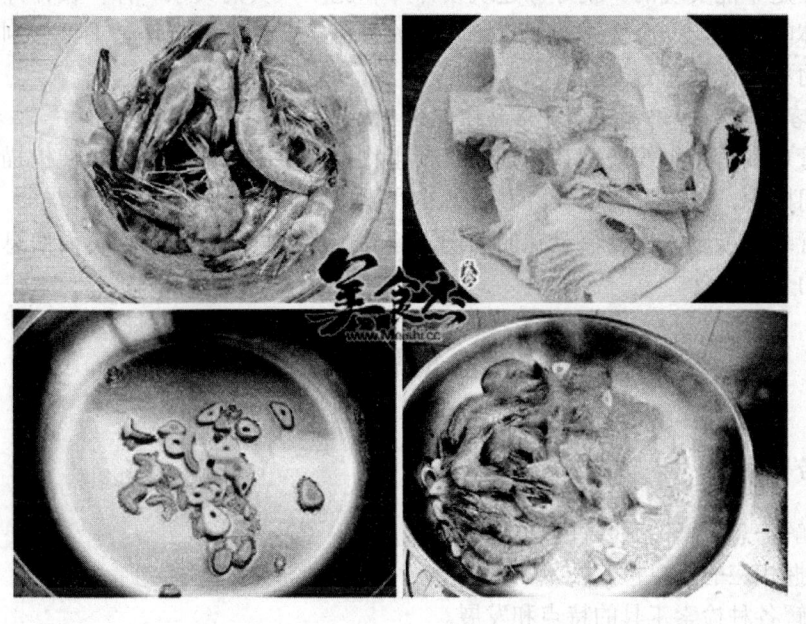

图 6-7 大虾炒白菜详细做法页面

这种自下而上的架构很重要,因为这有助于用户深入体验某个网站,从而自发地获取其想要的信息。

【任务巩固】

6-1-1 信息、数据和知识三者之间的关系如何理解?
6-1-2 选择几个你经常浏览的网站,看看它们的信息组织架构如何,试着分析一下。

【任务拓展】

通过上述对信息组织架构的介绍,我们可以了解哪些属于信息架构的范畴,但定义这种组织架构的最有效的方式之一就是给出它的界限。告诉我们哪些是我的财产,哪些是你的财产。

1. 图形设计不属于信息组织架构

例如各种网站都会有导航条,导航条有标签和链接,可以把用户带到网站内的其他页面访问。这些标签是和网站的结构及类别有关的,显然,分类方式及标签的选择是属于信息组织架构的领域。

但对于导航条的外观和操作方式的选择，如颜色、图像、字体，以及尺寸的选择，这些就是图形设计、交互设计的范围了。

2. 软件开发不属于信息组织架构

其实这两个领域彼此之间的依赖性相当强，信息组织架构好之后，需要软件开发人员把他们的想法具体地实现出来，开发人员则告诉我们或者帮助我们区别哪些组织架构是可以实现的，哪些是不能实现的。就好像建筑设计师和施工人员的关系一样，设计师的想法需要施工人员具体的实现，一个优秀的建筑，两者的有机结合、紧密合作是不可分割的。但他们却是很明显的不同工种和分类。

3. 内容管理和知识管理不是信息组织架构

内容管理和信息组织架构其实是同一个事物的两个方面。信息组织架构描绘了一个信息系统的空间概念，内容管理则丰富了信息的具体形式。

知识管理是鼓励大家分享已知的知识，建立一个协同合作的环境，而信息组织架构则侧重于知识的有效存储。

任务2 信息的检索技术

【任务目标】

1. 了解信息检索的必要性、概念和基本原理。
2. 掌握相应的信息检索技术。
3. 了解各种检索工具的特点和发展。
4. 掌握信息检索技术的基本步骤。

【任务实现】

一、信息检索的必要性

先来看几个例子：

（1）美国普林斯顿大学物理系一个年轻大学生名叫约翰·菲利普，在图书馆里借阅有关公开资料，仅用四个月时间，就画出一张制造原子弹的设计图。而他设计的原子弹，体积小（棒球大小）、重量轻（7.5 公斤）、威力大（相当于广岛原子弹 3/4 的威力）、造价低（当时仅需两千美元），致使一些国家（法国、巴基斯坦等）纷纷致函美国大使馆，争相购买他的设计拷贝。

（2）20 世纪 70 年代，美国核专家泰勒收到一份题为《制造核弹的方法》的报告，他被报告精湛的技术设计所吸引，惊叹地说："至今我看到的报告中，它是最详细、最全面的一份。"但使他更为惊异的是，这份报告竟出于哈佛大学经济专业的青年学生之手，而这个四百多页的技术报告的全部信息来源又都是从图书馆那些极为平常的、完全公开的图书资料中所获得的。

（3）美国在实施"阿波罗登月计划"中，对阿波罗飞船的燃料箱进行压力实验时，发现甲醇会引起钛应力腐蚀，为此付出了数百万美元来研究解决这一问题，事后查明，早在十多年前，就有人研究出来了，方法非常简单，只需在甲醇中加入2%的水即可，检索这篇文献的时间是10多分钟。

在科研开发领域里，重复劳动在世界各国都不同程度地存在。据统计，美国每年由于重复研究所造成的损失，约占全年研究经费的38%，达20亿美元之巨。日本有关化学化工方面的研究课题与国外重复的，大学占40%、民间占47%、国家研究机构占40%，平均重复率在40%以上。

由此可见，信息检索是获取知识的重要途径，是科学研究的有益补充，是可持续研究的重要基础。

例如，我们现在要检索原子弹的裂变过程，可以通过开放的维基百科，很容易地检索到以下信息，如图6-8和图6-9所示。

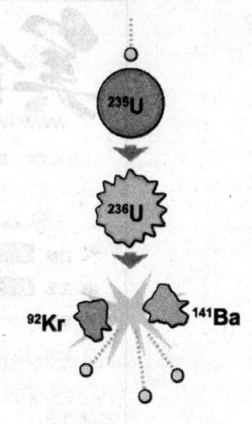

图6-8 原子弹的裂变

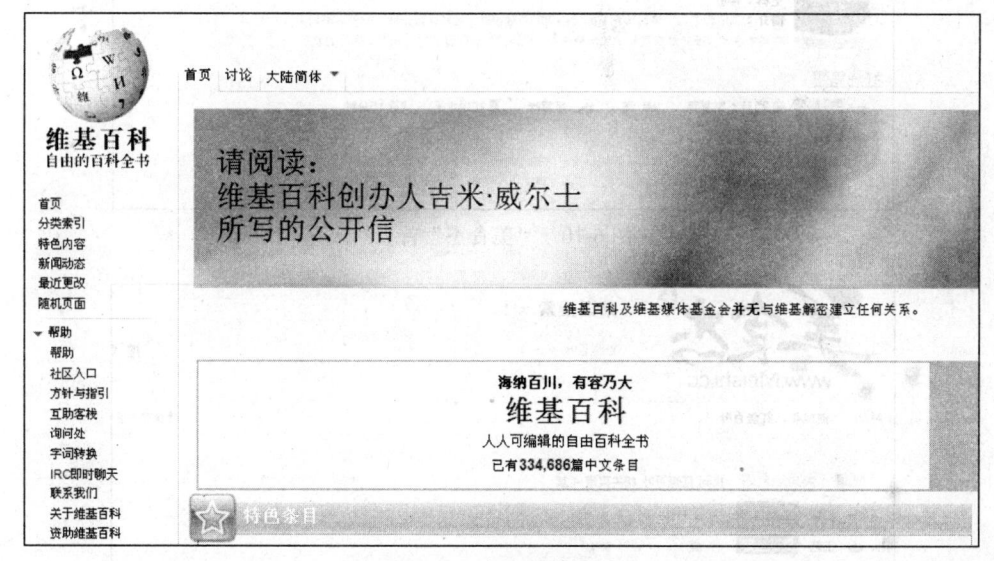

图6-9 维基百科首页

二、信息检索的概念

我们将从非结构化的文档集中找出与用户有关的信息称之为信息检索。信息检索与数据库不同，数据库都是高度结构化的，而信息检索处理的对象一般都是非结构化的文本、网页信息和多媒体等。目前，信息检索最重要的处理对象是互联网。因此建立在Web基础上的信息检索称为Web信息检索。

三、信息检索的原理

信息检索的实质就是一个比对的过程，将用户所提供的需要检索的信息或局部与信息组织的标识进行比对，从中找出相同或相近的信息。

例如，我们需要在美食杰网站上查找"红烧鸡翅"时，根据信息比对，搜索结果如图6-10所示，而当我们需要检索"红烧百叶"的做法时，由于检索标识中没有完全匹配的信息，因此搜索结果显示相近的信息，如图6-11所示。

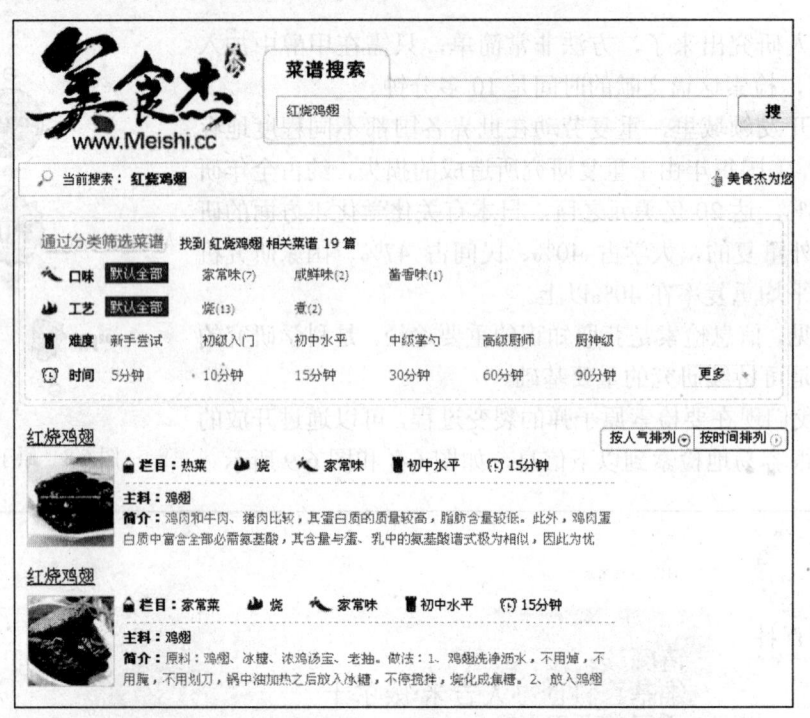

图 6-10 "美食杰"首页

图 6-11 "红烧百叶"的搜索结果页面

四、Web 信息检索技术

由于 Web 信息的特点，使得传统的信息检索技术不能满足爆炸式增长的 Web 信息和用户不同的需求。

1. 传统检索技术（搜索引擎）的缺陷

（1）差异化程度低。不同领域，不同背景的用户往往具有不同的检索目的和要求，而通用的检索工具返回的必然带有大量用户不关心的信息。

（2）数据的覆盖率低。传统的检索技术和日益增长的 Web 信息量之间必将产生矛盾。

（3）特征数据的发现率低：对于现在 Web 信息中出现的大量含有声音、视频的文件信息，传统的检索技术往往很难发现。

（4）不支持语义查询。传统的检索技术往往基于关键字，而不能很好地支持用户基于语义的检索。

2. Web 信息检索的目标

Web 信息检索的主要目的是发现 Web 信息资源，根据其检索目标，尽可能多地发现新的内容，并将内容和搜索到的信息建立索引放入到数据库中。

Web 信息检索同样可以利用到数据挖掘的技术，从 Web 资源中找出用户感兴趣的、潜在的有用信息。

五、常见的 Web 信息检索技术

1. 网络爬虫

网络爬虫又称为网络蜘蛛或网络机器人，主要用于定向抓取用户的聚焦，它根据既定的抓取目标，有选择地访问 Web 上的各种网页资源，获取所需要的信息，是搜索引擎的重要组成部分。

通常，一个网络爬虫由以下几部分组成。

- 下载模块，用于抓取网页，是整个系统的关键部分，直接影响了爬虫的爬行效果。
- 网页分析模块，主要是内容分析和链接抽取，网页中有很多不同的编码格式，这些格式来自不同的文本，这些不同的信息会影响到后续的抽取和分类模块，而网页分析模块正是解决这个问题。
- URL 去重模块，在分析过程中，不可避免地会碰到相同的链接，URL 的去重是网络爬虫性能衡量的一个重要指标。
- URL 分配模块，抓取的效率主要依赖于硬件资源、网络的带宽以及程序的执行效率等，普通的单机系统受限于 CPU 的处理能力，不能很好地完成检索任务，因此需要联机协同工作。

为了提高网络爬虫的性能，通常可以有以下几个努力方向：

- 可伸缩性。
- 提高下载质量。
- 避免下载垃圾。
- 网页更新。

2. 自然语言处理技术

自然语言处理技术包含中文分词技术、中文多文档自动文摘技术、英文拼写检查技术、单文档自动文摘技术、同义词自动分类技术等。我们以中文多文档自动文摘技术为例，介绍自然语言处理技术的概貌。

（1）概况介绍。互联网的发展提供了越来越丰富的信息，但这种信息海洋也使得用户会产生一种资讯焦虑，人们在获得有效信息的同时，被越来越多的冗余信息所困扰。因此迫切需要一个帮助人们快速浏览的工具，该工具通过对相似文档集合的加工整理，将这些文档的重要的、全面的信息直接提供给用户。多文档文摘系统（MDS）可以从文本集中挖掘提炼出一个简洁、浓缩的文摘，从而提高人们获取信息的效率。

（2）体系结构。MDS 系统是以文本内容为出发点，以句子的语义相似度为基础，首先形成多文档集合的子主题，并在子主题排序和最优目标函数的指导下，在各个子主题中选取句子生成文摘。在有限的字数下，MDS 可以使文摘中的句子最好地表达原始文档的信息，既能使信息覆盖率最大，又能尽可能提高主题的反映度。MDS 系统描述的多文档文摘系统框图如图 6-12 所示。

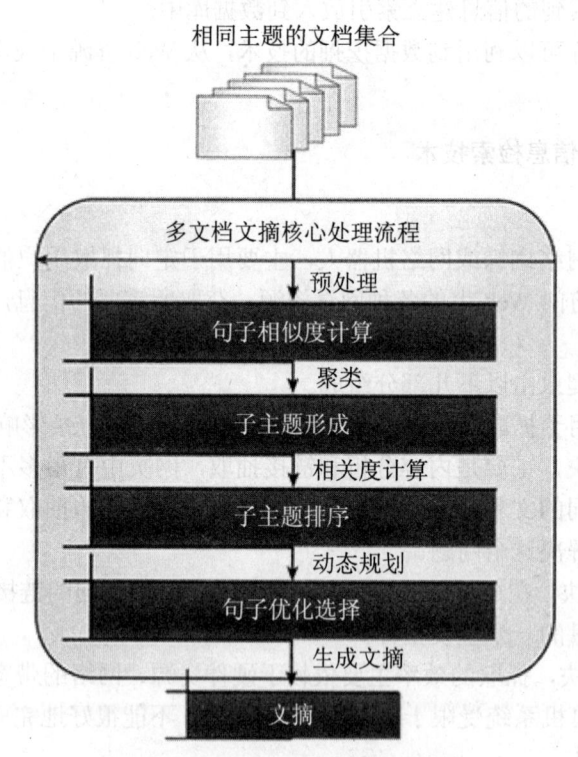

图 6-12 MDS 系统的体系结构图

（3）系统特点。MDS 系统通过对多文档集合的分析，打破由同一主题独立文本组成多文档集合的物理结构，通过将意义相同的句子组合在一起，建立多文档集合的子主题结构，在此基础上进行文摘句的抽取和排序工作。

与同类的系统相比，MDS 具有以下优点：
- 多文档集合以子主题的形式表示，使文摘内容具有更好的平衡性。

- 对子主题进行比较和排序，按压缩比进行文摘句的优化抽取，将重要信息抽取出来，使得到的多文档文摘包含的信息简洁全面。
- 多文档集合子主题形式的提出为多文档文摘的深入研究奠定了础。

图 6-13 给出了一个基于自然语言处理技术的搜索网站，该网站采用的系统，区别于传统搜索引擎站点的最大之处在于它支持用自然语言进行提问，检索系统会自动分析用户的提问，然后通过反问，即人机交互的方式，准确地辨识用户的意图，这样，用户就能充分地表达他的检索需求。

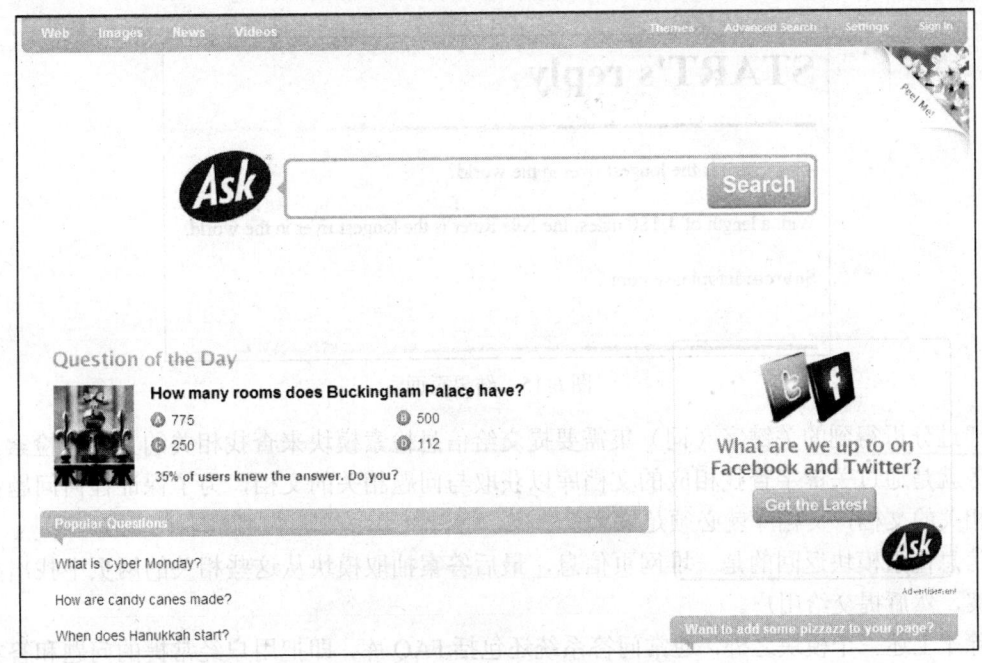

图 6-13 基于自然语言的搜索网站

3．自动问答

与传统的搜索技术不同，也区别于自然语言处理技术，自动问答不仅支持用户用自然语言提问，而且返回的并非相关网页，而是直接返回用户所需要的答案。可以说，问答系统是新一代的搜索引擎，对于该系统，用户不需要把问题分解成若干个关键字，而是直接完整地提出问题，问答系统结合自然语言处理技术，通过对问题理解，能够直接提交给用户想要的答案。例如用户提交一个问题"常州的区号是多少？"，系统会自动回答"常州的区号是0519"，可以看出，自动问答系统比传统的搜索引擎更高效、更便捷、更准确。

看一个例子，如图 6-14 所示，这是 MIT 开发的一个名为 Start 的自动问答系统。我们可以输入问题"what is the longest river in the world?"

系统会自动回答，并返回结果，如图 6-15 所示。

问答系统一般包括三个组成部分：问题分析、信息检索和答案抽取。

对于用户提交的问题，首先要进行问题分析，要理解用户想要得到的是什么？比如，"中国在哪里？"，系统的问题分析模块通过分析，就可以知道用户想了解的是中国的地理位置信息。问题的分析一般包括问题的分类、关键字提取和关键字扩展。如果是中文，还需要进行分词处理。

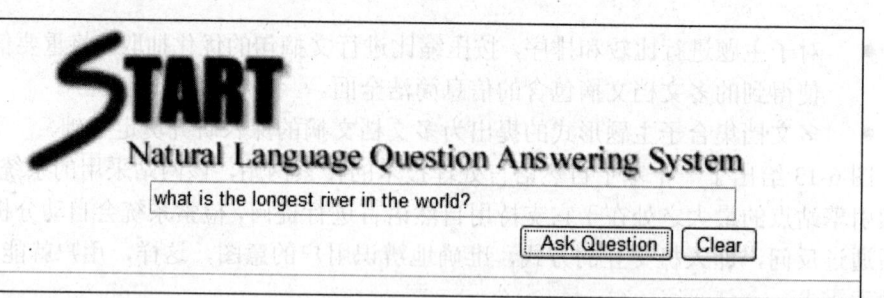

图 6-14　自动问答系统

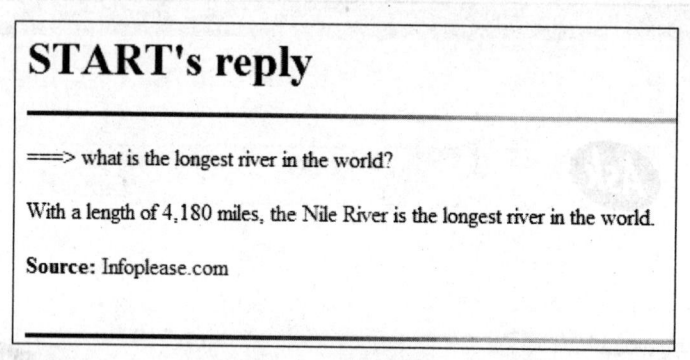

图 6-15　结果页面

通过分析得到的关键字（词）集需要提交给信息检索模块来查找相关的文档。检索系统的任务就是通过关键字查找相应的文档库以获取与问题相关的文档，为了保证任何问题都能找到相关的文档，文档库就必须足够大。

信息检索模块返回的是一堆网页信息，最后答案抽取模块从这些相关的网页中找出相关的答案，然后提交给用户。

除了上述三个模块之外，通常问答系统还包括 FAQ 库，即把用户经常提的问题和答案保存起来，组成一个 FAQ 库，今后用户再来提问时，首先显示 FAQ 库，这样对于用户经常提的问题，就能很快提供答案而不需要经过详细的检索，这样既能提高问答系统的效率，又能提高准确性。我们可以再次测试这个 Start 系统，如图 6-16 所示。

图 6-16　"where is beijing？"的搜索提问页面

搜索结果图 6-17 所示。

但该系统目前还不支持中文信息检索，例如在图 6-18 中输入"北京在哪里？"，得到的结果如图 6-19 所示。

```
STARTʼs reply

===> where is beijing?

Beijing, China's latitude and longitude are 39.93 N, 116.4 E.

Beijing is located in China.

Source: START KB

Beijing, China is located at 187 feet above sea level.

Source: Global Gazetteer
```

图 6-17　搜索结果页面

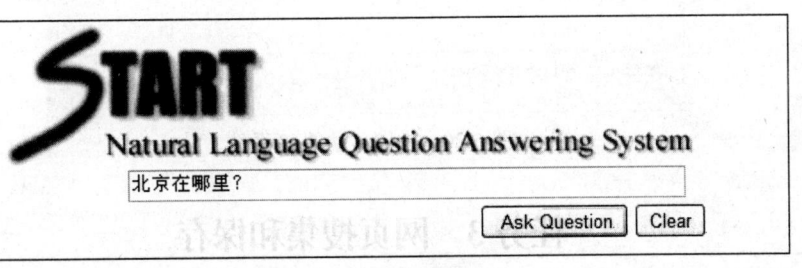

```
START
Natural Language Question Answering System
[北京在哪里？]
                              [Ask Question] [Clear]
```

图 6-18　中文搜索测试

```
STARTʼs reply

===> 北京在哪里？

I did not understand the word "北京在哪里？". Please try using a different word.
```

图 6-19　搜索结果页面

【任务巩固】

6-2-1　尝试通过关键字"反式脂肪"、"瘦肉精"、"核辐射"等关键词来搜索相关内容并加以整理。

6-2-2　找一找除了 MIT 开发的 Start 自动问答系统之外，是否还有其他类似的系统？

【任务拓展】

自动问答系统是现在网站中比较常用的一种系统，不仅可以用于信息的自动分类检索，而且可以提供人机交互式的自助查询，例如中国移动的 i8 系统，正是基于自动应答，帮助客户找到相关问题或者咨询，可以自己尝试使用一下，如图 6-20 所示。

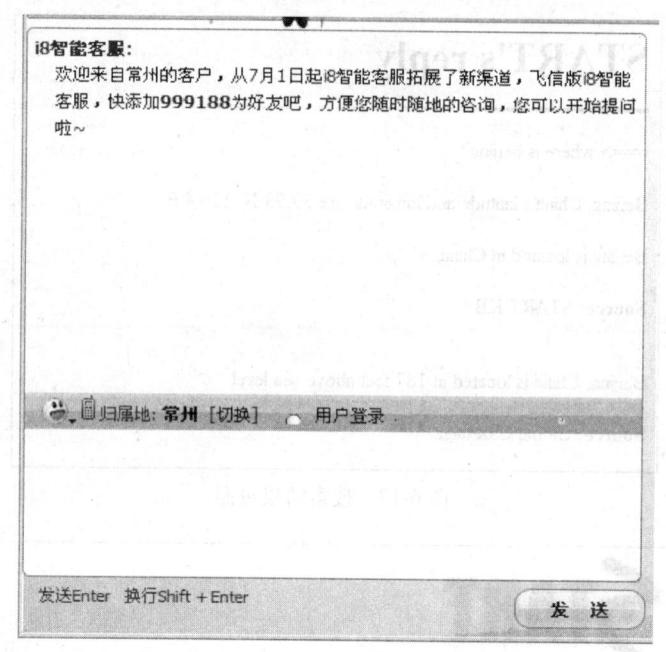

图 6-20 中国移动的 i8 系统

任务 3 网页搜集和保存

【任务目标】

1. 了解网页搜集的成因及重要性。
2. 了解网页保存的相关技术,为后续任务的学习打下基础。

【任务实现】

1. 网页变化

互联网上的信息很大一部分都是以网页的形式存在的,互联网上每天都产生大量的页面,同时也有大量旧的网页消失,有研究表明,平均每 50 天就有一半的网页发生变化,而网页的平均寿命周期大概是 117 天,Web 从诞生到现在已经 20 多年了,这期间有无以计数的网页产生并消失了,而其中很多的网页消失了就再也无法重现了。

与传统媒介相比,网页保存的信息更容易被人遗忘,因此如果没有专门的机制来保存这些网页,那么这些网页包括其所含有的那些信息资源,就有可能在可预期的很短时间内消失。

2. 网页搜集的重要性

Web 保存的重要性是毋庸置疑的。首先,Web 包含了各种信息资源,而它本身就是数字化了的资源,可以利用检索技术更好地分享这些资源;其次,Web 记录了人类的发展历史和变化,我们能找到一百年前的报纸,却很难再现十几年前某个网站的页面信息,因此搜集并保存这些网页不仅有利于一笔财富的保存,更是为信息检索技术提供了更多、更丰富的资源信息。

3. 网页保存的步骤

网页的保存大致分为三个部分：

（1）网页的搜集，可以依靠网络爬虫等工具被动地搜集网络上网页的相关信息，也可以通过博物馆等开放的形式，主动接收网站拥有者或运营者提交的信息。

（2）网页的存储与组织，这需要建设一个大规模的历史网页存放系统，将这些搜集来的网页有条理地存放起来，以便后续的调用。

（3）网页的挖掘与检索，以便后期网页的再次访问。

如这两个例子，首先看一个国外的网站（http://www.archive.org/），如图 6-21 所示，再看一个国内的网站（http://www.infomall.cn/），如图 6-22 所示。

图 6-21　Archive 首页

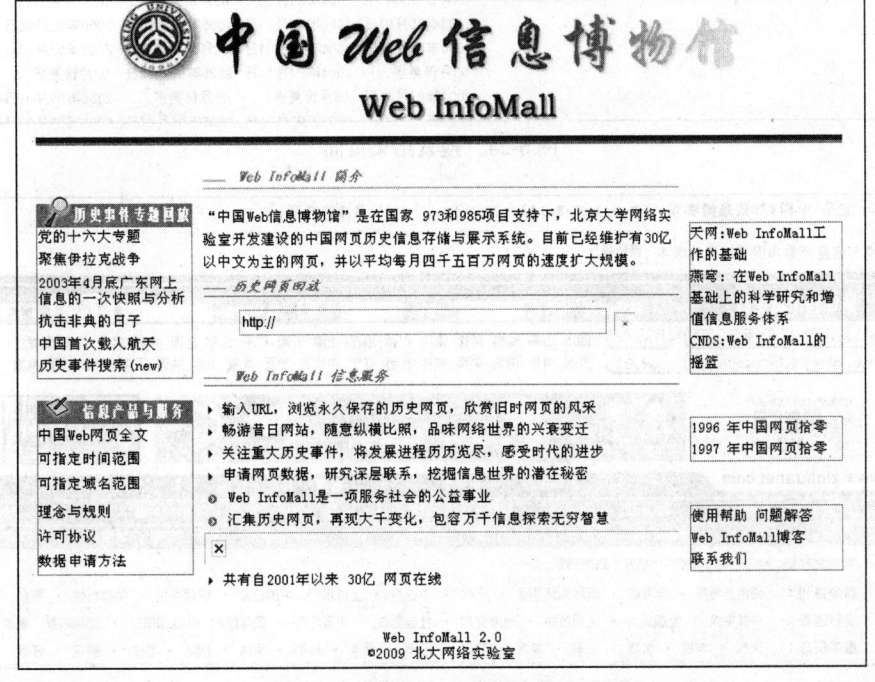

图 6-22　中国 Web 信息博物馆首页

在历史网页回放中，我们可以测试输入一个网址，例如想看新华网 2005 年 1 月 2 日的页面信息，可以先输入 http://www.xinhua.org，如图 6-23 所示，单击 GO 按钮后，出现如图 6-24 所示的结果，然后我们按需要选择 2005 年 1 月 2 日的数据，就可以看到如图 6-25 所示的 2005 年 1 月 2 日的新华网首页。

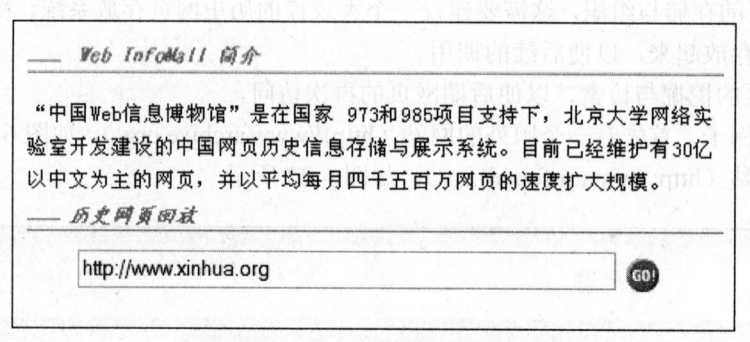

图 6-23　搜索新华网的历史页面

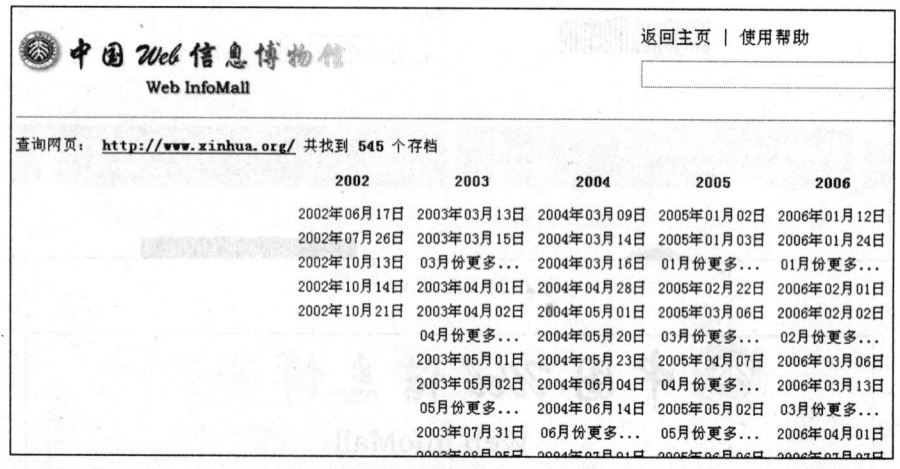

图 6-24　搜索结果页面

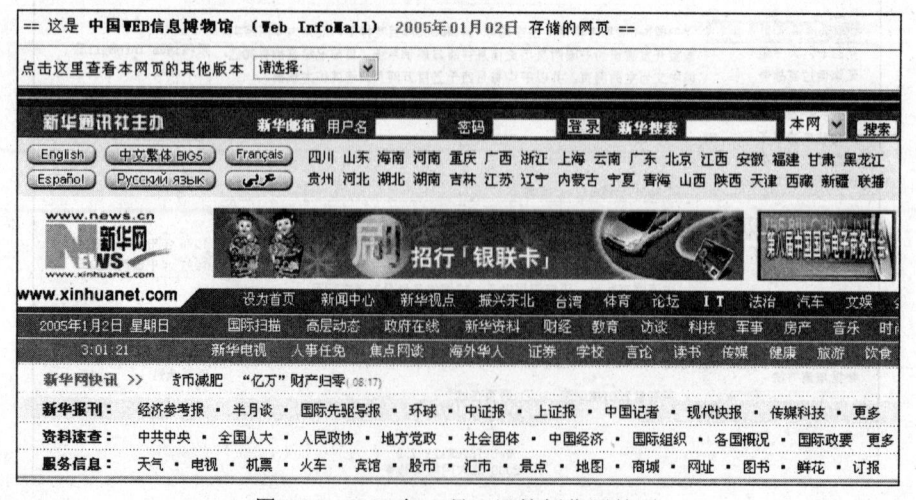

图 6-25　2005 年 1 月 2 日的新华网首页

【任务巩固】

登录上述的中国 Web 信息博物馆首页，查询你生日当天，人民日报的首页标题新闻是什么。

【任务拓展】

现在的网速和上网价格决定了绝大多数情况下，我们可以通过在线浏览的方式浏览网页或者下载软件等资源，但有些情况，比如我们需要深入分析某个网站具体的组织架构，或者需要知道某个网站的所有相关链接，这时就需要一款可以离线全站浏览的工具，这里介绍一款 Teleport Pro。

1. 下载

这款软件的官方地址是：http://www.tenmax.com/teleport/pro/home.htm

2. 特征

（1）支持所有的 Windows 32 系统，包括流行的 Windows XP、Windows 2008 和 Windows 7。
（2）支持 Cookie，可以让传输更为有效。
（3）JavaScript 的解析更好，可以提供更为复杂的网站探测能力。
（4）同时检索十个线程，以最快的速度获取数据。
（5）支持 HTML 4.0。
（6）可以通过 Java 小程序检索到 Java 类。

任务 4　Web 搜集过程中的注意事项

【任务目标】

基于 Web 信息的搜集和传统意义上的数据库搜集等都有所区别，通过本任务的学习，使学生可以了解 Web 信息搜集过程中的几个常见问题，在理论上能对搜索引擎的工作要素有一个大致的了解，为以后继续课程的学习打好基础。

【任务实现】

1. 多道搜集程序并行

前面提到，随着互联网技术的快速发展和普及，Web 网站提供了日益丰富的信息，我们要从海量信息中找到需要的信息变得越来越困难。Web 搜索引擎的出现，使得用户可以借助搜索引擎方便地寻找到所需的信息。

而传统意义上的搜索引擎，一个搜索端程序就相当于一个客户端，在 HTTP 1.0 规范中是无法实现一次会话从同一服务器传输更多的 HTML 页面的，该 TCP 连接会被终止，因此每个新的请求都会需要另外重新建立一个连接，从而造成了服务器端的负担。正因为搜索引擎处理的是成千上万的 Web 服务器通过网页之间的链接构成的海量信息，各个主机之间的联系或多或少，但都可以说是相互独立的。对于运行于一个单一系统的搜索引擎，很难完成这个巨大的分布式信息系统，也跟不上 Web 信息的飞速增长。

搜索引擎更多地依赖于磁盘容量和 I/O 处理操作。并行的分布式技术可以实现借助于不断提高的网络速度、不断完善的交换技术，在 10M 以太网环境下，文件的传输速度达到 1MB/s；在 100M 以太网环境下达到 10MB/s。一个以太网帧的最大长度是 1.4KB，在 10M 以太网环境下传输时间是 1.2 毫秒；如果在千兆网络环境下，时间就是 12 微秒，这个延迟对于绝大多数网络来说都是可以接受或者可以忽略的。因此对于一个千兆网络而言，可能产生的延时恰恰在于系统主机本身，而并不在于网络。

例如 WebGather 1.0 版采用集中式搜集网页的处理方式，索引网页 100 万量级。全部网页更新周期为 10 天，即每天大概要搜索 10 万个网页，而 Google 在 2002 年的索引量就达到了 20 亿，如果以 WebGather 系统的速度，1000 万量级都要 100 天，而这 100 天过去后，之前搜集的网页由于更新，将使得之前的搜集失去意义。

因此，采用多道搜集程序并行，采用分布式技术在尽可能短的时间内搜集尽可能多的网页，是 Web 信息搜集的关键。

2. 避免网页的重复搜集

所谓重复搜集，是指一个已经被搜集程序（例如爬虫）搜集过的网页，在没有更新的情况下，又再次被搜集。

造成重复搜集的原因，一方面是搜集程序没有记录清楚哪些 URL 已经访问过了，另一方面是由于多域名和 IP 的多重对应关系造成的。

对于没有记忆 URL 造成的重复搜集，可以定义两个表，一个是"已经访问过的表"，一个是"未访问过的表"，这样，在再次进行搜集的时候，可以通过横向比较这两张表来确定某个 URL 是否已经访问过。另外，还可以搜集建立这些 URL 中对应内容的摘要信息，因为网络上有很多重复的信息，它们只是 URL 不同，内容大致相同。

对于域名和 IP 多重对应的问题，首先要分清楚对应关系，通过一定时间的积累，可以构建一个信息库，里面包含那些域名和 IP 显示的内容是一致的，这样，下次就不用再去这个 URL 了。

不能简单地根据 IP 地址的不同来判断是否为同一个主机站点，因为存在虚拟主机、DNS 等概念的情况下，多个域名可以对应到同一个 IP 上，要解决重复搜集，就是要找出那些指向同一个物理位置 URL 的多个域名和 IP。这个可以逐渐积累，通过一定时间的搜集比较就能找到一个信息库，如果不同域名对应的内容相同，则归为一类，这样以后的搜集就可以只选择其中一个了。

选择的时候应该优先选择有域名的搜集，有些网页出于安全角度考虑，对于 IP 地址的访问都是禁止的，比如下面的几个例子：

（1）163。先通过 ping 命令获取 163 的一个对应 IP，如图 6-26 所示。

当尝试以 http://61.147.108.237 访问 163 时，得到的结果如图 6-27 所示。

（2）常州车管所。当用 ping 获取了域名对应的 IP：218.93.16.138 后，通过 http://218.93.16.138 来访问时，出现的结果如图 6-28 所示。

但也同时要考虑多个域名对应同一 IP 的问题，再看下面的例子，通过反查 IP 的方式，我们可以找到一个 IP 下对应了多少个不同的域名，如图 6-29 所示。

图 6-26　ping 163 首页

图 6-27　通过 IP 地址访问 163 的结果页面

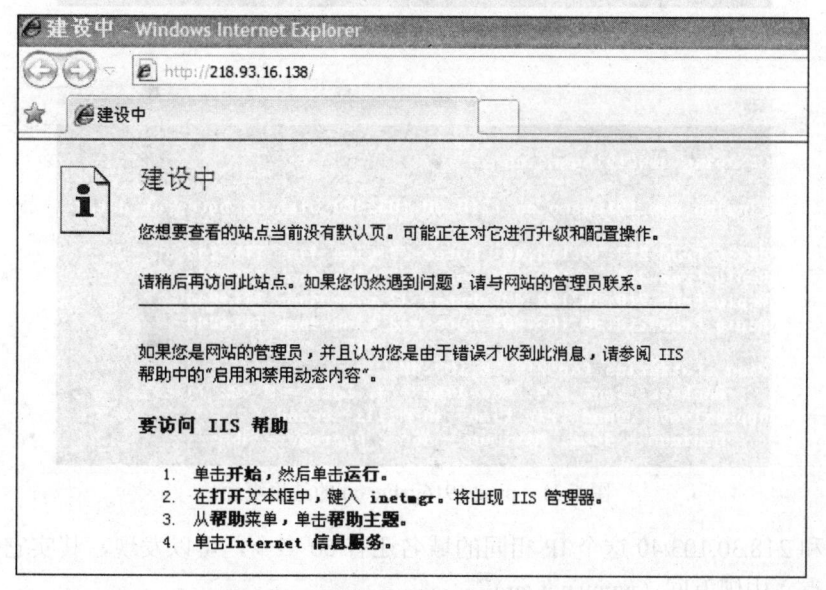

图 6-28　通过 IP 地址访问的结果页面

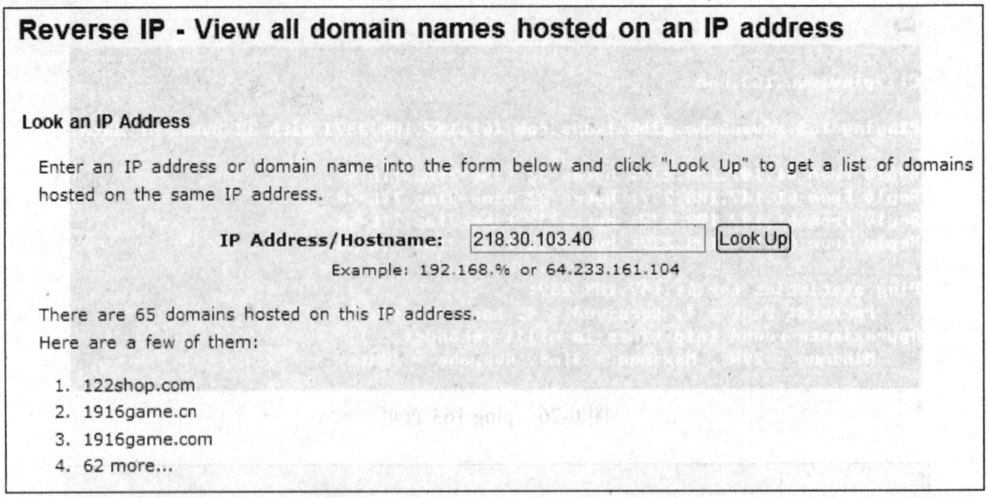

数据库与搜索技术

图 6-29　反查 218.30.103.40 对应的域名

我们选取前两个做 ping 实验，得到的结果分别如图 6-30 和图 6-31 所示。

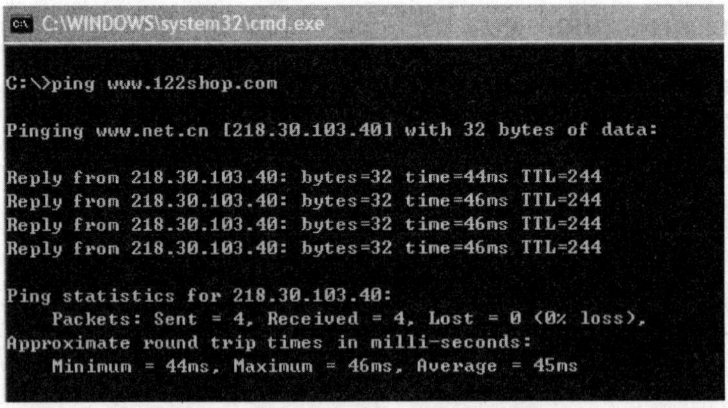

图 6-30　ping 122shop.com 的结果页面

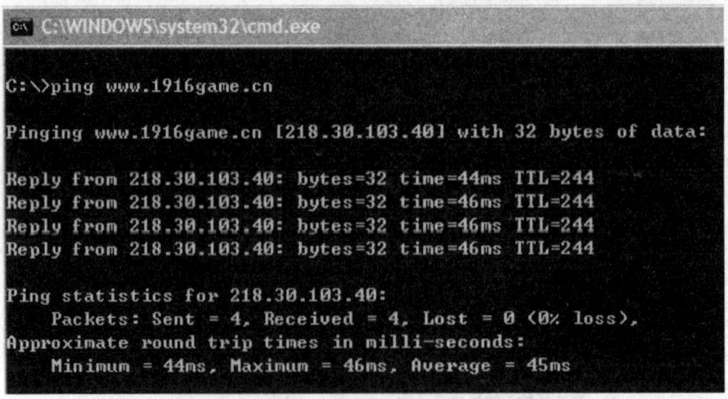

图 6-31　ping 1916game.cn 的结果页面

另外，和 218.30.103.40 这个 IP 相同的域名还有 60 多个，可以发现，其实它们都指向同一个域名站点"中国万网（www.net.cn）"。

3. 首先搜集重要的网页

Web 上的信息具有异质性和动态性，由于受到时间和存储空间的限制，即便是世界上最大的搜索引擎，也不可能将全球所有的网页全部搜集过来，因此一个好的搜索策略就是优先搜集重要的网页，以便能够在最短的时间内把最重要的网页抓取过来。

对于网页内容的重要性而言，有一个相对的评价标准，会在后续课程中详细介绍。根据不同的应用，有不同的策略。我们将其中有实际价值的几点策略罗列出来。

（1）URL 权值的设定：根据 URL 目录深度来定，深度是多少，权值就减多少，直到为零。

（2）可以设定初值为 10，如果设定的过小，从未访问 URL 集合中排序输出就会越快，但也不能太小，否则就没有意义了，导致搜索策略不明显。

（3）当 URL 中出现"/"、"?" 或者 "&" 等 1 次，则权值减 1；当出现 search、gate 等时，权值减 2，最多减到 0。因为包含"/"、"?" 或者 "&" 的是带参数的 URL 形式，不是静态网页，往往需要被请求方重新定位以获得静态的网页，不是信息搜集侧重的。包含 search、gate 等的网页，往往是搜索引擎的结果页面，不需要考虑。

（4）选择未访问 URL 的策略。因为权值小并不一定说明不重要，所以有必要给一定的机会搜索权值小的未访问 URL。可以采取轮流的方法，随机抽取。

【任务巩固】

6-4-1　尝试把经常访问的网站也转换为 IP 地址，再通过反查看看有多少不同的网站对应到这些相同的 IP 上。

6-4-2　通过文中介绍的搜集重要网页的几个策略，试试看能否在常见搜索引擎中找到与预先设定好的关键字最贴近的信息。

【任务拓展】

网络信息评价体系

1. 评价的必要性

（1）网络信息的特点和用户利用之间的矛盾。相比传统的文献资源，网络信息量大，层次多，面分散，而且排列无序，传播速度和消亡的速度同样快，且与具体的站点无关，哪儿都能得到想要的信息，这样，给用户的使用带来了很大的问题。信息资源的产生、制作、发布、传播等使得信息良莠不齐，增加了用户利用的难度。

（2）检索的准确性和网络信息的广泛性之间的矛盾。信息检索工具还存在一些问题，不尽如人意，如不能进行二次检索、检索的结果面太广等。当用户将一个检索式提交后，得到的往往是一大堆的无相关性排序、无匹配程序的信息。

2. 评价的对象

具体的一个个网络信息是我们评价的主体，因为用户最终需要的信息都包含在这些网络信息内。

3. 评价方法

（1）定性评价方法。按照一定的标准，从主观角度对网络信息资源所做的优选和评估。一般采用问答法，网上或网下的调查法和专家评议法等。

问答法：用于网络用户个人选择网站或网页。用户个人可以通过问答各项定性指标的多个具体问题来确定某个网站的优劣。

问卷调查法和专家评议法是由进行网站评价的部门或机构在网上或者网下列出各项定性指标的多个具体问题或者制成 IQ 工具（Information Quality Tool），由网络用户或被调查者选择"是"、"非"或者等级，得到"是"越多的网站，其评价越高。问卷调查法和专家评议法比较适合学术团体组织对网站或网页进行评价。

（2）定量评价方法。按照数量分析方法，从客观量化角度对网络信息资源进行评价和优选。比如对网站的排名，可以根据单击量等数字进行分析，并按照数字的大小进行排序，由于网站承载了不少相关的网络信息，因此也可以作为一个参考的评价方法。

图 6-32 和图 6-33 分别是两个国内外著名的网站评价机构。

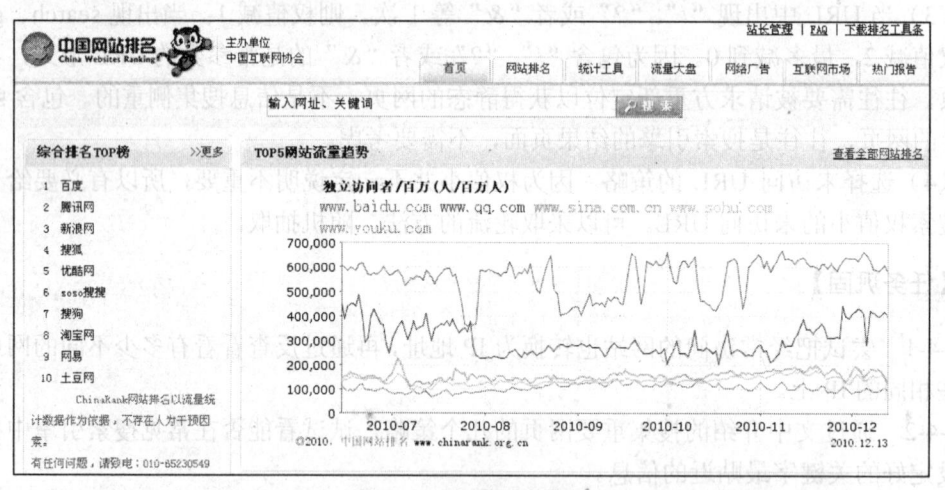

图 6-32　中国网站排名

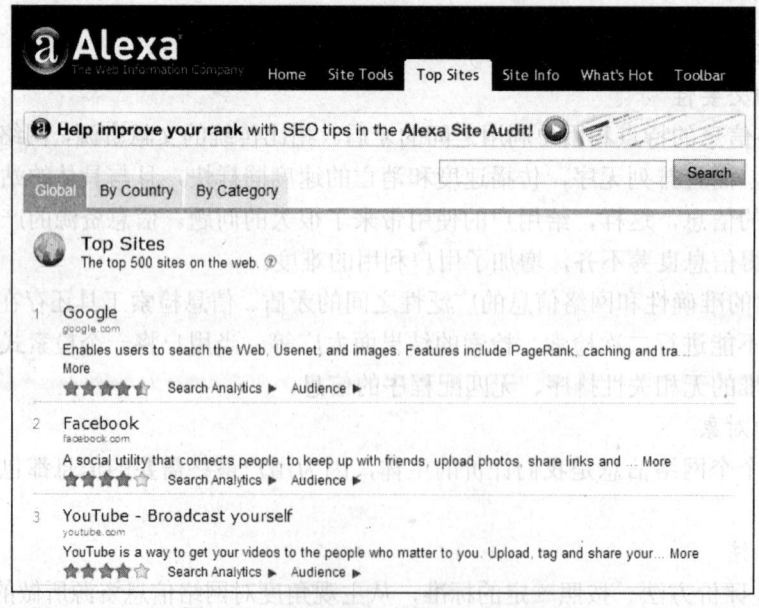

图 6-33　Alexa 网站内的 Top Sites 页面

除了网站之外，还有类似网络计量学、综合评价法等各种不同的评价方法和体系。

项目七　搜索引擎概述

【项目要求】

本项目主要介绍搜索引擎的发展历史及各阶段的代表，介绍国内外搜索引擎的规模、竞争现状、发展趋势和盈利结构。通过本项目的学习，使学生在掌握信息架构、检索技术的基础上，接触搜索引擎的各个基本层面，为后续搜索引擎的具体实现打好理论基础。

【教学目标】

1. 知识目标
★ 了解搜索引擎的发展历史及各个阶段的典型代表。
★ 了解国内外搜索引擎的规模和发展趋势。
★ 了解搜索引擎的盈利模式和结构。
★ 了解搜索引擎中关键字的抓取及检索模型。

2. 能力目标
★ 宽泛地了解搜索引擎各个阶段的代表，培养学生抓取主要矛盾的能力。
★ 通过对搜索引擎竞争现状的分析，培养学生分析问题的能力。
★ 通过对搜索引擎盈利模式和结构的分析，培养学生综合判断、取舍的能力。

3. 素质目标
★ 培养学生全面认识问题的能力。
★ 培养学生通过某些具象、表面的内容，总结归纳出理论、规律性的内容。

【教学方法参考】

讲授法、案例驱动法

【教学手段】

多媒体课件、案例、实训

【设备、工具和材料】

计算机、Internet

任务1　搜索引擎的发展与竞争

【任务目标】

1. 了解中外搜索引擎的发展历程及代表。
2. 了解近年来全球搜索引擎市场的规模和发展趋势。
3. 了解近年来国内搜索引擎市场的竞争现状及趋势。

【任务实现】

一、搜索引擎的发展历程

1. 搜索引擎的祖先——Archie

由位于加拿大蒙特利尔的麦吉尔大学（McGill University）学生 Alan Emtage（后被称之为"搜索引擎之父"），J.Peter Deutsch、Bill Heelan 等联合开发。由于当时 World Wide Web 尚未成形，通常通过 FTP 来共享资源，Archie 就主要用于自动搜索匿名 FTP 站点文件，用户提交需要搜索的具体文件名称后，Archie 可以返回哪个 FTP 站点有用户所需的文件，由于和搜索引擎的基本工作方式一致，被公认为是搜索引擎的鼻祖。

2. 杨致远和 David Filo——Yahoo

Yahoo 是最早的目录索引之一，1994 年 4 月由美国斯坦福大学（Stanford University）的两位博士生 David filo 和杨致远共同创建，图 7-1 显示了 Yahoo 的首页。

图 7-1 Yahoo 首页

3. 互联网上第一个支持全文搜索的引擎——WebCrawler

1994 年由几个美国华盛顿大学的学生开发，在此之前，用户只能通过摘要或 URL 搜索需要的内容，虽然首次亮相时仅包含几千个服务器的内容，但却开创了一个时代，图 7-2 显示了 WebCrawler 的首页。

4. 目前世界上应用最广泛的搜索引擎——Google Search

1997 年由 Larry Page 和 Sergey Brin 共同开发。谷歌搜索的主要目的是网页，与传统的文本关键字搜索不同，谷歌提供了多达数十种的特殊搜索关键字，诸如时区、股票、快递跟踪等，如图 7-3 所示。

5. 最大的中文搜索引擎——Baidu

2000 年 1 月，超链分析专利发明人李彦宏和好友徐勇在北京创立了百度公司。2001 年 8 月发布 baidu.com 搜索引擎的 Beta 版，2001 年 10 月 22 日发布正式版，如图 7-4 所示是百度首页。

图 7-2 WebCrawler 首页

图 7-3 Google 英文首页

图 7-4 Baidu 首页

189

6. 搜狐旗下的搜索引擎——Sogou

2004年8月3日上线，可同时提供文字、图片、音频、视频和地图等信息的搜索。如图7-5所示是Sogou首页。

图7-5 Sogou首页

二、全球搜索引擎市场规模和发展趋势

随着互联网技术不断深入普通消费者生活的各个方面，全球用户对于搜索引擎的使用也越来越普遍。

1. 近年来搜索引擎的市场规模

如图7-6所示，据Zenith Optimedia等发布的数据显示，2009年全球搜索引擎市场份额接近340亿美元，年同比增长14.9%。2010～2012年，全球搜索引擎市场规模将以14%左右的速度稳步增长，预计至2012年，全球搜索引擎市场规模将突破500亿美元。

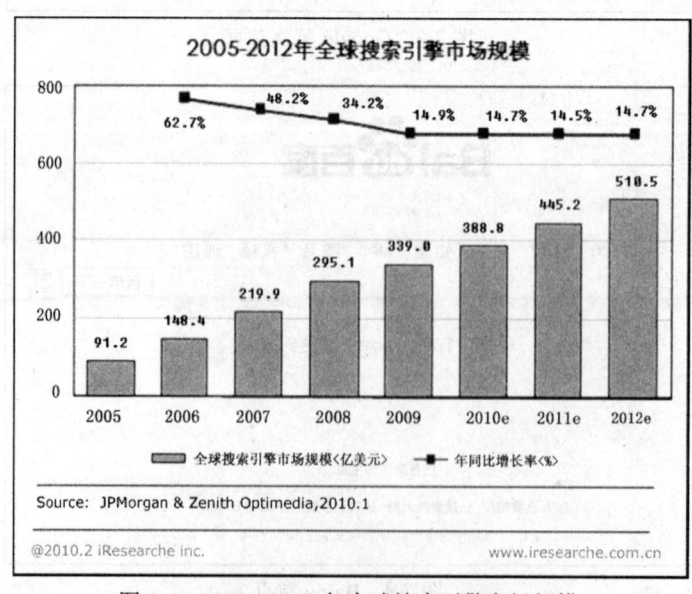

图7-6 2005～2012年全球搜索引擎市场规模

对比近年来全球广告及全球网络广告的增长数据，搜索引擎广告市场在全球经济危机的波及下表现出比较好的抗压性。其中，根据 Zenith Optimedia 发布的数据，2009 年，全球广告市场的规模约为 4800 亿美元，同比下降 10%以上，而全球网络广告市场规模为 540 多亿美元，同比增长 9.5%。

2. 近年来全球搜索引擎的请求量

如图 7-7 所示，2009 年，全球搜索引擎的请求规模近 9900 亿次，年同比增长约 30%，而且近几年的搜索请求量的增长率一直比较稳定，年均递增均在 30%左右，全球搜索引擎流量自 2004 年增长 50%之后，逐步进入了一个稳定的快速增长通道。

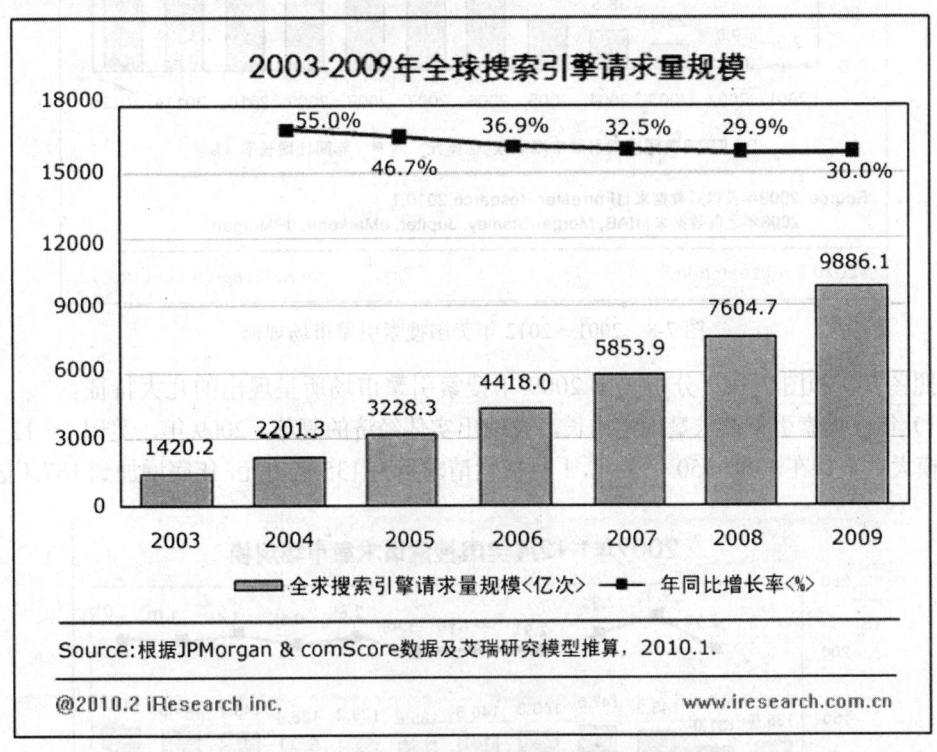

图 7-7　2003～2009 年全球搜索引擎请求量规模

其中，美国的搜索请求总量约为 1700 亿次，占比 17.2%，中国的搜索请求总量约为 2030 亿次，占比 20.5%以上，中美两国的请求总量约占全球的 37.7%，相比 2008 年同期的 39%占比基本持平。

3. 美国搜索引擎市场的动态变化

2009 年，作为全球规模最大的市场，美国搜索引擎市场规模约为 154 亿美元，年同比增长约 6%，如图 7-8 所示，受到经济危机的影响，增长速度有所放慢。2010 年，随着美国实体经济的复苏，搜索引擎市场重新回到 10%的增长率阶段，照此速度估计，到 2012 年，美国的搜索引擎市场规模将达到 240 亿美元。

对比全球市场，2009 年全球搜索引擎市场份额接近 340 亿美元，年同比增长 14.9%，高于美国增长率近 9 个百分点；同时，美国搜索引擎市场规模占全球总规模的百分比也由 2008 年同期的 49.1%下降到 43%，下降约 5 个百分点。

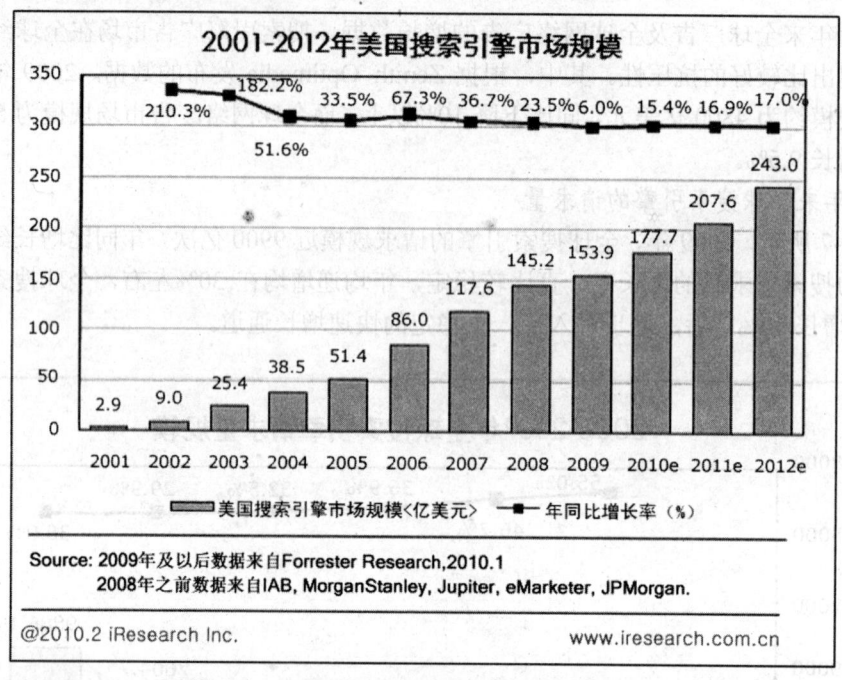

图 7-8 2001～2012 年美国搜索引擎市场规模

对照图 7-9 和图 7-10，分析美国 2009 年搜索引擎市场所呈现出的几大特征。

（1）年底搜索引擎请求量稳定增长，表现出实体经济的复苏。2009 年，美国 1～12 月的请求量规模大致维持在 130～150 亿美元，1 月搜索请求量为 135 亿美元，年底增加到 147.4 亿美元。

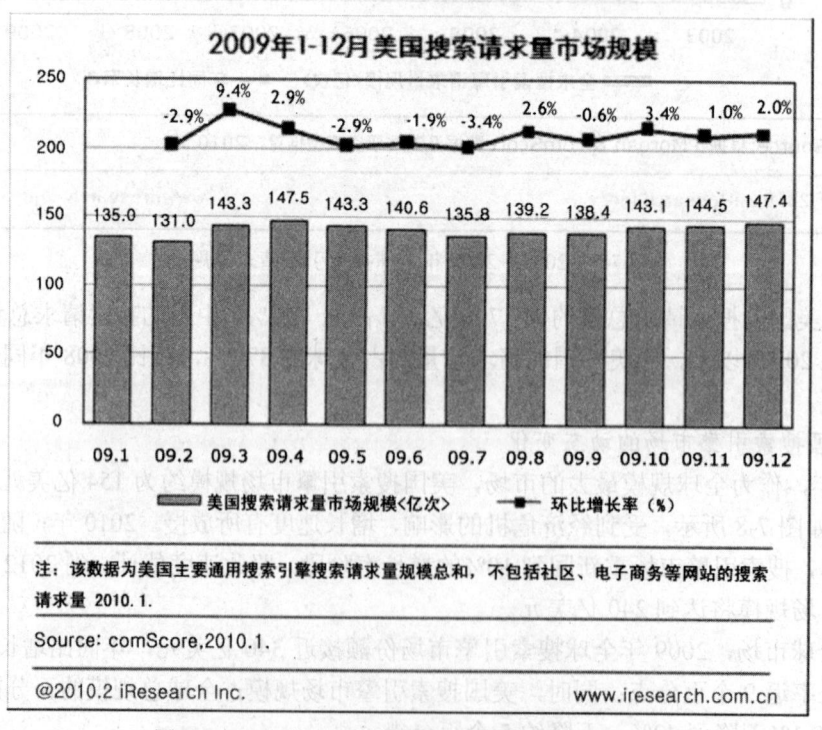

图 7-9 2009 年 1～12 月美国搜索请求量市场规模

（2）Bing 搜索请求量大幅增长，拉近了与 Yahoo 的差距。2009 年，美国总体搜索引擎市场，Google 仍然占据绝对领先，市场份额 70%以上。另外从 2009 年 6 月 Bing 上线以来，请求量增幅明显，由 2009 年 1 月的 5.4%，增加到 2009 年 12 月的 8.9%，增幅超过 60%，与 Yahoo 的差距也由年初的 12.4%拉近到年末的 5.9%，缩小了 6.5 个百分点。

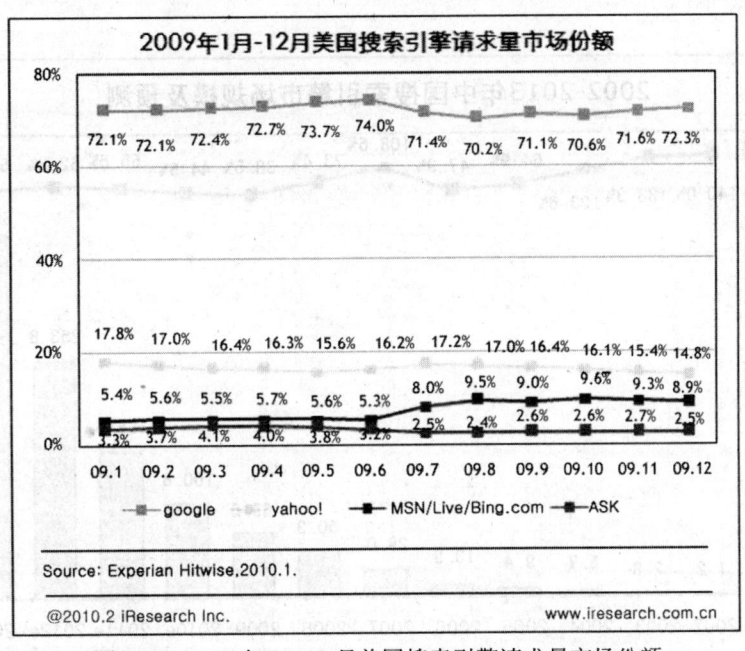

图 7-10　2009 年 1～12 月美国搜索引擎请求量市场份额

（3）渗透率逐年增加，如图 7-11 所示，总人口搜索用户占比超过 60%。2009 年，美国搜索引擎的用户人数达到 1.8 亿人，占整体网络用户的比重高达 90%以上。

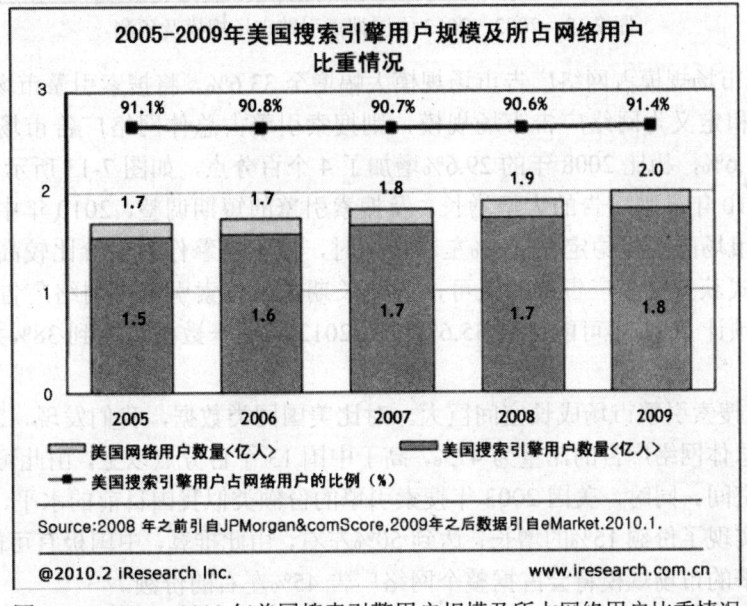

图 7-11　2005～2009 年美国搜索引擎用户规模及所占网络用户比重情况

193

三、近年来中国搜索引擎市场的动态变化及发展趋势

（1）中国搜索引擎市场规模达到 69 亿，逆势上扬。以运营商营收总和计算，2009 年中国搜索引擎市场规模月 70 亿 RMB（约合 10.3 亿美元），相比 2008 年的 50 亿增长约 38.5%，如图 7-12 所示。

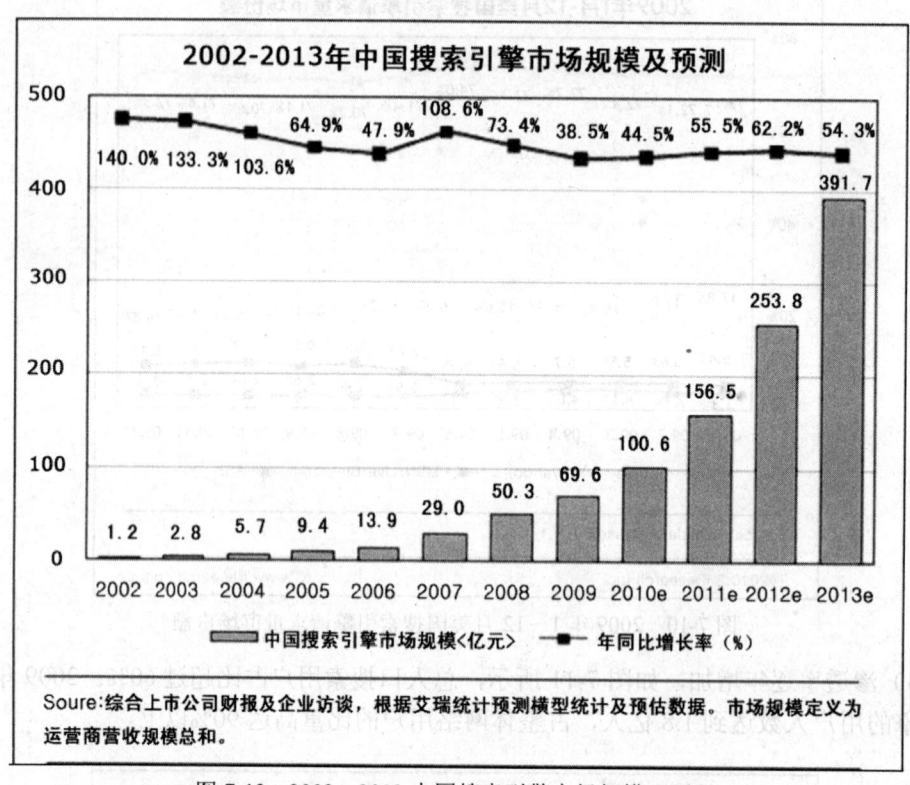

图 7-12 2002～2013 中国搜索引擎市场规模及预测

（2）搜索市场规模占网络广告市场规模大幅增至 33.6%。将搜索引擎市场规模和品牌广告市场规模之和定义为网络广告市场规模，则搜索引擎占总体网络广告市场规模的比重在 2009 年达到 33.6%，相比 2008 年的 29.6%增加了 4 个百分点，如图 7-13 所示。

考虑到 2010 年品牌广告的大幅增长，及搜索引擎的短期调整，2010 年中国搜索引擎占总体网络广告市场的规模稳定在 33%左右，同时，搜索引擎作为性价比较高和投资回报率最高的营销模式获得更多广告主的认可，因此长期看来搜索引擎占网络广告的份额仍将持续稳定增长，预计 2011 年可能达到 35.6%，而 2012 年这一数据将达到 38%并在 2013 年超过 40%。

（3）中国搜索引擎市场成长空间巨大。对比美国同类数据，我们发现，2009 年美国搜索引擎广告占总体网络广告的比重为 47%，高于中国 13 个百分点以上，由此可见中国国内搜索引擎的成长空间。同时，美国 2003 年搜索引擎的份额类似我国目前的水平，而美国利用 6 年左右的时间实现了份额 15%的增长，达到 50%左右，由此推算，中国极有可能在 2016 年前后，其搜索引擎的市场规模将会占据整个网络广告 45%左右的份额。

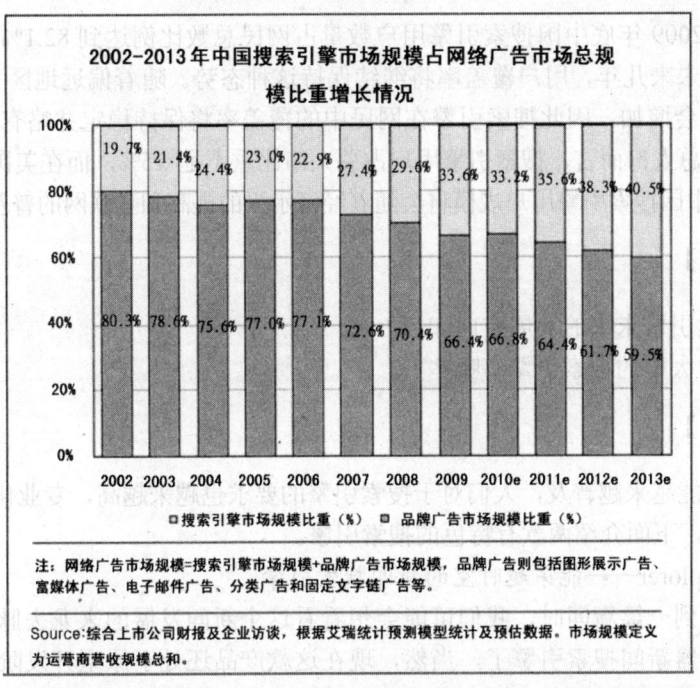

图 7-13　2002～2013 年中国搜索引擎市场规模占网络广告市场总规模比重增长情况

（4）搜索引擎用户达 3.2 亿人，用户覆盖率为 82%以上。如图 7-14 所示，根据 CNNIC 统计的中国互联网用户数量并结合最新发布的网民连续用户行为的最新数据研究发现，2009 年，中国搜索引擎用户规模（定义为半年内产生一次搜索请求的用户量，不计入网址导航用户数量）预计将达到 3.2 亿人，相比 2008 年的 2.4 亿人年同比增长 31.1%，2010 年，中国搜索引擎用户规模达到 4 亿人，而 2013 年以后，这个数字将会增加到 5.5 亿人左右。

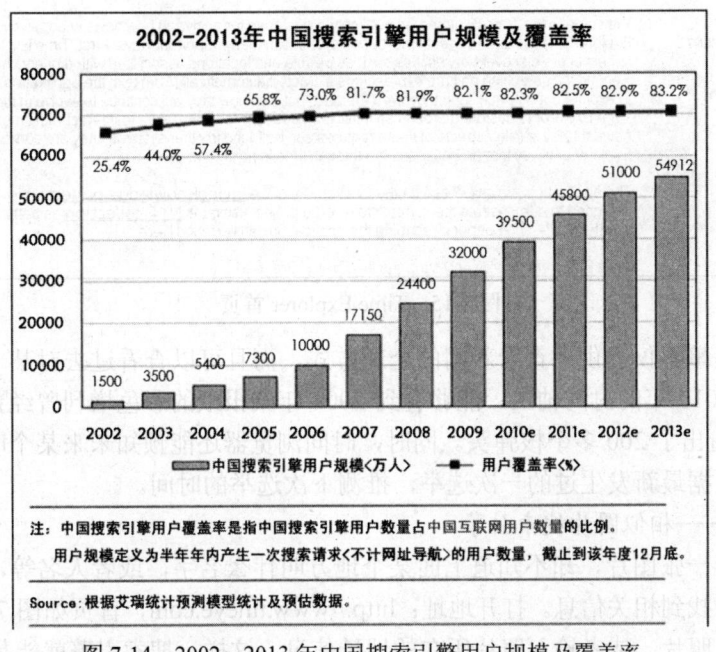

图 7-14　2002～2013 年中国搜索引擎用户规模及覆盖率

另据统计，2009 年底中国搜索引擎用户数量占网民总数比例达到 82.1%，相对 2008 年呈现微幅增长。而未来几年，用户覆盖率将继续保持这种态势。随着偏远地区互联网络的普及，初级用户数量还会增加，因此搜索引擎在网民中的覆盖率将保持稳定并略有上浮。

相对于中国总人口而言，搜索引擎用户占总人口比重不足 15%，而在美国这一比例却高达 50%以上，因此中国搜索引擎用户规模将会随着经济水平的提高和互联网的普及继续保持增长。

【任务巩固】

7-1-1　搜索引擎未来的发展方向如何？

7-1-2　国内大型的搜索引擎有哪些？

【任务拓展】

随着搜索功能越来越普及，人们对于搜索引擎的要求也越来越高，专业化、差异化的搜索引擎也纷纷推出，下面介绍两款有特色的搜索引擎。

1．Time Explorer——能穿越时空的新闻搜索引擎

当某天阅读到一篇新闻时，我们可能会想看看这个新闻发展的来龙去脉，这时就可以用到这个时间浏览器新闻搜索引擎了，当然，现在这款产品还处于原型开发阶段，但我们已经可以尝试着使用了。

打开地址：http://fbmya01.barcelonamedia.org:8080/future/，首页如图 7-15 所示。

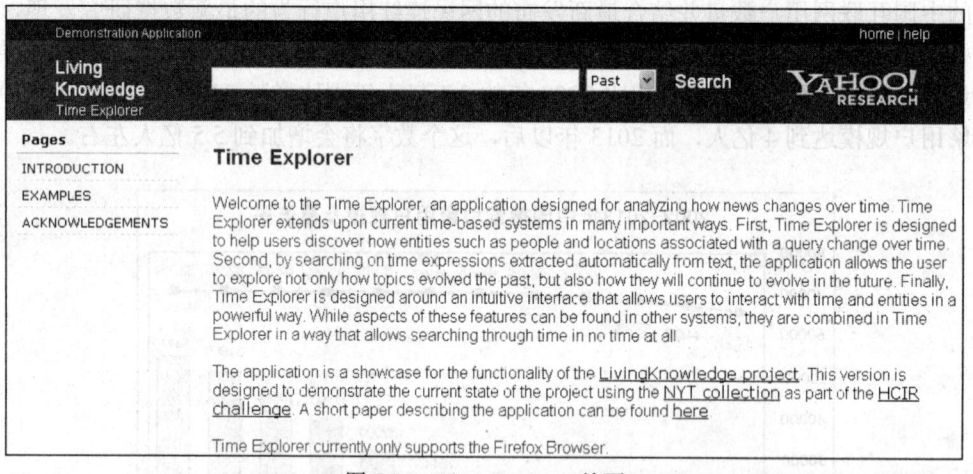

图 7-15　Time Explorer 首页

这款搜索引擎不仅提供了查看新闻的全新方式，而且可以查看过去对某一将来事件的预言。比如，在 2010 年的时间轴上，能够看到 2004 年某报纸的彩色增刊曾经预言——朝鲜到 2010 年已经制造出了 200 多个核弹头。同时，时间浏览器还能预知未来某个时间点发生的事情，比如可以根据最新发生过的一次选举，推测下次选举的时间。

2．TinEye——相似图片搜索引擎

如果你拿着一张图片，却不知道上面某个地方叫什么名字，或者人名等，你都可以通过这个搜索引擎查找到相关信息。打开地址：http://www.tineye.com，首页如图 7-16 所示。可以在首页上传你的照片，或者输入照片所在的地址信息，这样，搜索引擎就能帮你工作了。

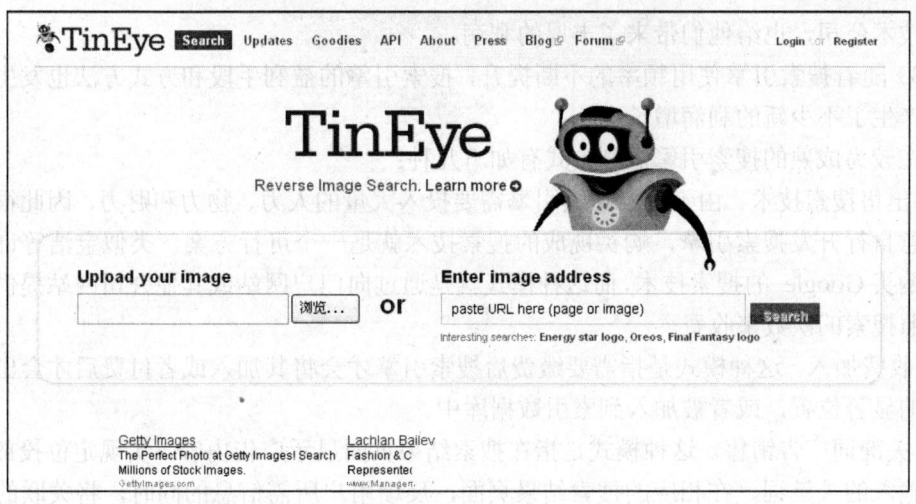

图 7-16 TinEye 首页

可以通过 TinEye 实现如下功能：
（1）发现图片的来源与相关信息。
（2）研究追踪图片信息在互联网的传播。
（3）找到更高分辨率版本的图片。
（4）找到有你照片的网页。
（5）看看这张图片有哪些不同的版本。

任务 2 搜索引擎的盈利模式

【任务目标】
1．了解搜索引擎的盈利模式。
2．了解搜索引擎内涵的技术指标特性和评价体系。
3．掌握搜索引擎的整套标准结构。

【任务实现】

一、搜索引擎的盈利模式概况

搜索引擎并非是通过使用的用户来实现盈利目标的，因为对于普通网民而言，使用搜索引擎是一件既平常又高频的事件，因此不可能像某些信息检索系统一样，每次的搜索都需要付费后才能进行。

对于搜索引擎而言，有一系列不断变化发展、日趋完善的盈利模式，而这个模式也历经了几个阶段：

（1）搜索引擎出现的初期，往往都被作为各大门户网站吸引用户访问的方式免费提供，因此无法创造很高的利润，相反在此阶段需要投入不少维护的资金。

（2）1998 年，推出了"竞价排名"这一搜索引擎的营销模式，带动并激活了许多搜索引擎的技术公司，也给他们带来了丰厚的利润。

（3）随着搜索引擎使用频率的不断提升，搜索引擎的盈利手段和方式方法也发生了新的变化，产生了不少新的利润增长点。

现在较为成熟的搜索引擎盈利方式有如下几种：

1）出售搜索技术。由于开发搜索引擎需要投入大量的人力、物力和财力，因此很多公司并不愿意自行开发搜索引擎，购买现成的搜索技术就是一个可行方案。类似宝洁等许多大公司都是购买 Google 的搜索技术，而这种模式就是通过向门户网站或其他公司网站提供搜索技术，按照搜索的次数来收费。

2）收费加入。这种模式是指需要缴费后搜索引擎才会将其加入或者付费后才会出现在搜索引擎的显著位置，或者被加入到索引数据库中。

3）关键词广告销售。这种模式是指在搜索结果页面显示广告内容，实现定位投放，即根据用户输入的关键词，在相应的搜索结果页面，反馈用户所需信息的同时，将关联的广告投放。用户也可以根据需要更换关键词，相当于在不同页面轮换投放广告。目前这种模式又衍生了两种新的形式：固定排名和竞价排名。

- 固定排名即搜索引擎把客户所付费的关键词网页在搜索结果的前十位出现，位置固定。网站付费后才能被搜索引擎收入索引数据库中，即才能被搜索到，付费的价格越高，越会在搜索结果的靠前位置出现。当然，固定排名的缺点是费用比较高，相对适合大客户，同时由于排名靠前，广告的效果也会非常好。据调查显示，86%左右的访问者会在搜索引擎第一页内选择自己需要的网站，而三页之后的网站被访问的几率不超过 5%。这就是很多企业虽然建立了网站并且加入了搜索的索引数据库，却很难提高访问率的原因。

- 竞价排名是关键词销售的另一种模式，按照付费最高者排名靠前的原则，对购买了同一关键词的网站进行排名然后按照单击量来收费。这种方式相比固定排名而言，费用大大降低，而且企业可以自主控制，因此竞价排名很快就占领了大量的广告市场。Google 就推出了按照单击收费的 AdWords 服务，效果明显。还有诸如百度、雅虎、搜狐等都竞相推出了竞价排名业务。

相比这两种模式，固定排名的费用相对较高、周期长、用户覆盖面广，但是针对性相对差，主要适合大企业使用；而竞价排名由于采用关键词单击付费的原则，相对用户而言更具针对性，且周期较短，收费相对低廉，因而企业的自控性较强，适合中小型企业。

4）搜索引擎优化。通过对网站优化设计，使得网站在搜索结果中靠前，这就是搜索引擎优化。这种方式主要依靠掌握搜索引擎技术的技术人员，而且在实施优化的过程中，如果采用不合理的方式，而被搜索引擎视为作弊的手段，则有可能造成网站被搜索引擎清除的风险，毕竟提高网站的内容是最为重要的，但单纯或过渡依赖技术性的手段，往往没有太多长期利益。

二、搜索引擎的质量评价体系

1. 建立评价体系的意义

网络中的信息浩如烟海，通过搜索引擎检索日益受到大众的重视，但同时，由于搜索引擎的指标问题，采用关键字进行搜索时，往往能返回成千上万的搜索结果，用户很难从中选择需要的。根据 Searchengine watch 对全球 5 大著名搜索引擎的统计，各大搜索引擎的搜索结果优良率均在 40%以下，因此我们迫切需要建立一套针对搜索引擎的质量评价体系，来衡量搜索引擎的整体效果。

（1）有利于公众更好地利用搜索引擎进行信息检索。尽管搜索引擎在网络检索中有着不可替代的作用，但是由于受到知识水平和信息渠道等的局限，很多用户往往不能够正确地选择和使用搜索引擎。面对多元化的网络信息，不同的搜索引擎也有各自不同的强项。这时评价体系就能建立用户和搜索引擎网站交流的桥梁，帮助并指导用户如何更高效地使用搜索引擎。

（2）指导普通网站进行搜索优化。很大程度上，大多数网站的访问量都是由搜索引擎带来的，因此在搜索引擎上的表现决定了网站的推广程度。建立搜索引擎评价体系就可以指导网站进行合理优化。例如评价体系可以促进搜索引擎对搜索关键词的标准化设置，指导网站建立自己的核心关键词，以期提高网站的搜索引擎排名。

（3）指导搜索引擎网站改进产品。搜索引擎评价体系可以通过反映用户的要求和专家的观点建立对搜索引擎的科学评价，指导搜索引擎的改进。

2．质量评价体系的几个重要指标

（1）使用的舒适度。搜索引擎要争取更多的用户，既要将网站外观做的简洁美观，又要给用户的操作带来方便。例如搜索引擎网站界面的设计是否符合美学原则；用户操作是否方便；功能是否完备；是否能提供相应的帮助说明。

（2）专业程度。搜索引擎都有各自不同的强项，因此，在某些专业性搜索体验中能否有所表现就能评价搜索引擎的质量。通常，针对搜索对象的不同内容，搜索引擎应该设立有针对性的数据库和索引。比如门户搜索引擎主要针对大众要求，新闻、娱乐等检索就要相应增加，而专业性网站比如论文期刊等，就要着重自己的服务对象设定搜索。

（3）智能化程度。搜索引擎若结合人工智能技术可以使网络信息检索从基于关键词提高到基于语义、自动应答等，使检索变得更富有娱乐性，更有效率。

3．可量化的质量评价指标

（1）搜索引擎查全率。是指检出的相关文献量与检索系统中相关文献总量的比率，是衡量信息检索系统检出相关文献能力的标准。

（2）搜索引擎查准率。是指检出的相关文献量与检出文献总量的比率，是衡量信息检索系统检出文献准确度的标准。往往和查全率是一对矛盾，若使用泛指性较强的关键词时，查全率提高，查准率下降，而使用专指性较强的关键词时，查准率提高，但是查全率又会有所下降。

（3）搜索引擎误检率。是指当进行检索时，搜索引擎把所有信息分为两部分，一部分是与检索要求相匹配的信息，能被检索出来，交由用户来判断哪些有价值；另一部分是未能与检索要求相匹配的信息，根据判断，也可以将其分为相关信息（遗漏）和不相关信息（正确的拒绝）。在搜索引擎检索中，就要尽量避免出现将原本符合检索要求的信息遗漏的现象。

（4）相应时间。对于一个搜索引擎，尤其是应用于 Web 的，从用户的输入到结果的反馈，这个期间的耗时太长会严重影响用户的使用体验。

（5）数据库的内容规模。数据库是搜索引擎工作的基础，是对搜索引擎评价的重要对象，其内容包括数据库的覆盖范围、索引组成和更新周期、数据库规模、类型、更新频率、分类体系和信息抓取方式等。

（6）标准化程度。互联网上的信息是多元化的，因此搜索引擎应该尽量采用通行的标准。

（7）返回结果的有效性。搜索引擎提交的反馈信息是否含有过期的链接，是否含有无效的链接等。

三、搜索引擎对于网页的评价标准

原创且重要的网页是搜索引擎最希望收录的，但是每个搜索引擎的策略各不相同，影响搜索引擎判断某一个页面是否可以收录的原因很多，比如 Google 利用 PageRank 算法来标识网页的重要性，而这个算法十分复杂。

1. 网站是否权威

网站的权威性与网页的权威性这两个概念是有所区别的。网站权威性是由一张张高质量的网页、网站声望、用户口碑等因素形成的。搜索引擎判断一张网页的重要性，可能会优先判断网站的权威性。基于网站的权威性，再判断某一网页的权威性。

2. 网站长期的表现

企业网站的历史是搜索引擎评价网站价值很重要的一个因素，网站上线的时间越长，贡献的内容越有价值，搜索引擎给与的权重就越高。网站从开通之日起，就应该保持一个正常的信息更新频率。所更新的内容最好多注重质量。经过时间的积累，网站的权重就会逐渐提升。

3. 网站是否值得信任

TrustRank，也就是我们常说的域名信任度。域名是基于网站的，对某一域名的信任也就是对网站的信任。TrustRank 算法是为了应对垃圾链接而诞生的，PageRank 算法的不足点是只考虑链接的数量。而 TrustRank 是在计算网页重要性的时候考虑到网页可靠性的链接分析技术。TrustRank 算法会优先设立种子页面，然后种子页面的 Trust 由页面上的链接开始传播。因此，TrustRank 算法具有很强的抗垃圾干扰性。

如果网站有很高的信任度，那么网页的信任度也不会差，换句话说就是网页的重要性也得到一定程度的提升。

4. 网页内容的来源

原创、转载、采集，搜索引擎对此都有不同的评价标准。毫无疑问，原创的内容价值最高，能够获得搜索引擎比较高的评价。原创也是培养网站比较好的方法之一，但是需要不断坚持长期地提供原创内容，才能够提升网站的重要性。假如没有办法做原创内容的时候，可以思考怎么把内容做好。

5. 网页内容的相关性

延伸阅读，可以提高内容的相关性。相关性是搜索引擎评价内容较重要的一个因素，基于网页的排序中，搜索引擎会考虑网页的相关性好不好。相关性的网页可以包括来自于站内或者站外。

6. 内容是否全面、丰富

网页正文内容比较全面、丰富，各方观点引述的越完整，内容越详细。某种意义上说，网页内容越长也越有利于网页的搜索引擎排名的提升。

7. 网页是否得到其他站点的引用

网页获得的外部链接被同行或者相关网站引用，质量更高。

8. 网页在整个网页中的位置

网站页面链接在整个内部链接结构的位置，也能够影响搜索引擎对网页的评价。例如，在首页有一个链接的网页重要性会比在首页没链接的网页高。

【任务巩固】

7-2-1　常见搜索引擎的盈利模式有哪些？

7-2-2　搜索引擎对于网页的评价标准有哪些？

【任务拓展】

Google 毫无疑问是目前互联网最大的搜索引擎之一，那么 Google 又是如何实现盈利的呢？

1. 突出用户体验

搜索是互联网上的一项主要活动，但是搜索这个简单的术语描述的是一项复杂的活动，比如你搜索某个关键词时，可能你想得到的信息和网页提供给你的庞大结果信息有比较大的出入，你还得费很多时间来一一甄别。在 Google 出现之前，所有的搜索引擎都是按照关键词在网页中出现的次数来给查询结果排序，而不是根据用户的体验，从搜索角度出发，按照网页的重要性来进行排序。

2. 盈利模式

Google 搜索结果中各网页的优先性以其他搜索者链接次数的多少为标准，这样，Google 就成了第一个不仅仅依靠技术概念，还引入了社会需求优先性来为用户服务的搜索引擎。而其主页干净、清晰，链接速度快，且不需要进行广告推广，就靠用户的口口相传，而其真正的利润来源于购买搜索关键词的广告商。如果用户在搜索栏中输入"手机"，就会看到很多赞助链接，也就是"广告"，这个词汇的查询结果背后有众多在 Google 做广告宣传的企业，正是这个原因，造就了 Google 成为互联网最大的搜索引擎。

任务3　搜索引擎的结构

【任务目标】

1. 了解搜索引擎作为一款网络应用软件的基本体系结构。
2. 了解一个可实现的具体的搜索引擎的细节和组成结构。

【任务实现】

1. 搜索引擎的基本结构

对于一个可运行的搜索引擎，需要它有一个能满足用户使用的基本要求。

（1）能够接受用户通过浏览器或者其他终端方式提交的查询关键字或者短语，记作 Qkeys，例如"搜索引擎"、"诺贝尔和平奖"等。

（2）在一个可接受的时间内返回一个和该用户查询匹配的网页信息列表，记作 Rlist。

则搜索引擎应该运行满足的基本要求是：

Qkeys1，Qkeys2…Rlist1，Rlist2…

其中，响应时间不能太长，最大应该在秒级别以内，而且这个时间不仅仅是针对单个用户的响应，而是在搜索引擎系统设计满负载运行的情况下满足所有有查询搜索请求的用户。

（3）匹配，也就是说网页中应该有某种形式包含有 Qkeys 的列表，通常情况下来说，Rlist 是相当长的。

因此绝大多数的搜索引擎都会采用搜集→预处理→服务这种基本结构。

2. 搜索引擎的网页搜集

对于用户提交的搜索请求 Qkeys，搜索引擎该如何提供服务？

从结构上来说，在网络比较畅通的情况下，搜索引擎服务的基础应该是一批预先搜集好的网页，尽可能地包含用户的请求 Qkeys，不过即便搜索引擎实现了这种方式，也不能达到最好的效果。

由于 Web 上的信息量巨大，因此搜索引擎针对某个具体搜索请求的搜索量非常大，如果搜索引擎提供的仅仅是网页预先搜集这种简单方式，那么简单就意味着抽象，抽象就意味着搜索结果可能有更多具体的体现，也就是提供给用户的返回列表 Rlist 过长。很少有用户有耐心愿意把这些都查看过滤一遍，加上每个列表中一个用户关心的其实只占有很少的比例，因此通常用户只愿意看搜索结果的前几页。

搜索引擎系统的数据不仅包括内容不可测的用户查询，还包括在数量上动态变化的海量网页，而这些网页不会自己跑到搜索系统的索引数据库中，需要系统抓取。我们先考虑时机，一般情况下，从网上下载一篇网页大概需要一秒钟左右，如果在用户查询的时候再去从网页上抓来这成千上万的网页，一个个分析处理和用户的请求是否匹配，不可能满足搜索引擎响应时间的要求。不仅如此，这样做的效率也会很低（重复抓取）。如果面临大量的用户查询，不可能想象每来一个就去这么做一遍"搜索"。

那么实际的合理的考虑有两种：定期搜集和增量搜集。

（1）定期搜集。每次搜集就替换上次搜集的内容，每次搜集的时间周期很长，对于大规模的搜索引擎而言，这个时间大约是几周，而间隔时间通常不超过 3 个月（Google 大约是一个月左右）。这样做的好处在于进行批量搜集后，系统的时间就比较简单。而缺点在于时新性不高，而且重复搜索不能避免，给系统带来额外的带宽消耗。

（2）增量搜集。开始时搜集一批，之后就只搜集新出现的页面和上次搜集后有改变的页面，当然也包括将不在的页面删除，这样做的好处是，变化的页面除了新闻之外并不多见，而且每个页面的平均寿命不超过 50 天，因此增量搜集的量不会太大，而且时效性比较新。主要缺点是系统实现比较复杂，不仅在于搜集过程，还在于建立索引的过程。

除了上述两种之外，还有优化的网页搜集策略，比如新闻类的页面通常每天更新，而教育类的页面往往一周也不会有更新，因此对关注度做优化，使得搜索引擎更多地关注那些频繁更新的页面。

在具体的搜集过程中，可以采取"爬取"：将 Web 上的网页集合看成是一个有向图，然后做某种策略的遍历。

3. 搜索引擎的预处理

得到了海量的网页集合，距离面向用户的搜索服务之间还有相当的距离。宏观地看，预处理这个子系统结构上就是一个程序，可以用算法+数据结构来描述，这样，一个合适的数据结构是该子系统能否正常工作的核心和关键。

通常我们采用的预处理方式是"倒排文件"，就是用文档中所含的关键词作为索引，文档作为索引目标的一种结构。这里有 4 个方面，即关键词提取、避免重复、链接分析和网页重要程度计算。

（1）关键词提取就是搜索引擎设计覆盖的网页范围。

（2）避免重复，不仅要设计消耗机器的时间，还要注意网络带宽。

（3）链接分析，大量的 HTML 标记给预处理带来了麻烦，这里就需要做合理的分析。

（4）网页重要程度的计算。

4. 搜索引擎的查询服务

预处理之后得到的信息大致包含几个方面：

- 原始网页文档。
- URL 和标题。
- 编号。
- 所含的重要关键词的集合。
- 其他指标（例如重要程度、分类代码等）。

这些大多都包含在一个集合中，即对预处理对象遍历后得到的集合 S，如何从集合生成一个用户的列表，是服务系统的主要工作。

主要的服务包括查询方式和匹配、结果排序、文档摘要。

【任务巩固】

搜索引擎的基本结构是什么？

【任务拓展】

一个搜索引擎的结构通常是随着内容取向而变化的，根据最终搜索引擎的定位来决定，下面就来看这些针对性较强的专题检索。

1. 图书检索

对于书目数据库的检索主要可以通过题名、作者、主题、ISBN 标识号和出版信息等组成，下面以清华大学图书馆为例，如图 7-17 至图 7-20 所示是图书检索的基本概况。

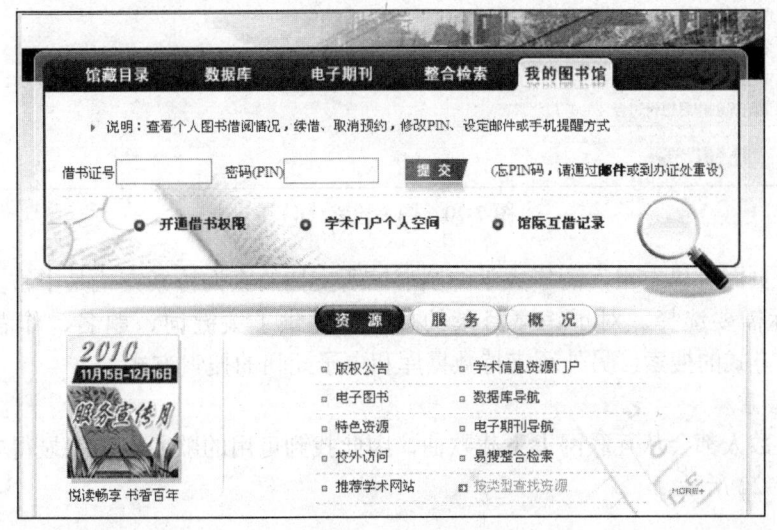

图 7-17　图书检索（1）

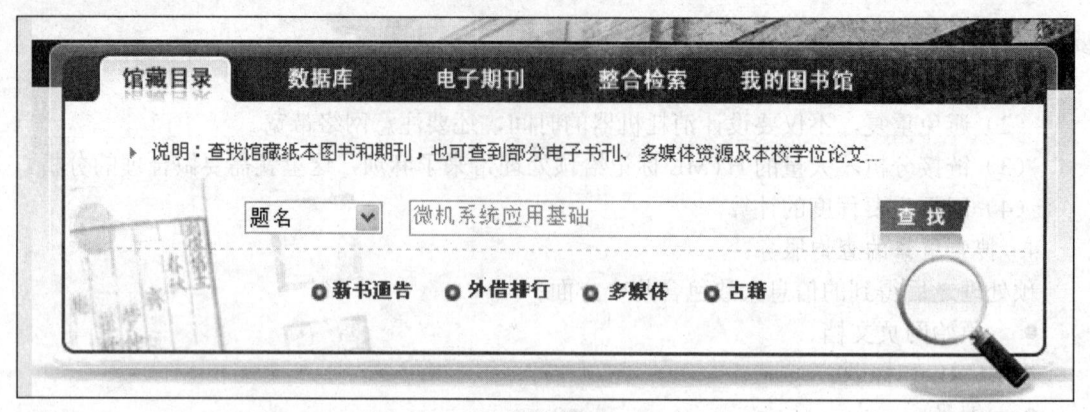

图 7-18 图书检索（2）

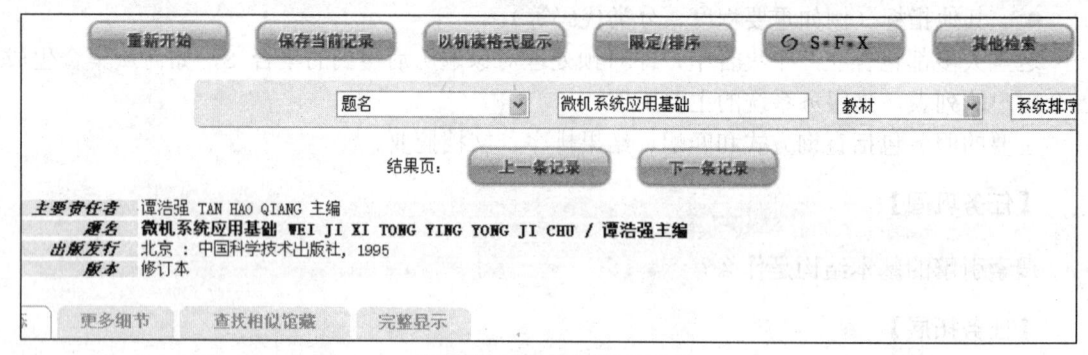

图 7-19 图书检索（3）

图 7-20 图书检索（4）

通过这个页面可以看出，清华大学的图书馆所支持的查询检索方式是丰富多样的，可根据自己的实际需要选择。对于馆藏目录的搜索，提供了关键词、题名、作者、索书号和 ISSN/ISBN 等方式的搜索，另外还支持数据库和电子期刊的搜索方式。

2. 歌曲检索

现在大多数人都会从互联网上下载歌曲，因此找到可用的歌曲信息就显得非常重要，如图 7-21 和图 7-22 所示。

图 7-21 歌曲检索

图 7-22 高级检索

任务 4 关键字抓取与检索模型

【任务目标】

1．了解搜索引擎中关键字技术抓取和检索模型。
2．了解并掌握各个模型的特点。

【任务实现】

1．概述

在搜索引擎设计过程中，我们是以关键字来展开的，因此，关键字是搜索引擎优化设计的核心，适当的关键字可以带来更多的流量。

2．抓取与检索模型

（1）模型存在的理论性。

学习模型的意义在于，通过模型的阐述我们能了解决定这些模型的几个方面，比如从什么样的角度去看待查询式和文档，基于什么样的理论去看待查询式和文档之间的关系，以及如何计算查询式和文档之间的相似度。

这其中，常见的模型类别有基于布尔向量空间的检索模型，有基于本体论的人工智能模型，有基于扩展布尔型的集合论，还有语言模型等。

（2）布尔模型。

文档表示：一个文档被表示为关键字的集合。

查询式表示：查询式（Queries）被表示为关键词的布尔组合，利用"与、或、非"连接起来，并用括号表示优先次序。

匹配：一个文档当且仅当它能够满足布尔查询式时，才会将这个文档检索出来。

优点：简单、易理解，简洁的形式化。

缺点：强制性匹配，刚性，对于检索需求的能力表达不足。

（3）向量空间模型。

相比布尔模型的精准匹配，向量空间模型允许"部分匹配"，即部分索引词也可以出现在检索结果中。

通过给查询或文档中的索引词分配非二值权值来实现。

特点：基于多值相关性判断、基于统计学方法的词加权处理模式，采用检索结果的排序输出策略。

（4）概率模型。

给定一个用户查询，存在一个文档集合，该集合只包括与查询完全相关的文档而不包括其他不相关的文档，称该集合为理想结果集合。

基于相关反馈的原理，需要进行一个逐步求精的过程。

概率模型将信息获取看成是一个过程：用户提交一个查询，系统提供给用户它所认为的相关结果列表；用户考察这个集合后给出一些辅助信息，系统再进一步根据这些辅助信息（加上之前的信息），得到一个新的相关结果列表，如此继续。

缺点：不考虑索引词在文档中出现的频率，所有权值都是二元的。

【任务巩固】

7-4-1 常见的检索模型有哪些？

7-4-2 按照这些检索模型，尝试对某个关键词进行检索。

【任务拓展】

1. 缘由

现在在 Web 中，可搜索的信息量非常大，很多人在搜索的过程中往往面临着很多备选项而仍无法从中搜索到自己需要的信息，因此，掌握一个搜索的方法或者阅读一些技巧，有助于在搜索过程中更好地达到目标。

2. 检索方法与技巧

（1）分析检索的主题。

（2）选择合适的搜索引擎。

（3）抽取适当的关键字/词。

（4）正确构造检索表达式。

（5）及时调整检索策略。

1）你要了解所要检索问题的类别，即需要的信息类型（诸如文本、图像、声音、视频等），其次掌握一定的查询方式（浏览、分类检索、关键词检索等），在一定范围内（全文、网页、标题、FTP、软件等），查询指定日期内的结果。

2）在选择搜索引擎的时候，需要根据检索的内容分类来选择合适的搜索引擎，比如，Google 有庞大的数据库，提供全面的结果信息，但是也正因为它太庞大，因此出来的搜索结果往往会比其他搜索引擎的更多，意味着有可能包含更多的无用信息或者增加你再加工的成本。而假如你只想在中文网页内搜索，选择百度无疑更加实际。但如果你想搜索一些期刊杂志、团购信息，也许更专业的分类搜索引擎适合你。可以看几个例子：

搜索 PDF 文档的时候，可以选择专业的 PDF 搜索引擎，如图 7-23 和图 7-24 所示。

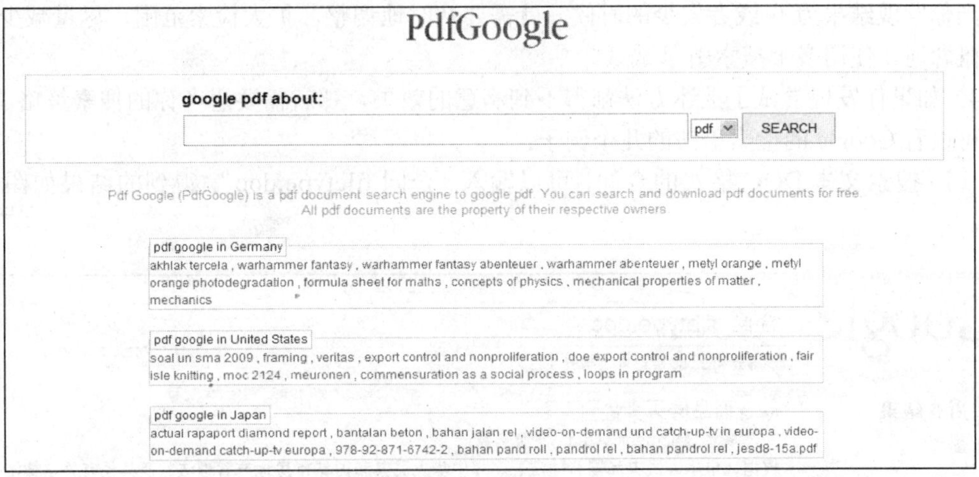

图 7-23　PdfGoogle 首页

图 7-24　Search PDF 首页

搜索歌词时，你需要专门做歌词搜集的引擎，如图 7-25 所示：

图 7-25 LRC 歌词搜索首页

3）关键词的选取也非常重要，要尽量用名词或物体的名称作为关键词，不要一下用太多的关键词，2～3 个开头为好，太少了检索的内容过于庞大，太多了不利于检索到需要的信息。

当你发现结果为 0 或者太少的时候，就需要及时地调整，扩大检索范围，尽量减少不必要的概念词，使用多个搜索引擎试试。

4）如果你发现尝试了上述方法都得不到满意的效果，那就需要思考你的搜索策略了。

可以看 Google 的检索语法的几个例子：

（1）搜索文本 DOC 格式的合同，可以输入"合同 filetype:doc"，得到的结果如图 7-26 所示。

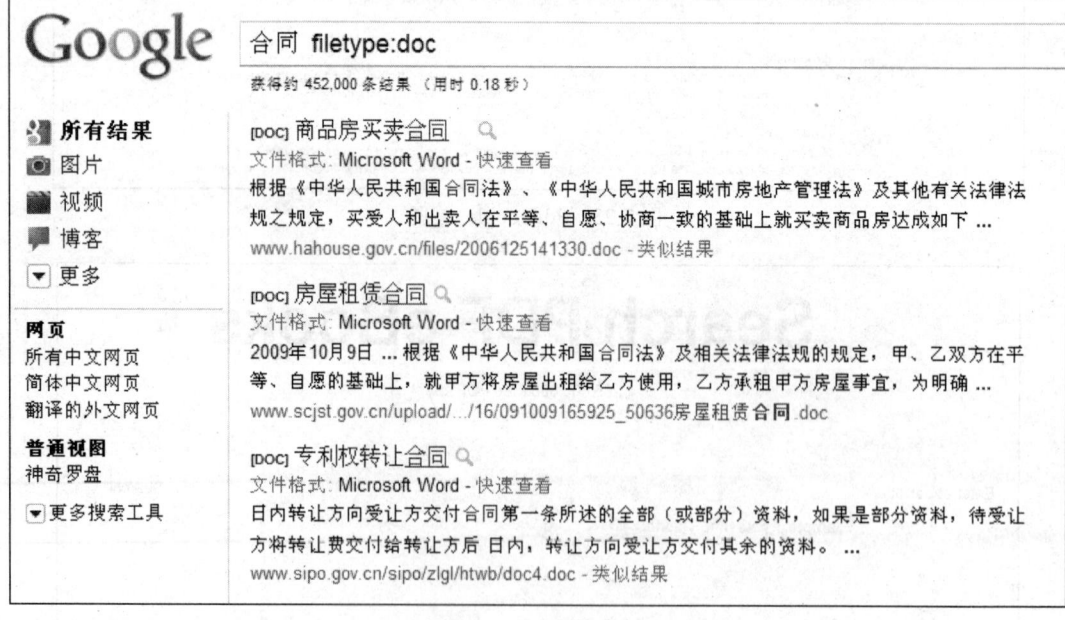

图 7-26 filetype 实例

（2）我们想在 Google 中搜索"有一点动心"这个歌曲的 MP3 格式文件，可以输入"inurl:mp3 有一点动心"，得到的结果如图 7-27 所示。

（3）很好地利用 Google 等搜索引擎的分类目录，可以帮你省下很多时间，提高效率，如图 7-28 所示。

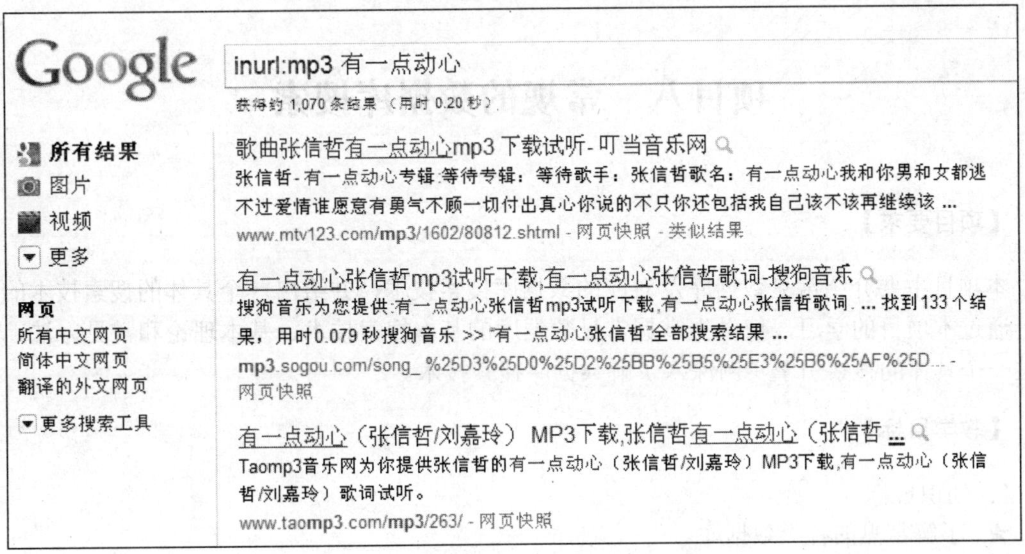

搜索引擎概述　项目七

图 7-27　inurl 实例

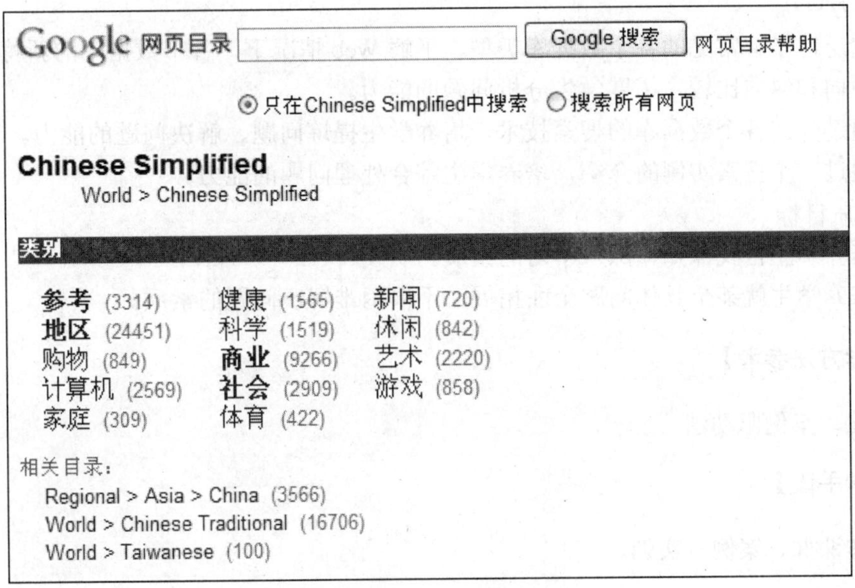

图 7-28　分类目录

209

项目八 常规的数据库搜索

【项目要求】

本项目主要介绍常见数据库及对应的数据库搜索技术，并给出一个具体的搜索技术的实例。通过本项目的学习，使学生掌握常见数据库的基本搜索技术、基本理论和常见方法，并通过一个具体的搜索引擎实例深入了解数据库搜索技术。

【教学目标】

1. 知识目标
★ 了解常见的各类数据库。
★ 了解常见数据库的搜索技术。
2. 能力目标
★ 宽泛地了解常见的各个数据库类型，了解 Web 情况下，各个数据库的新特征，学会横向和纵向比较，拓展学生分析问题的能力。
★ 通过介绍各个数据库的搜索技术，培养学生提炼问题、解决问题的能力。
★ 通过一个搜索实例的介绍，培养学生综合处理问题的能力。
3. 素质目标
★ 培养学生自我探知、深入学习的素质。
★ 培养学生就某个具体问题全面拓展，不惧困难解决问题的素质。

【教学方法参考】

讲授法、案例驱动法

【教学手段】

多媒体课件、案例、实训

【设备、工具和材料】

计算机、Internet

任务 1 常见的数据库搜索

【任务目标】

1. 了解国内外常见的数据库。
2. 了解常见的数据库管理系统。
3. 了解并掌握针对不同特征的数据库的相应搜索技术。

【任务实现】

一、国内外常见的数据库

正如之前项目所介绍的,数据库是处理数据的集合,能够进行相关的操作,例如数据的添加、删除、查询等。在了解数据库搜索技术之前,先介绍常见的国内外数据库。

1. SCIRUS

SCIRUS 是目前互联网上最全面的科研数据库之一,超过 4.1 亿个索引科研项目可供查询,而且提供科学家的相关网页、课件等信息,如图 8-1 所示。

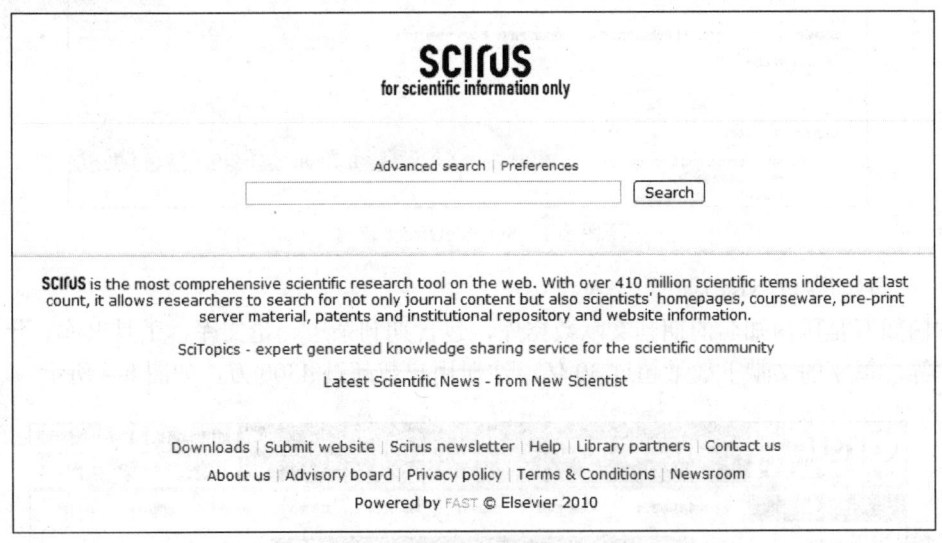

图 8-1 SCIRUS 首页

2. IEEE

IEEE 是世界上最大的专业协会,如图 8-2 所示。

图 8-2 IEEE 首页

3. ScienceDirect

ScienceDirect 是荷兰的一个学术期刊搜集数据库,有超过 1200 种电子期刊和全文数据库,如图 8-3 所示。

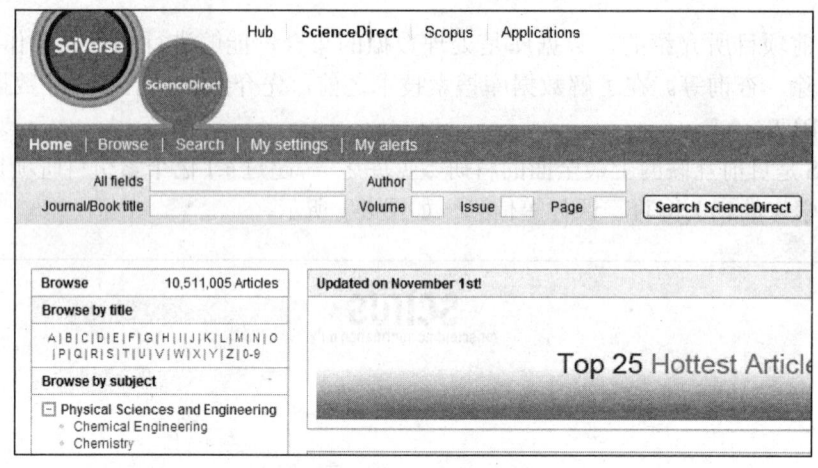

图 8-3 ScienceDirect 首页

4. 中国知网(CNKI)

中国知网是国内知名的期刊文献数据库,包含期刊杂志、论文库、工具书库、年鉴库和报纸库等,每年的文献下载量超过 30 亿,注册用户数超过 4300 万,如图 8-4 所示。

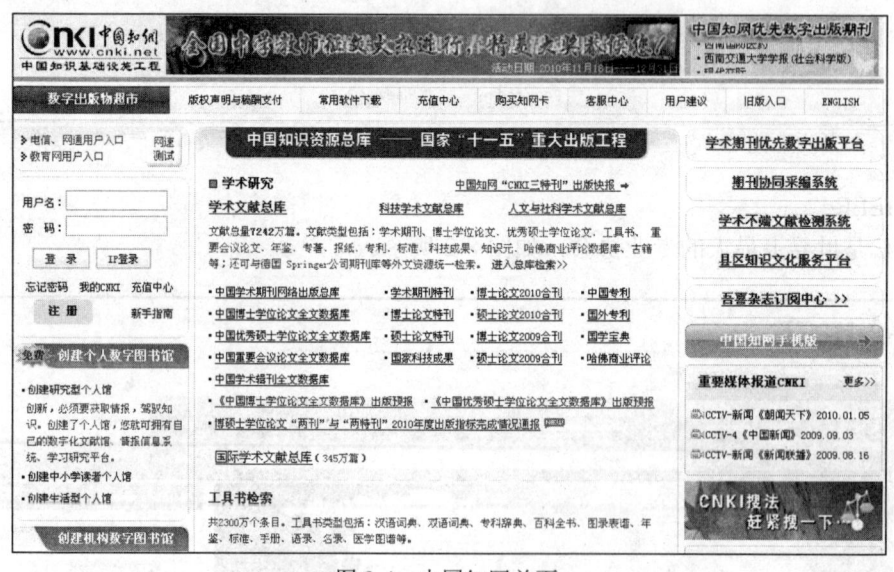

图 8-4 中国知网首页

5. CALIS

CALIS 是中国高等教育文献保障系统的简称,是经国务院批准的我国高等教育总体规划中三个公共服务体系之一。中心设在北京大学,下设文理、工程、农学、医学四个全国文献信息服务中心,东北、华东北、华东南、华中、华南、西北、西南七个地区文献信息服务中心和一个东北地区国防文献信息服务中心,如图 8-5 所示。

图 8-5　CALIS 首页

6．万方数据知识服务平台

万方数据是一家高新技术股份有限公司，是国内第一家以信息服务为核心的企业，是在互联网领域，集信息资源产品、信息增值服务和信息处理方案为一体的综合信息服务商，如图 8-6 所示。

图 8-6　万方数据首页

7．全国报刊索引

全国报刊索引，隶属于上海图书馆上海科学技术情报研究所，探索现代检索技术、数据库技术，致力于为广大科研单位、公共图书馆、科技工作者、高校师生提供全面、丰富的信息服务。自成立以来，报道数据量超过 1500 万条，揭示报刊数量 15000 余种，目前每年更新数据 350 万条，如图 8-7 所示。

图 8-7　全国报刊索引首页

8. 中国国家图书馆

作为国家总库，中国国家图书馆拥有全球最丰富的中文文献。为了进一步加强对中文数字资源的保存和利用，致力于建设更加多元化的数字资源。目前馆藏北大方正制作的电子图书约 23 万种、46 万册和年鉴 1680 多种。其中电子图书为来自 400 多家出版社的正版电子图书，覆盖了中图法中所有的二级分类，如图 8-8 所示。

图 8-8　中国国家图书馆首页

9. 超星数字图书馆

超星数字图书馆拥有免费图书馆、会员图书馆和电子书店等多种服务方式，超过 30 万个签约作者授权，如图 8-9 所示。

图 8-9　超星数字图书馆首页

10. SCI

SCI（Science Citation Index，科学引文索引）是由美国科学情报研究所（Institute for Scientific Information，ISI）于 1960 年编辑出版的一部期刊文献检索工具，其出版形式包括印刷版期刊和光盘版及联机数据库。

SCI 是当今世界上最著名的检索性刊物之一，如图 8-10 所示。SCI 也是文献计量学和科学计量学的重要工具。通过引文检索功能可查找相关研究课题早期、当时和最近的学术文献，同时获取论文摘要，也可以看到所引用参考文献的记录，被引用情况及相关文献的记录。

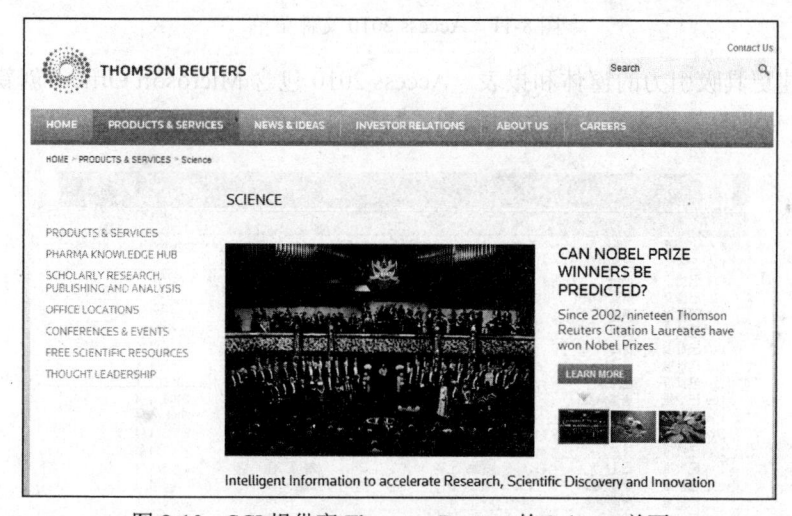

图 8-10　SCI 提供商 Thomson Reuters 的 Science 首页

二、常见的数据库管理系统

任务情境：通过之前的介绍，我们了解了国内外常见的数据库系统，对于这些数据库而言，肯定需要采取一定的管理系统加以运作维护，那么常见的数据库管理系统又有哪些呢？下面针对目前常见的数据库管理系统加以介绍。

1. Access 数据库

美国 Microsoft 公司于 1994 年推出的数据库管理系统，具有界面友好、易学易用、开发简单、接口灵活等特点，是典型的新一代桌面数据库管理系统。最新版本为 Access 2010，主要特点如下：

（1）比以往更快、更轻松地构建数据库。现成的模板和可重用的组件使得 Access 2010 可以更快速且便捷地解决常见的数据库应用，只需要简单地设置就可以投入工作。可以找到新的内置模板，也可以从 Office.com 中选择模板并根据需要进行自定义。

也可以使用新的应用程序部件构建包含新模块组件的数据库，并且只需要简单设置即可将用于完成常规任务的 Access 组件添加到数据库中，如图 8-11 所示。

图 8-11　Access 2010 文件菜单

（2）创建更具吸引力的窗体和报表。Access 2010 包含 Microsoft Office 创新工具，可借助它轻松创建专业且信息丰富的窗体和报表，如图 8-12 所示。

图 8-12　Access 创建的报表

（3）在需要的时间、需要的位置找到合适的命令。可以轻松自定义改进的功能区，以便更加轻松地访问所需命令。可以创建自定义选项卡，还可以自定义内置选项卡。

通过全新的 Microsoft Office Backstage 视图管理数据库并且更快、更直接地找到所需要的数据库工具，如图 8-13 所示。

图 8-13　全新的数据库工具

（4）添加自动化功能和复杂的表达式，无需编写代码。借助 Access 2010 中的工具，例如表达式生成器，借助 IntelliSense 技术可以极大地简化公式和表达式，从而减少错误，并可以让我们花更多的精力来构建数据库，如图 8-14 所示。

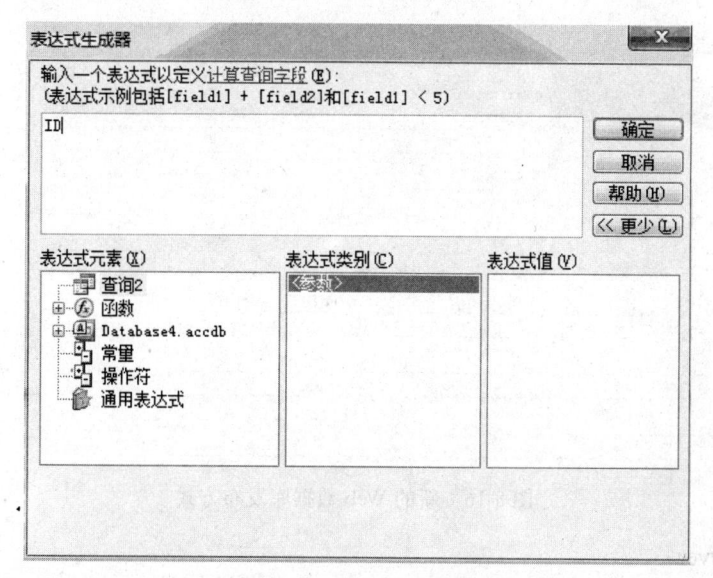

图 8-14　表达式生成器

数据库与搜索技术

同时，借助宏设计器可以向数据库中添加基本逻辑，如图 8-15 所示。

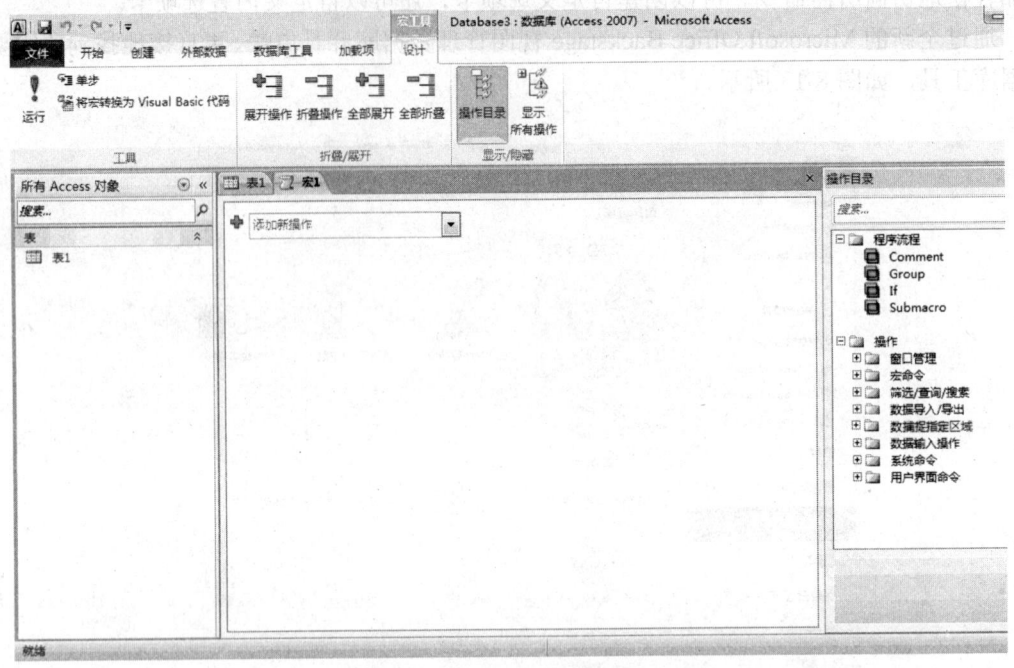

图 8-15　Access 2010 中的宏设计器

（5）新的数据库访问方式。可以通过 Access Services 和新的 Web 数据库在 Web 上发布，如图 8-16 所示。

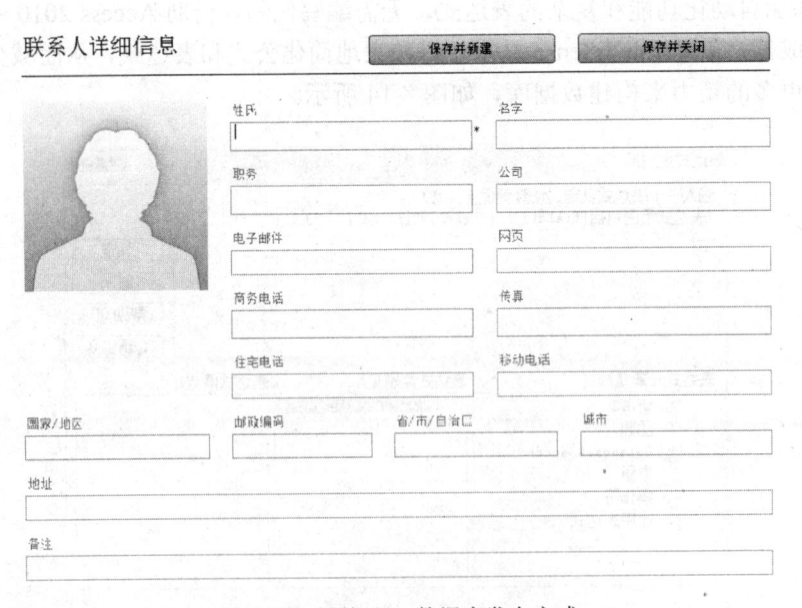

图 8-16　新的 Web 数据库发布方式

2. SQL Server

目前最新的 SQL Server 版本是 2008，在 Microsoft 的数据平台发布，提供了一系列丰富的集成服务，可以对数据进行查询、搜索、同步、报告和分析之类的操作，如图 8-17 所示。数据可以存储在各种设备上，从数据中心到桌面计算机乃至移动设备，可以控制数据而不用管数据存储在哪里。下面来看最新版本提供的新特性。

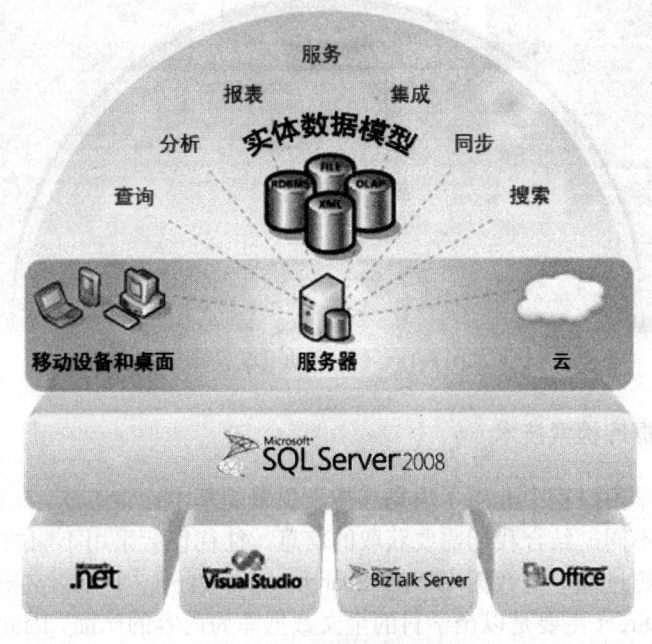

图 8-17　SQL Server 2008

（1）高效可信的管理平台。

SQL Server 2008 为关键任务应用程序提供了较为强大的安全特性、可靠性和可扩展性。通过简单的数据加密技术，SQL Server 2008 可以对整个数据库、数据文件和日志文件进行加密，而不需要改动应用程序；通过第三方密钥管理和硬件安全模块（HSM）为整个加密和密钥管理提供了很好的支持；通过审查数据的操作，进而提高遵从性和安全性，SQL Server 2008 可以定义每一个数据库的审查规范，从而提高执行性能和配置的灵活性。

（2）包容万象的数据平台。

SQL Server 2008 支持各种非关系型数据，在关系型数据和非关系型数据之间提供平滑转化，可以同时检索关系型数据和普通的文本数据。同时通过设计位置感知应用，保存来自企业各处的位置信息，在现有应用中只能提供地理信息数据功能。

（3）灵活简便的开发平台。

SQL Server 2008 通过实体模型加速开发周期，定义业务而不是数据表；对复杂的业务进行建模；获取实体对象而不是数据行；通过实体适配器连接到 SQL Server，如图 8-18 所示。

（4）强大全面的分析平台。

SQL Server 2008 可容纳企业级的数据仓库，有效管理大量的在线用户以及海量数据，有效管理数据容量的增长问题，为各级用户提供数据的分析支持，通过只读分析服务存储实现扩展性，通过复杂的计算和聚合增强分析能力，部署并管理商业智能应用的基础架构，为各级应用提供有价值的数据分析。

数据库与搜索技术

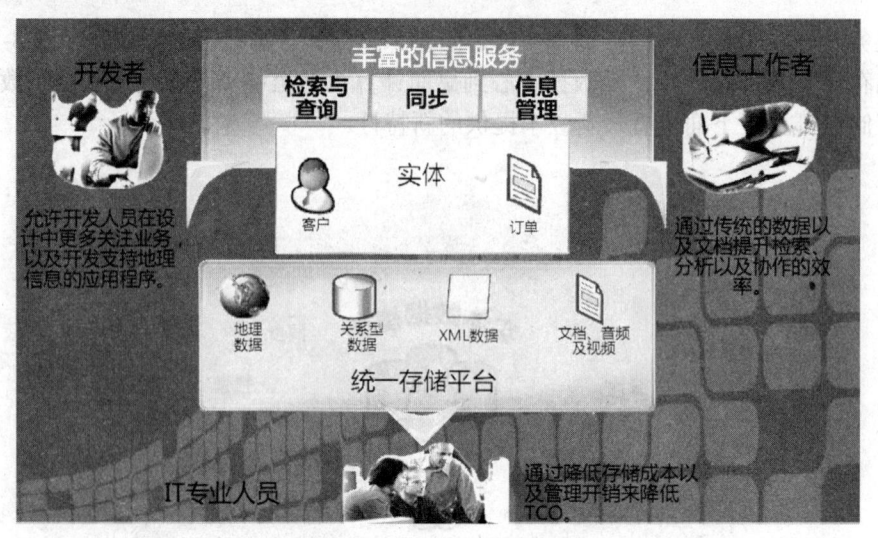

图 8-18　统一数据体验需求

三、常见的数据库检索技术

在之前的任务学习过程中介绍了信息和搜索引擎的基本检索方法，在数据库检索技术中，由于数据库分类的不同，结合我们需要获取的信息，往往也会采用不同的检索技术。

下面以之前介绍过的一个数据库产品 SearchDirect 为例，来介绍常用的几个数据库检索技术。由于 SearchDirect 主要是以全学科的全文数据库为内容的产品，因此我们搜索的时候主要围绕期刊来讲述这些搜索技术。

首先打开 SearchDirect 的首页，如图 8-19 所示。

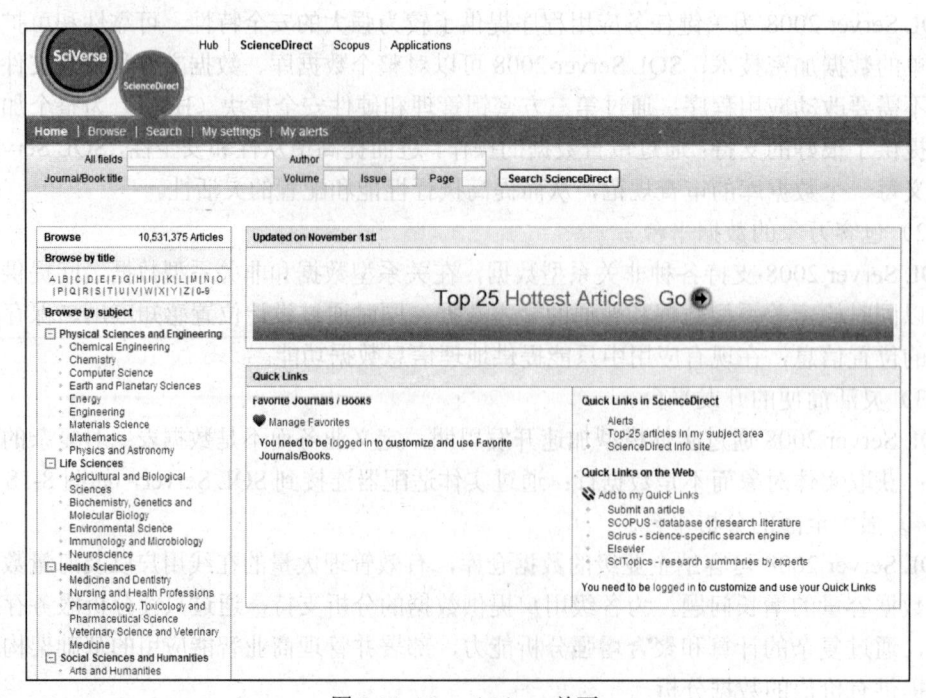

图 8-19　SearchDirect 首页

220

1. 最基本的数据库检索方式——浏览

打开首页后，可以看到 SearchDirect 提供了浏览的方式，这种方式也是最常用的数据库检索方式之一，非常直观，如果你没有什么目的，就是为了了解这个数据库所包含的各种期刊，那么可以选择"浏览"这种方式。对应于其他的数据库也一样，当我们最初涉及到一个数据库的时候，你也许并不清楚这个数据库究竟包含了哪些信息，那么就可以利用浏览这种方式来进行最初级的检索。

单击导航条上的 Browse，如图 8-20 所示。可以看到提供的几个浏览方式，如图 8-21 所示，分别是按照字序浏览（Journals/Books Alphabetically）、按照学科分类浏览（Journals/Books by Subject）和按照热门期刊浏览（Favorite Jaurnals/Books）三种方式。

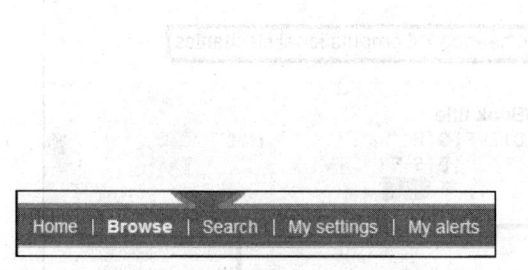

图 8-20　SearchDirect 的导航条　　　　图 8-21　3 种浏览方式

首先看按照期刊字母顺序来排列的这种浏览方式，如图 8-22 所示，单击之后可以看到整个数据库所包含的期刊，显示方式是按照期刊名称字母的英文顺序排列。

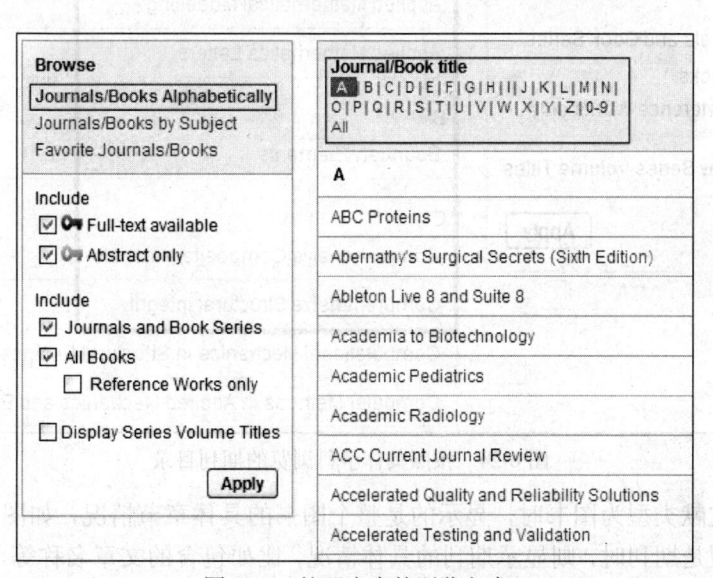

图 8-22　按照字序的浏览方式

其次，看第二种浏览方式，按照学科浏览，如图 8-23 所示。当我们进一步选择一个具体的学科时，就会出现该学科下所有的期刊名称，如图 8-24 所示。

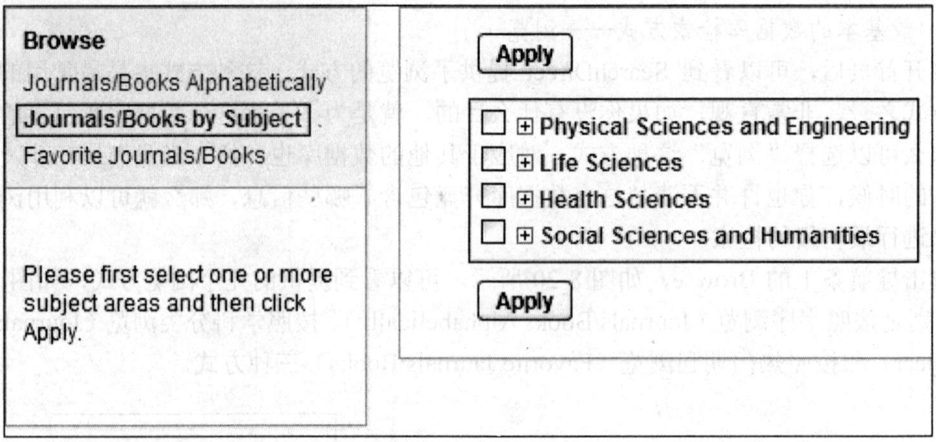

图 8-23　按照学科浏览

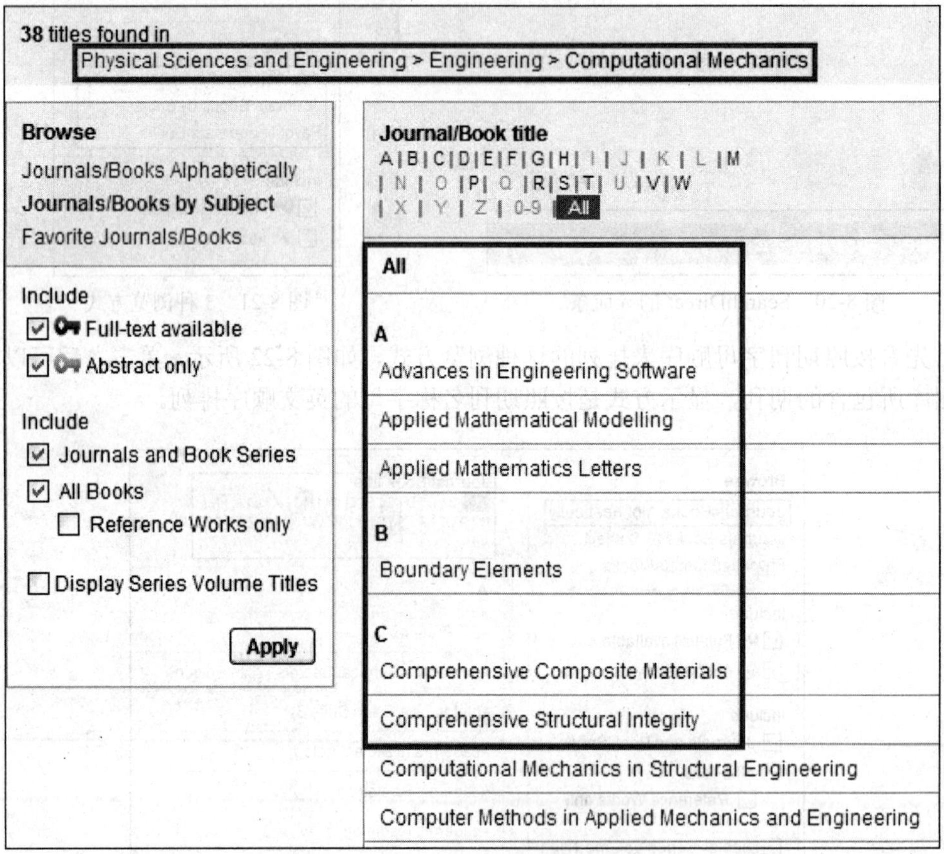

图 8-24　按照具体学科浏览的期刊目录

当选择的文献类型为图书时,显示的是整个图书的具体章节情况,如图 8-25 所示。而当选择的文献类型是期刊时,则显示期刊的具体情况,比如包含的文章名称等,如图 8-26 所示。

当单击具体期刊的文章时,我们就能根据提示的信息来浏览整个文章的全文,也可以下载相应的 PDF 格式的全文,如图 8-27 和图 8-28 所示。

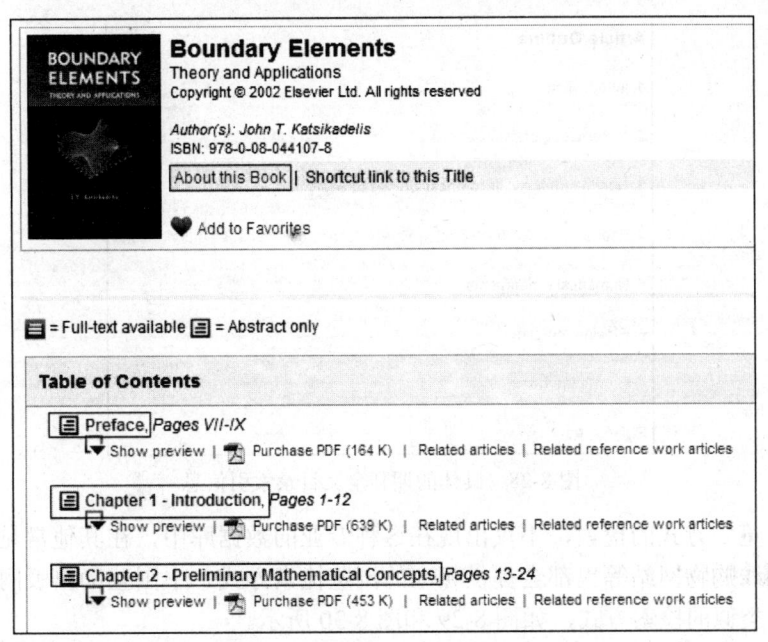

图 8-25　文献类型为图书的显示信息

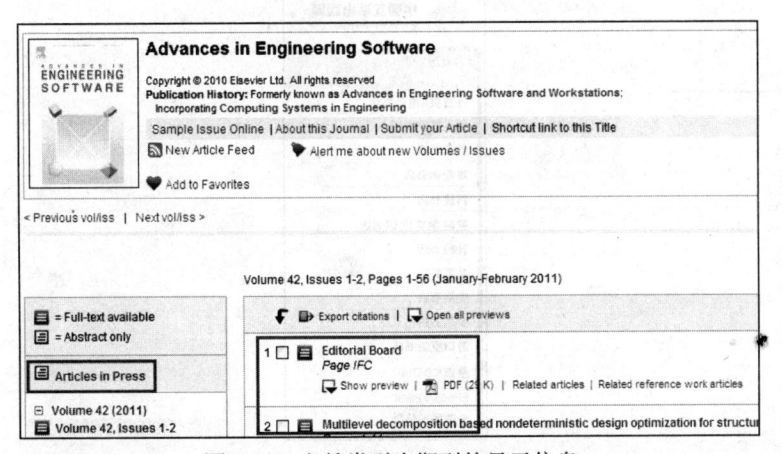

图 8-26　文献类型为期刊的显示信息

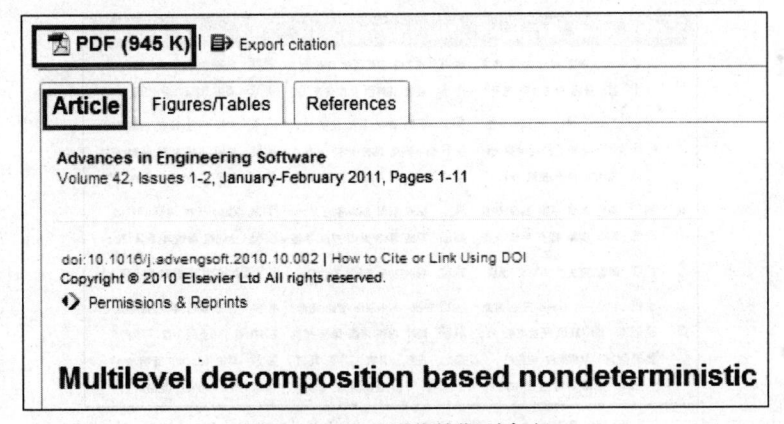

图 8-27　可以浏览的期刊全文

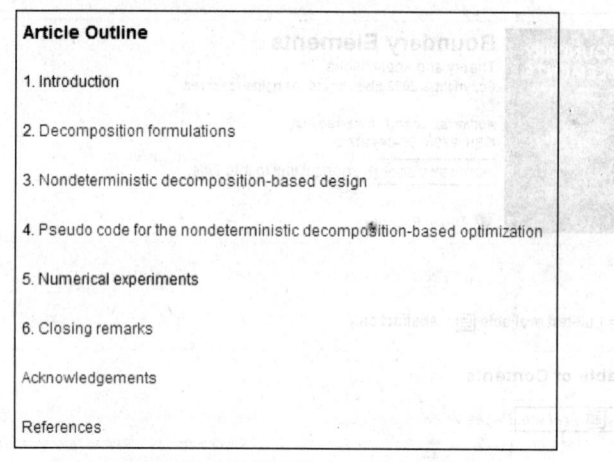

图 8-28 具体的期刊全文目录索引信息

这种"浏览"方式的检索，不仅出现在这种专业的数据库中，在其他常见的站点，类似网上书店、在线购物网站等也都会提供相应的浏览检索方式。中国互动出版网和淘宝网的首页也都提供了类似的检索方式，如图 8-29 和图 8-30 所示。

图 8-29 中国互动出版网的"浏览"检索方式

图 8-30 淘宝网的"浏览"检索方式

2. 更近一步的检索方式——关键词检索

上述的浏览方式，其实并不是真正意义上的检索，虽然它也是一种数据库的查询方式，但是是出于没有一个明确目标的检索。当我们有一个较为明确的目标，例如要查询期刊或图书时，我们知道这个期刊的名称，或者文章的名称、作者等信息时，就可以进行关键字、关键词的检索，这里也会用到不少关键词检索的组合技术。

首先，当我们明确知道文章、图书或者作者的名字时，可以进行精确的检索，例如在 SearchDirect 中找所有作者包含"Colin H. L. Kennard 的文章时，可以在检索条件的作者一栏中输入作者的全名 Colin H. L. Kennard，即可得到相应的检索结果，如图 8-31 和图 8-32 所示。

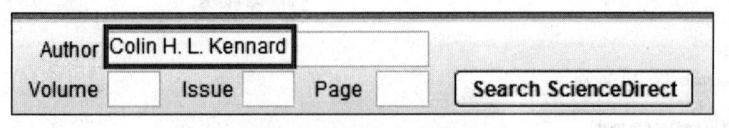

图 8-31 输入作者全名

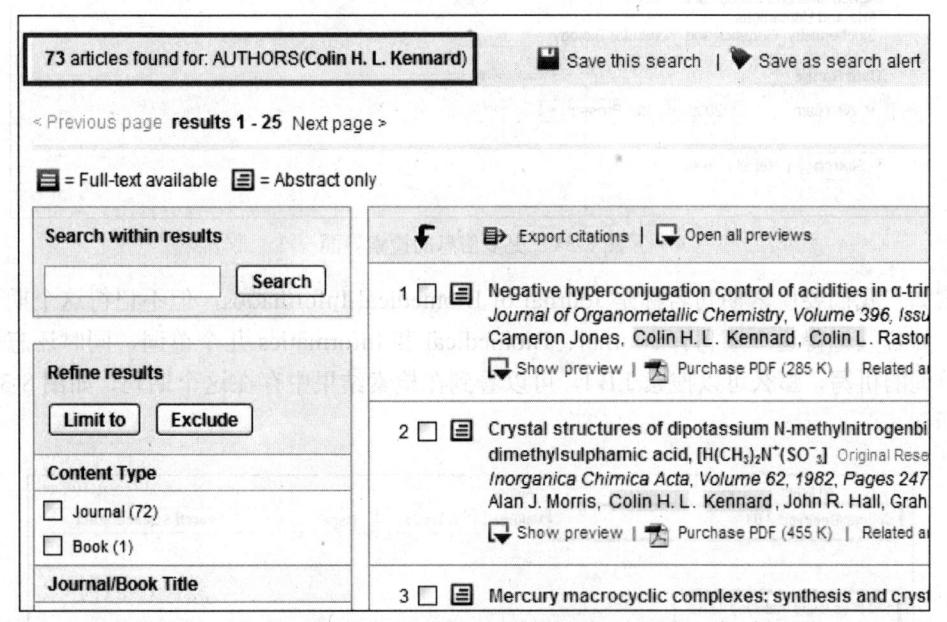

图 8-32 找到完全匹配作者名的文章

同理，当我们清楚一篇文章的名称时，也可以采用这种方式。当然，这里会出现两种情况：检索到和检索不到，如图 8-33 所示，当输入的作者名称不存在时，就会提示 0 个检索结果。

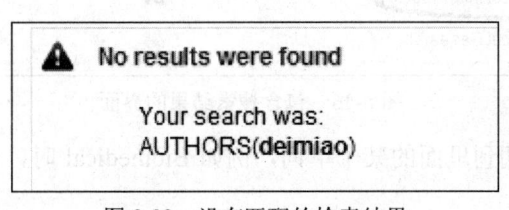

图 8-33 没有匹配的检索结果

当我们没有检索到需要的信息时，ScienceDirect 会建议我们扩大检索范围，通过其他的检索信息检索或者通过减少关键词的方式，以期获得更多的检索结果，如图 8-34 所示，我们可以在其中利用信息检索的方法进行关键词检索。

图 8-34　更多信息的检索界面

例如，我们要检索期刊名称是 Journal of Biomedical Informatics，但不记得这个期刊的全称了，如若只记得这个期刊有 Journal、Biomedical 和 Informatics 几个单词，同时还忘记了这几个单词的拼写，那么可以搜索ＪＢＩ，可以看到在检索结果中存在这个期刊，如图 8-35 和图 8-36 所示。

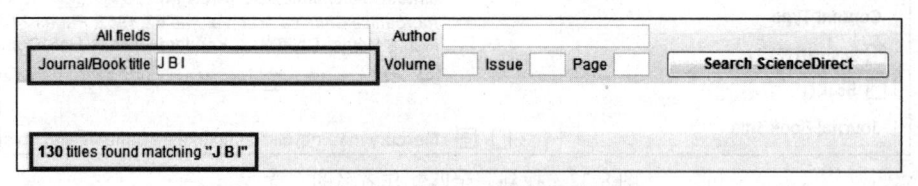

图 8-35　用ＪＢＩ检索期刊

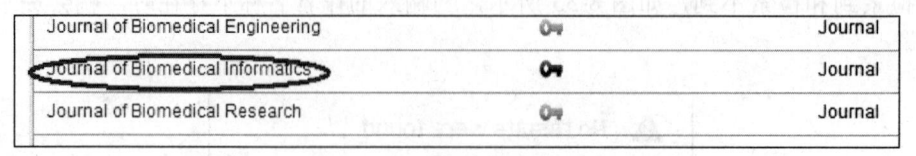

图 8-36　包含搜索结果的界面

而当我们记得这个期刊里面的某个单词，例如 Biomedical 时，检索效率就提高了，如图 8-37 所示。

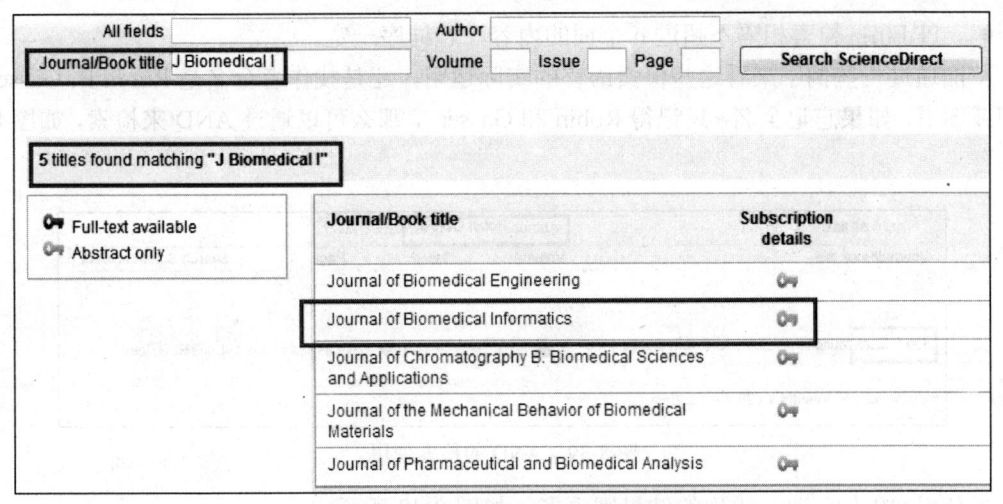

图 8-37　调整了关键词后的检索结果

上述例子是检索期刊时,如果需要检索作者名,也可以利用一些检索语言提高检索效率。

例如,我们要检索的作者名是 David R. O'Hallaron 的期刊或图书时,输入整个作者全名得到的结果是最精确的,如图 8-38 所示。

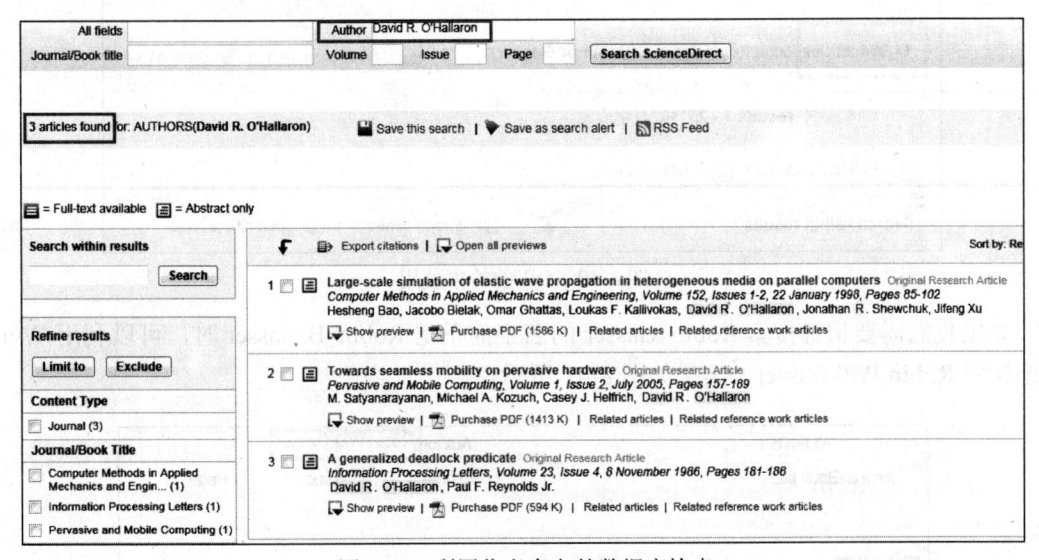

图 8-38　利用作者全名的数据库检索

当忘记作者全名的时候,我们可以用一些检索语言,例如 AND、OR、AND NOT、通配符等来检索。先看一下这些检索语言的基本功能:

- AND:要求几个关键词同时出现在结果中,也是通常数据库的默认检索。
- OR:允许几个关键词中的一个或多个出现在结果中。
- AND NOT:AND 后跟着的关键词不出现在结果中。
- 通配符*:取代关键词中的任意(0,1,2,…)字母。
- 通配符?:取代关键词中的一个字母。
- W/n:检索相隔不超过 n 个词的内容,且词序不定。

- PRE/n：检索相隔不超过 n 个词的内容，且词序一定。

下面通过一些例子来看这些检索语言的实际运用。还是找作者全名是 Robin B. Gasser 的期刊或图书，如果忘记全名，只记得 Robin 和 Gasser，那么可以通过 AND 来检索，如图 8-39 所示。

图 8-39　AND 的检索使用

当使用 OR 检索时，出现的结果则更多，如图 8-40 所示。

图 8-40　OR 的检索使用

如果我们需要精确搜索 Robin Gasser 的名字而不是 Robin B.Gasser 时，可以利用 W/n，通过搜索 Robin W/0 Gasser，结果如图 8-41 所示。

图 8-41　使用 W/n 的检索

再如，我们可以利用 ScienceDirect 提供的专家检索，利用检索语言组合检索，还是这个作者名 Robin B.Gasser，可以通过下面的语言来检索：

(authlastname(Gasser) AND authfirst(r))

其中，authlastname 表示作者的名最后一个词，而 authfirst 表示名字的第一个字母，具体的检索结果如图 8-42 和图 8-43 所示。

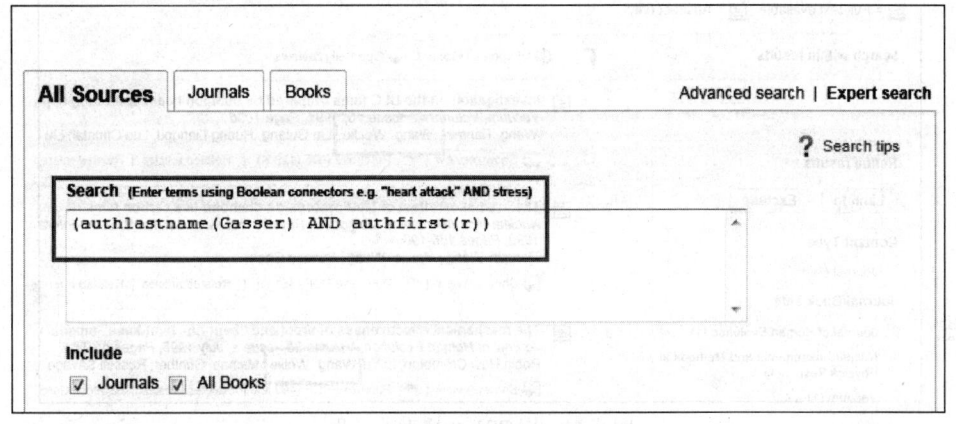

图 8-42 专家检索

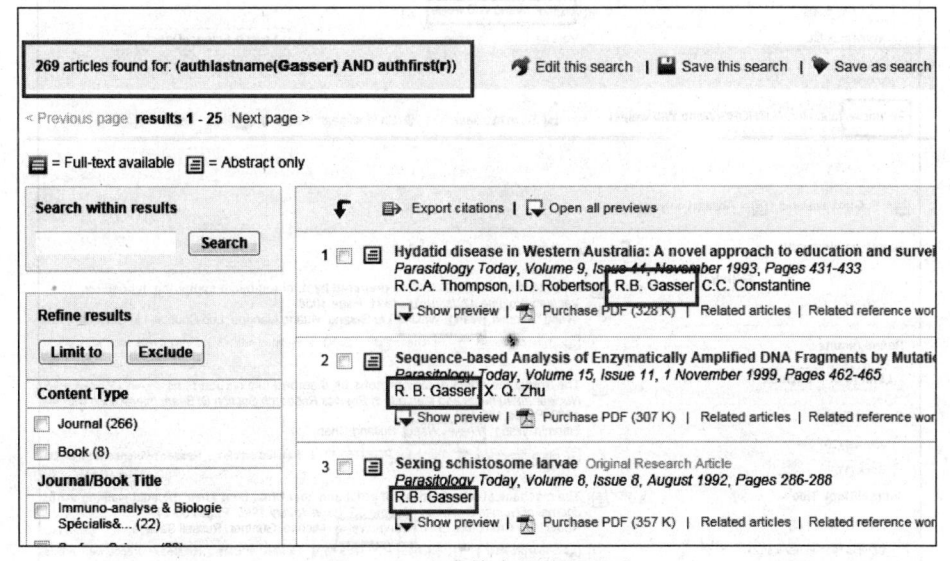

图 8-43 专家检索的结果页面

通过以上几个例子，可以看到通过一定的检索方法进行检索的效率，比普通的浏览方式要高很多，这里列出的只是这些检索语言中的一部分。读者可以通过练习，掌握更多的检索语言，提高检索效率。这里还要强调几个特例，在检索中文作者的期刊或者图书时，注意要把名字的各种组合都检索一遍，特别是利用 PRE/n 时。看下面这个例子，我们先用"Wang PRE/0 weijie"搜索，得到的结果只有 3 个，而这个结果往往会错过一些作者的名字，还需要用"weijie PRE/0 Wang"再搜索一下或者用"Wang W/0 weijie"搜索时，得到的结果就不一样，具体如图 8-44 和图 8-45 所示。

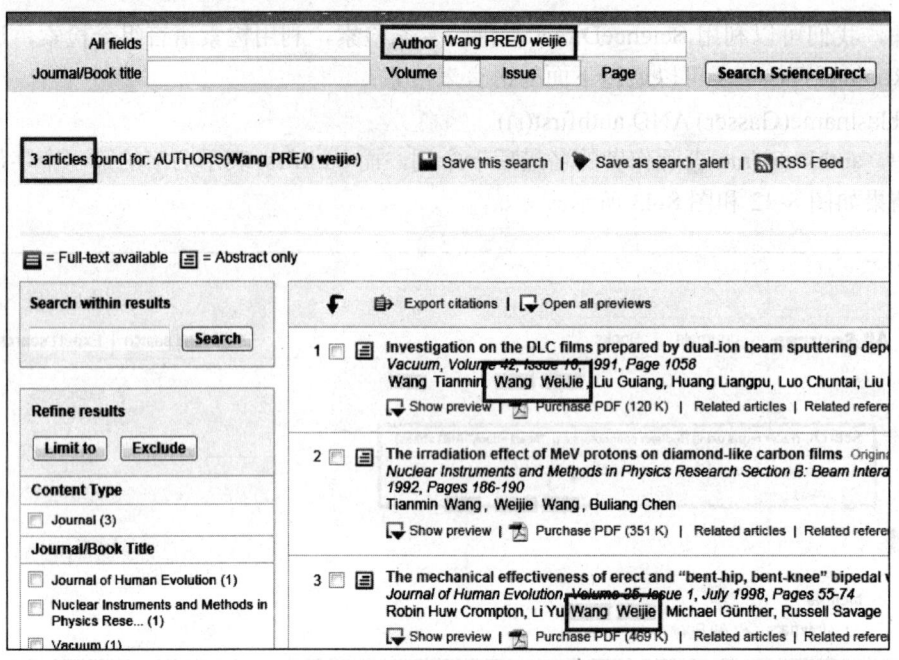

图 8-44 用 PRE/0 搜索的结果

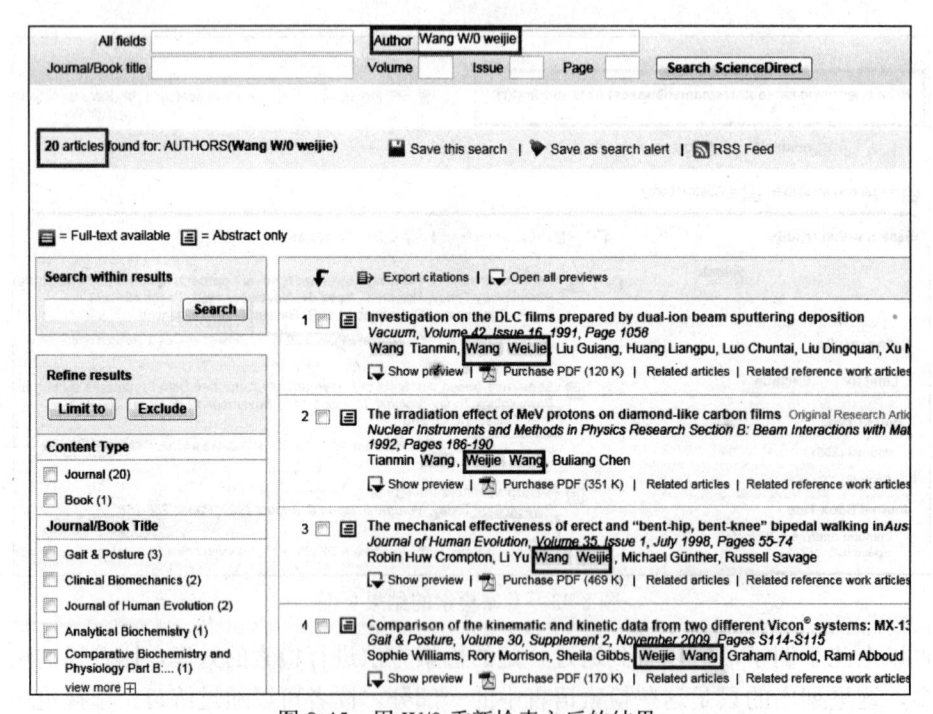

图 8-45 用 W/0 重新检索之后的结果

【任务巩固】

8-1-1 常见的数据库搜索技术有哪些？

8-1-2 利用这些搜索技术，对常见数据库进行相关搜索练习。

【任务拓展】

上述介绍的是各种综合性或专业性数据库的搜索，另外还有一些是基于 Internet 的搜索技术，下面简单介绍。

网络搜索引擎是从 Internet 上搜集信息进行整理，然后按照用户要求把相关信息反馈给用户，基本分为 4 步，即获取网页信息、建立索引数据库、在索引数据库中排序、结果反馈。

1. 从 Internet 上获取网页信息

可以利用网络爬虫（Spider）进行搜索。工作原理是从一个 URL 对应的网页开始，按照一定顺序，如宽度优先或深度优先的顺序，直到访问层次达到预订数值结束。其中访问的层次可以由程序设计者决定。

Spider 程序一般过一段时间就要更新一次，因为页面的更新频率很快，为了反映出网页内容的最新情况，需要及时更新，去除死链接，重排网页相关结构等。

2. 建立索引数据库

由索引器对收集回来的网页进行分析，提取相关网页信息（包括 URL、网页内容、包含的关键词、页面的大小、与其他页面的关系等）。根据权值方法进行计算，然后用这些信息建立网页索引数据库。

3. 在索引数据库中搜索并排序

当用户输入关键词后，由索引器从网页索引数据库中找到符合的网页记录，进行文档与查询的相关度计算，将要输出的结果按相关度排序。

4. 将数据库的检索结果反馈给用户

可以创建一个界面，将反馈结果按照相关度排好，显示在网页中。

任务 2　数据库搜索引擎实例

【任务目标】

1. 了解数据库搜索引擎的设计开发步骤。
2. 通过实例的讲解，能初步了解搜索引擎设计过程中的难点与重点。

【任务实现】

一、情境描述

我们要实现的并非是一个绝对意义上完整的搜索引擎，而是一个简单的网络爬虫实例，通过这个例子，可以对搜索引擎的几个重要环节做大致的了解，并且可以在此基础上进一步学习通过开源的应用程序建立属于自己的搜索引擎。

二、环境配置要求

1. JDK 1.6

JDK 是 Java 程序的开发平台，我们需要借助这个平台完成应用程序运行。具体的下载界

数据库与搜索技术

面如图 8-46 所示。

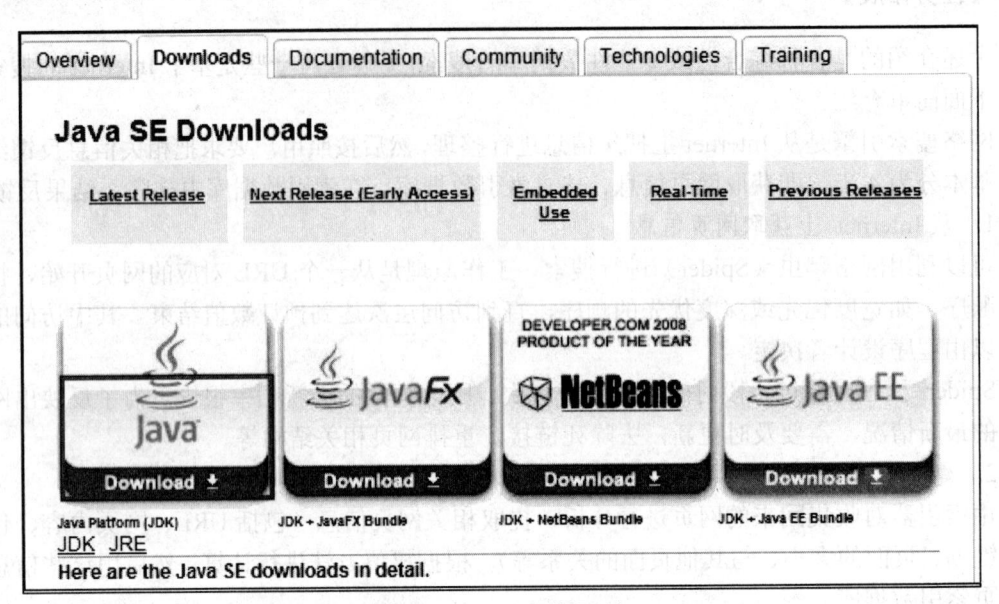

图 8-46　JDK 下载界面

单击进入后，可以选择相应的 JDK 版本，这里选用最新的 JDK 6u23，如图 8-47 所示。

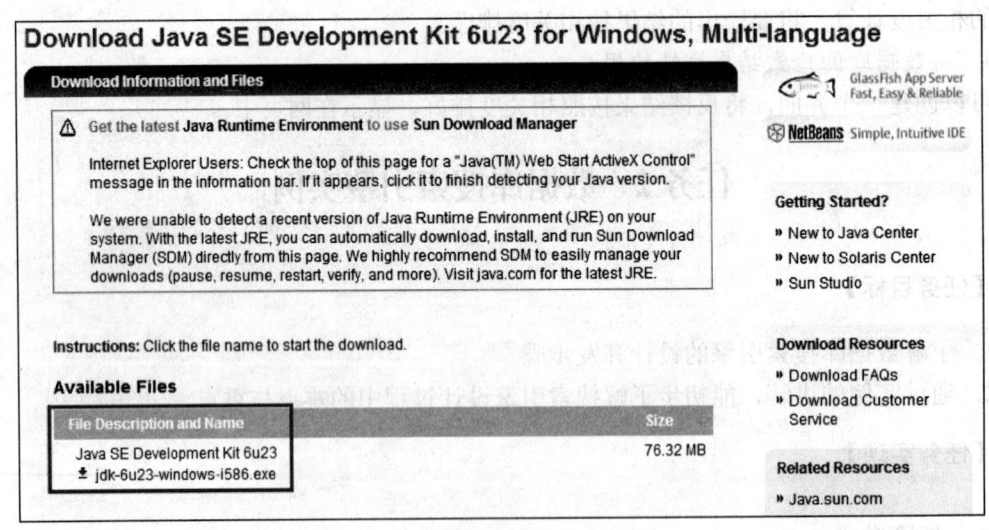

图 8-47　选择 JDK 的版本

注意：下载完成并安装之后，并不能马上运行 Java，还需要进行环境变量的配置，如图 8-48 所示。

右击"我的电脑"，选择"属性"命令，然后在打开的对话框中选择 Advance（高级）选项卡，然后单击 Environment Variables（环境变量）按钮，在打开的对话框中添加 JAVA_HOME、CLASSPATH 两个环境变量并修改一个 Path 变量的值，具体设置如图 8-49 至图 8-51 所示。

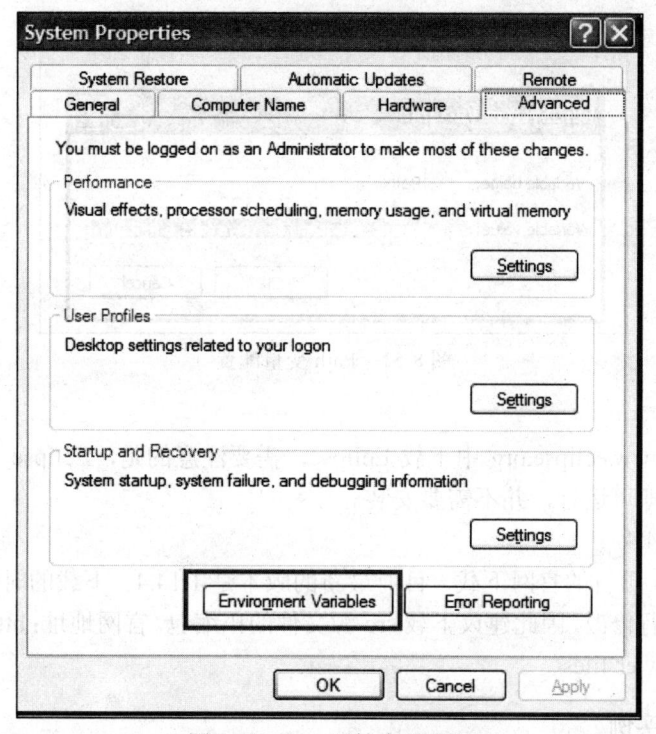

图 8-48　Java 环境变量配置

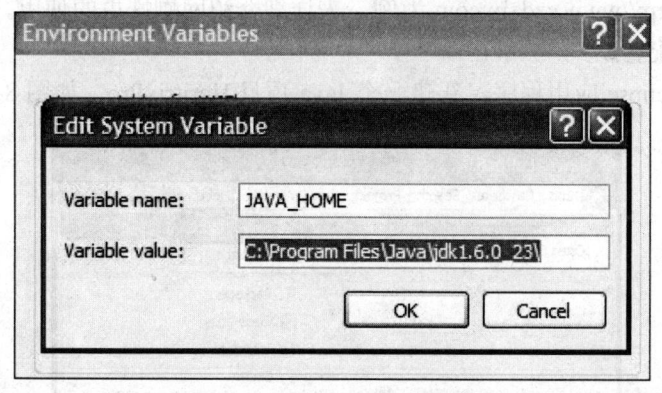

图 8-49　JAVA_HOME 变量配置

图 8-50　CLASSPATH 变量配置

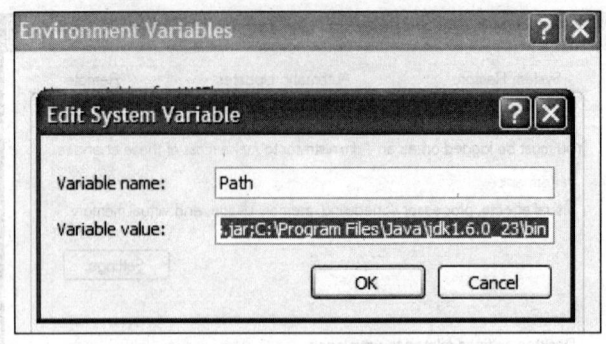

图 8-51　Path 变量配置

2. Eclipse

可以到 http://www.eclipse.org 中下载 Eclipse，需要注意的是，Eclipse 是一个绿色软件，解压缩到指定目录即可运行，并不需要安装。

3. Heritrix 1.14.4

可以到 Heritrix 项目的官网下载，目前最新的版本是 1.14.4。下载的时候注意，由于今后需要对配置文件进行修改，因此建议下载 src 源文件的压缩包。官网地址：http://sourceforge.net/projects/archive-crawler/files/。

三、具体配置实例

下面以抓取 http://www.czdzjx.com 为例，来详细介绍网蜘蛛虫的使用。

1. Eclipse 的配置。

首先，打开 Eclipse 应用程序，新建一个 Java 项目 HeritrixPro，如图 8-52 所示。

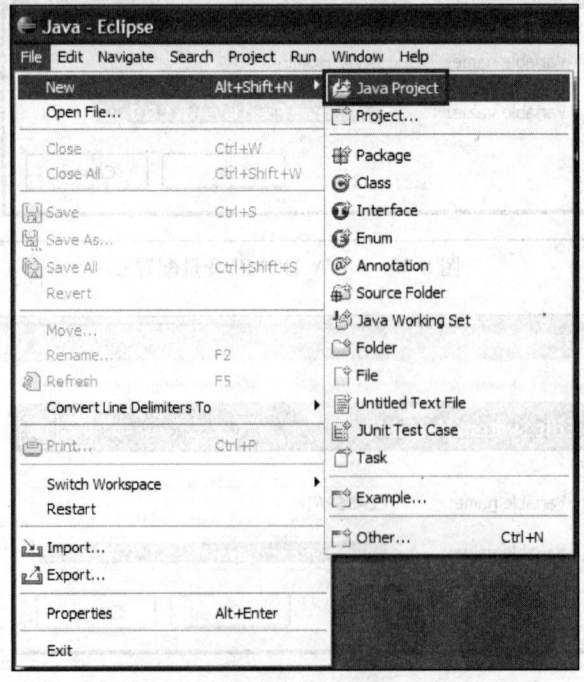

图 8-52　启动 Eclipse 新建 Java 项目

在如图 8-53 所示的界面中输入项目名称，并单击 Finish 按钮。

图 8-53　新建 Heritrix 项目 HeritrixPro

将 Heritrix 的 src 文件夹解压缩，并将其中的 lib 文件夹拷贝到项目所在文件夹的根目录中，之后在 Eclipse 中右击项目名，选择 Build Path→Configure Build Path，接着选择 Libraries 选项卡，单击 Add JARs 按钮，将 lib 文件夹中所有的 jar 文件全部导入到项目中，如图 8-54 和图 8-55 所示。

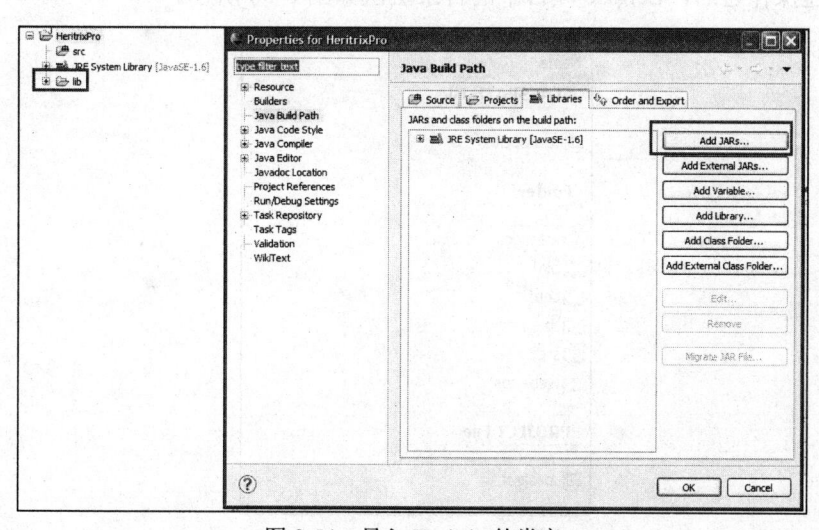

图 8-54　导入 Heritrix 的类库

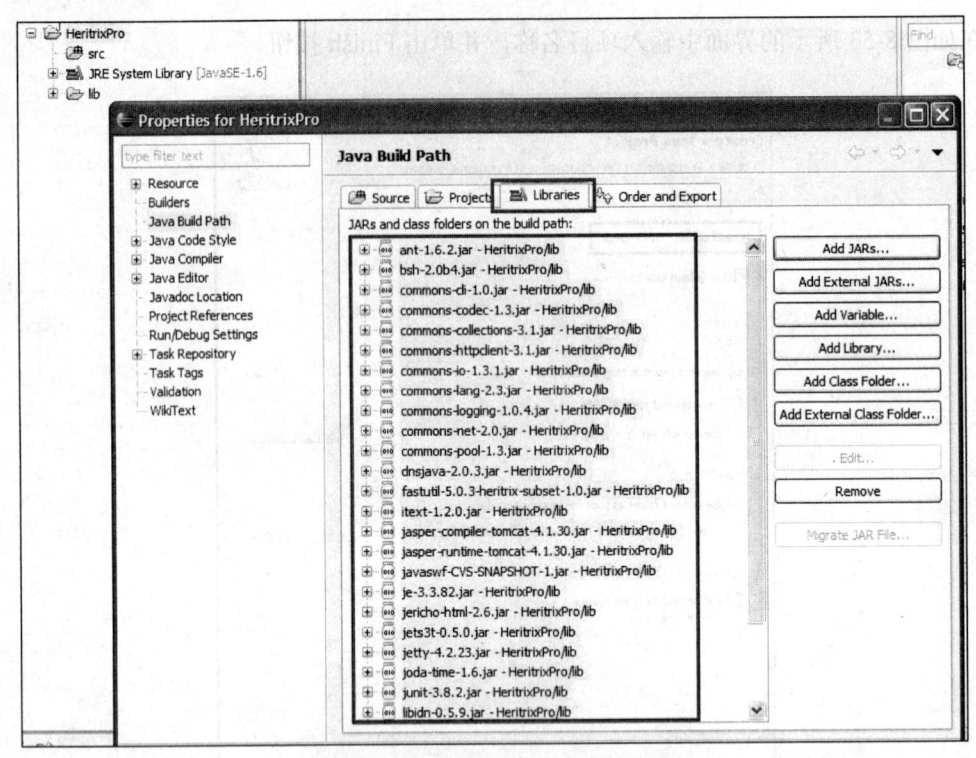

图 8-55 导入 Heritrix 的类库的结果

将上述 jar 文件导入到项目中后，需要进行一系列的 Heritrix 文件夹配置。

将 heritrix-1.14.4-src\src\java 下的 com、org 和 st 三个文件夹拷贝到项目的 src 文件夹下。

将 heritrix-1.14.4-src\src\resources\org\archive\util 下的顶级域名列表文件 tlds-alpha-by-domain.txt 拷贝到 HeritrixPro\src\org\archive\util 下。

将 heritrix-1.14.4-src\src\下的 conf 文件夹拷贝到项目的根目录。

将 heritrix-1.14.4-src\src\下的 webapps 文件夹拷贝到项目的根目录。

完成上述操作之后，Eclipse 项目中的目录层次如图 8-56 所示。

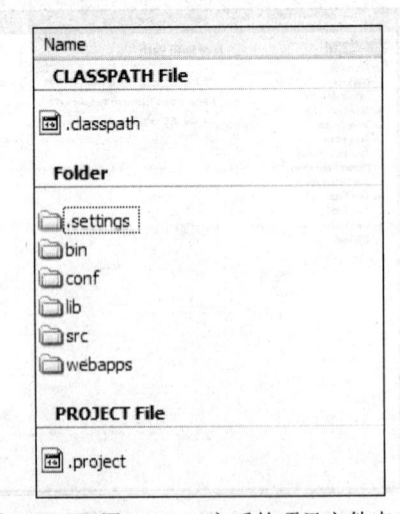

图 8-56 配置 Heritrix 之后的项目文件夹内容

2. 修改配置文件

conf 文件夹是用来提供配置文件的，里面包含了一个很重要的文件：heritrix.properties。其中配置了大量与 Heritrix 运行息息相关的参数，这些参数的配置决定了 Heritrix 运行时的一些默认工具类、Web UI 的启动参数，以及 Heritrix 的日志格式等。如图 8-57 所示，设置 heritrix.cmdline.admin = admin:admin，admin:admin 分别为用户名和密码。然后设置版本参数为 1.14.4。

图 8-57 修改配置文件

3. 配置运行文件

在工程项目上右击，选择 Run As→Run Configurations，按照图 8-58 所示进行设置。

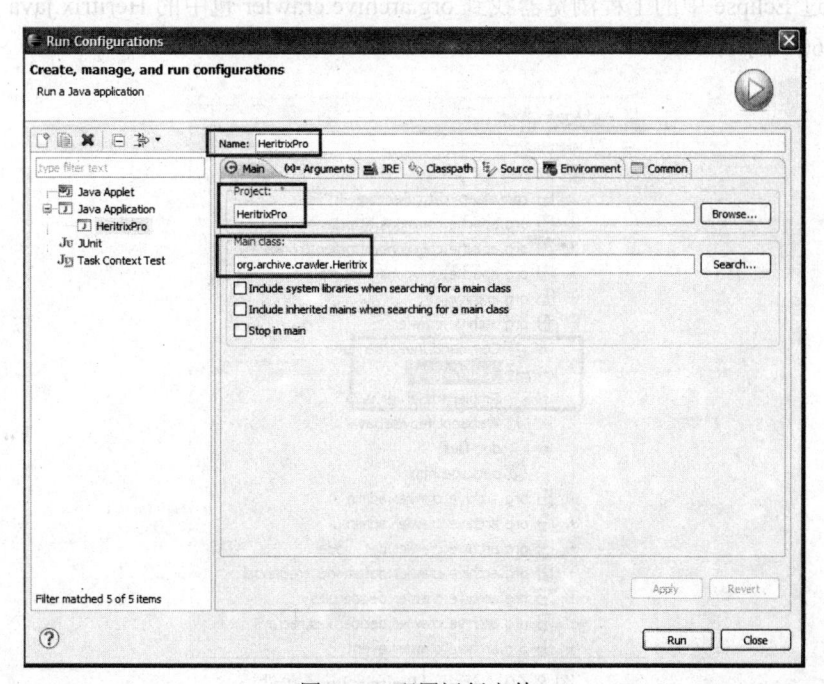

图 8-58 配置运行文件

然后在 Classpath 选项卡中单击 User Entries 选项，再单击 Advanced 按钮，在弹出的对话框中选择 Add Folders，将 HeritrixPro 目录下的 conf 文件夹添加进来，如图 8-59 所示。

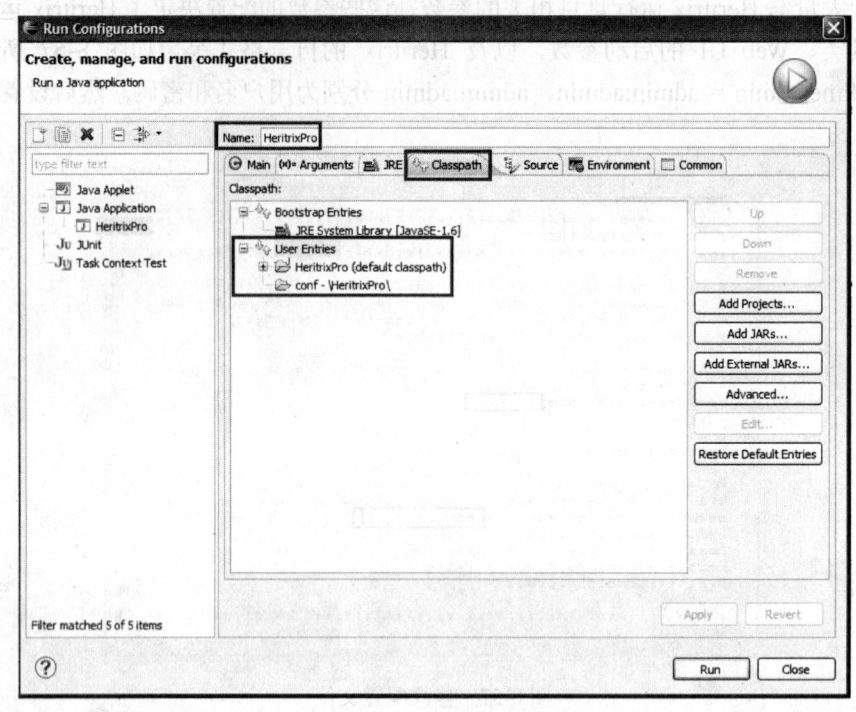

图 8-59　设定配置文件路径

4. 创建网页抓取任务

首先通过 Eclipse 中的工程浏览器找到 org.archive.crawler 包中的 Heritrix.java 文件，并运行，如图 8-60 所示。

图 8-60　运行 Heritrix.java 文件

正确配置运行后，会出现如图 8-61 所示的界面。

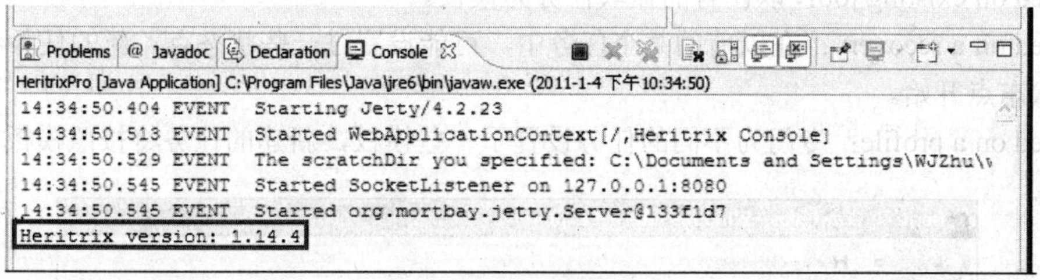

图 8-61　成功加载 Heritrix

Heritrix 默认的监听端口是 8080，打开任意一款浏览器，在地址栏中输入 http://localhost:8080，即可打开 Heritrix 工作的 UI 界面，如图 8-62 所示。

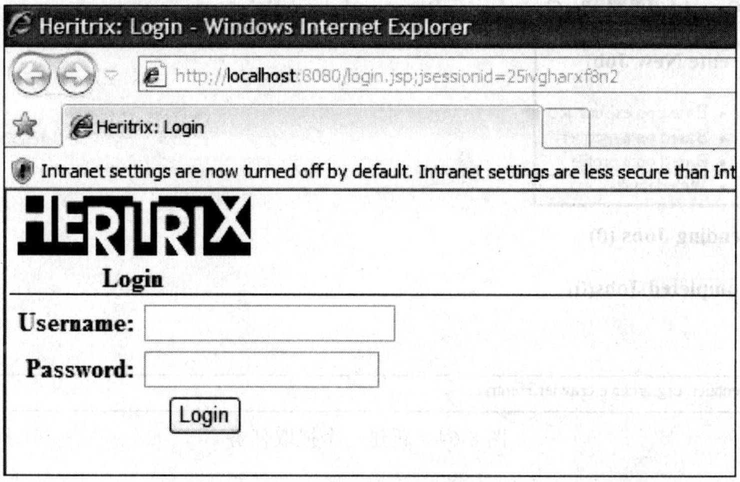

图 8-62　Web UI 登录界面

输入用户名和密码（均为 admin）之后就看到了 UI 的主界面，如图 8-63 所示。

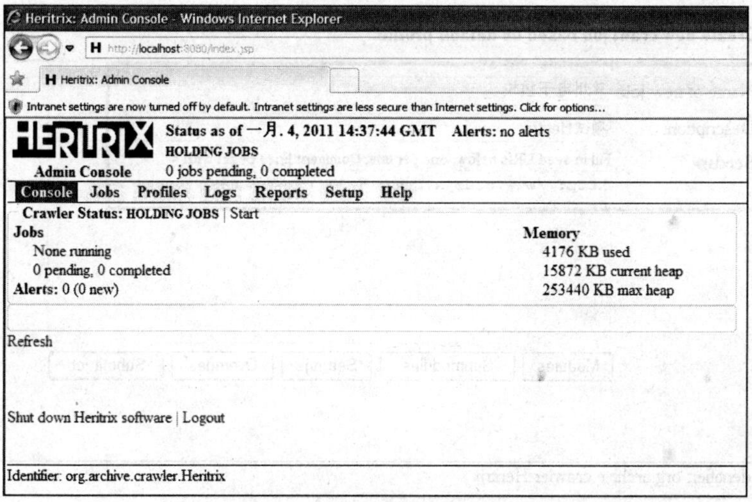

图 8-63　Heritrix 管理界面

下面依次按照图 8-64 至图 8-68 所示的步骤，选择一个普通的 Job，即 With defaults，其中：

Based on existing job：以已有的抓取任务为模板。

Based on a recovery：在以前的某个任务中，可能设置过一些状态点，新的任务将从设置的这个状态点开始。

Based on a profile：专门为不同的任务设置了一些模板，新建的任务将按照模板来生成；

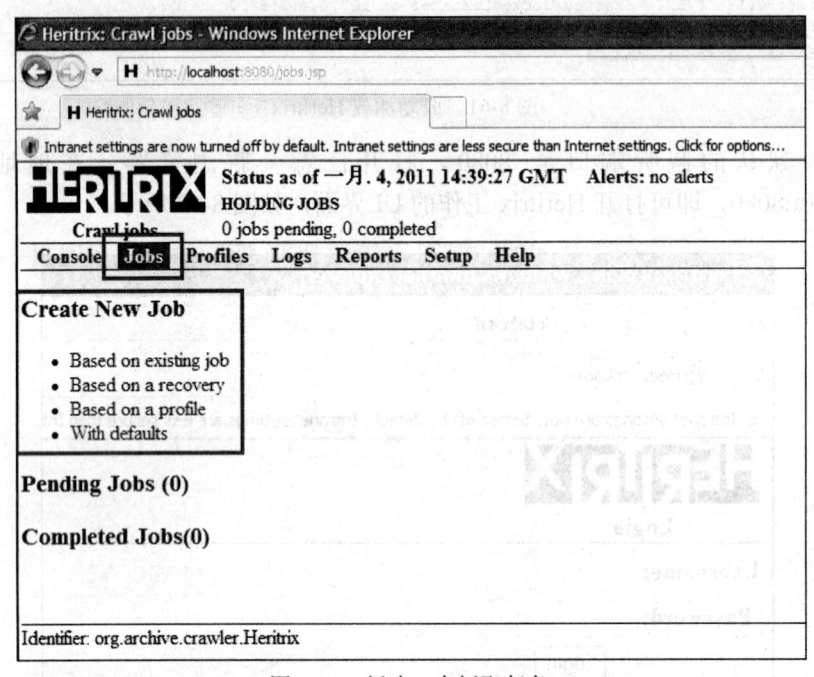

图 8-64　新建一个抓取任务

图 8-65　新建一个抓取任务并设置

在图 8-65 所示的界面中，可以输入一些具体的抓取信息，然后单击下方的 Modules 按钮，如图 8-66 和图 8-67 所示进行设置。

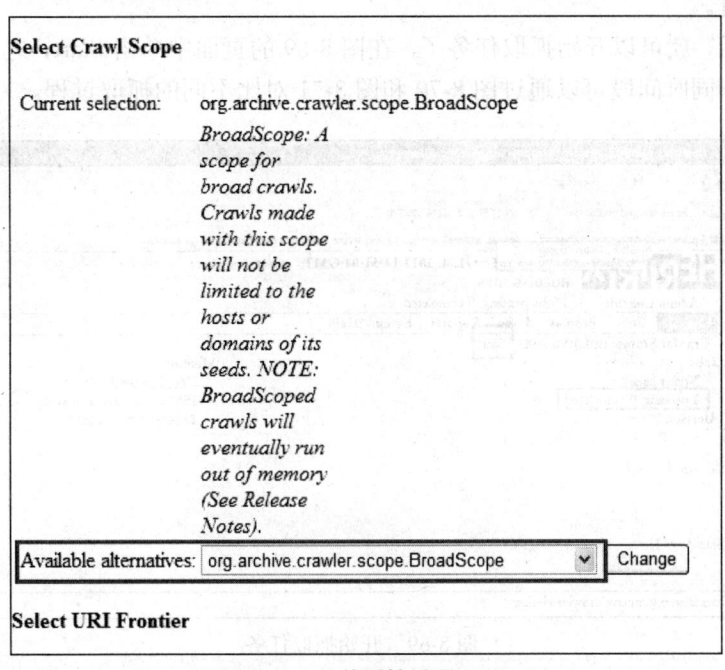

图 8-66　具体属性设置（1）

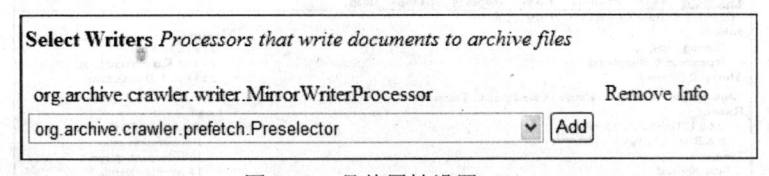

图 8-67　具体属性设置（2）

其中，Select Crawl Scope：Crawl Scope 用于配置当前应该在什么范围内抓取网页链接。例如选择 BroadScope 则表示当前的抓取范围不受限制，选择 HostScope 则表示抓取的范围在当前的 Host 范围内。这里选择 org.archive.crawler.scope.BroadScope，并单击右边的 Change 按钮保存设置状态。

而 Select Writers 表示设定将所抓取到的信息以何种形式写入磁盘。一种是采用压缩的方式（Arc），还有一种是镜像方式（Mirror）。这里选择简单直观的镜像方式：org.archive.crawler.writer.MirrorWriterProcessor。

上述设置完成之后，继续单击下方的 Settings 按钮，设置 user-agent 和 from 参数，具体如图 8-68 所示。

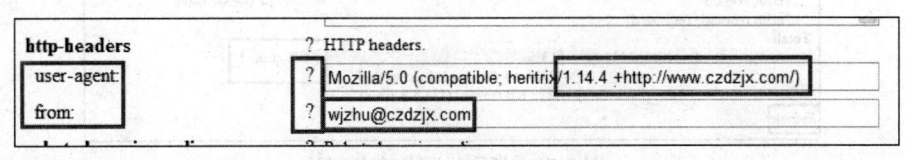

图 8-68　具体属性设置（3）

其中："@VERSION@"字符串需要被替换成 Heritrix 的版本信息。PROJECT_URL_HERE 可以被替换成任何一个完整的 URL 地址。from 属性中不需要设置真实的 E-mail 地址，只要格式正确即可。

设置完成后，就可以开始抓取任务了，在图 8-69 的页面中单击 Start，之后就可以看到抓取的进程，在不同时间段可以通过图 8-70 和图 8-71 对比不同的抓取过程。

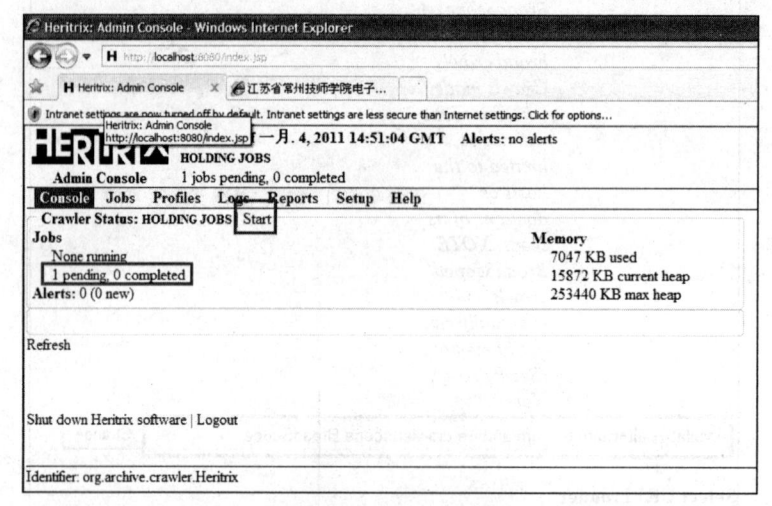

图 8-69　开始抓取任务

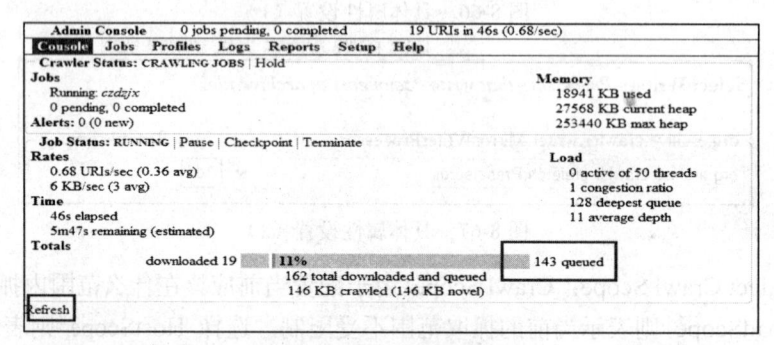

图 8-70　抓取进程的变化

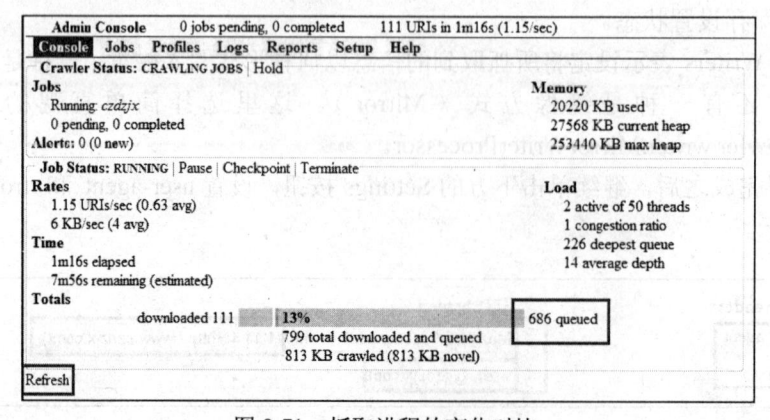

图 8-71　抓取进程的变化对比

同时，可以在项目文件夹中看到自动生成的 jobs 文件夹，如图 8-72 所示，并且在文件夹中按照地址分类搜集了 czdzjx.com 中的网页文件，如图 8-73 所示。

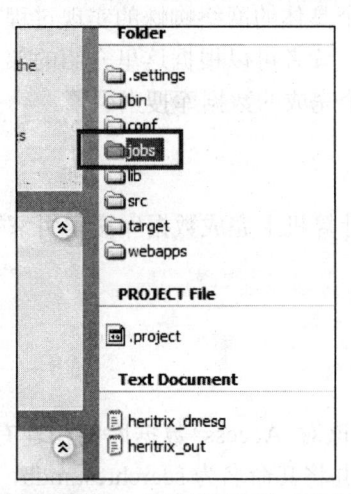

图 8-72　在 HeritrixPro 项目目录下生成的 jobs 文件夹

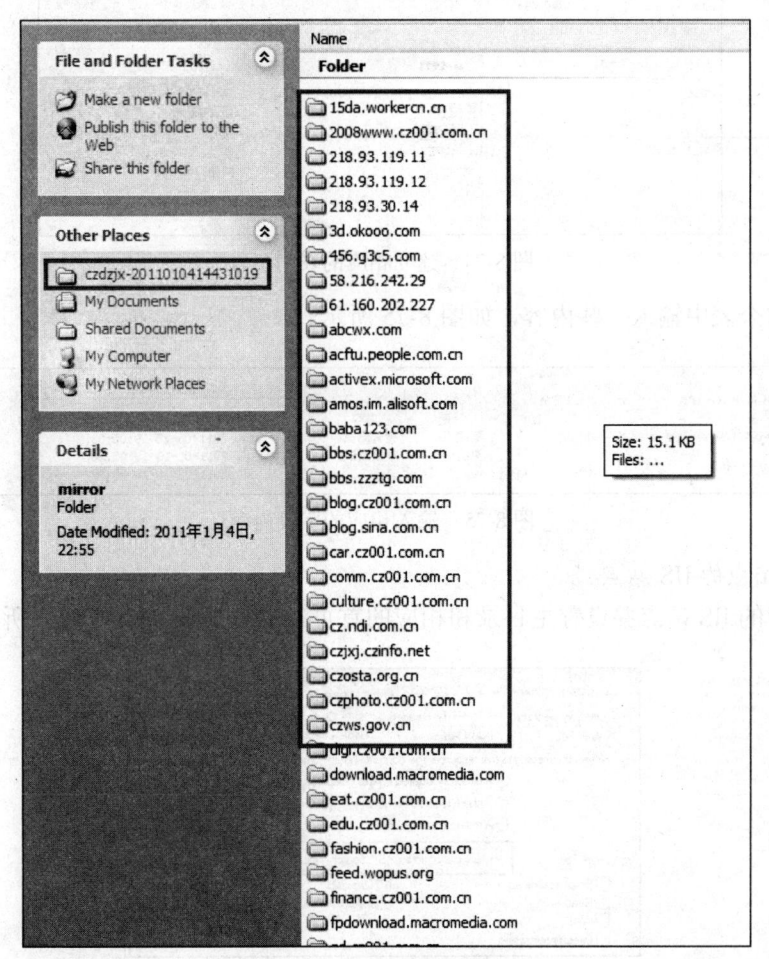

图 8-73　抓取得到的镜像文件

四、任务小结和作业

通过上述例子可以看到一个具体的网络蜘蛛的实现过程，在一个真实的数据库搜索引擎中，还有网页处理和查询部分，读者可以根据这里介绍的部分自行完成搜索引擎余下的两个部分的实例，并将其组合成一个完成的数据库搜索引擎。

【任务巩固】

结合自己的实际情况，在计算机上完成数据库搜索引擎的操作。

【任务拓展】

基于数据库的站内搜索

1. 数据库和表的构建

基于前面课程的讲述，应该对 Access 数据库的构建有了比较好的掌握，下面就利用 Access 2010 构建一个数据库，并将其命名为 searchtest.mdb，如图 8-74 所示。

图 8-74 建立相应的表和字段

接着在这个表中输入一些内容，如图 8-75 所示。

图 8-75 输入相应的字段内容

2. 建立相应的 IIS 站点

建立相应的 IIS 站点并设置主目录和相应的首页。主目录设置如图 8-76 所示。

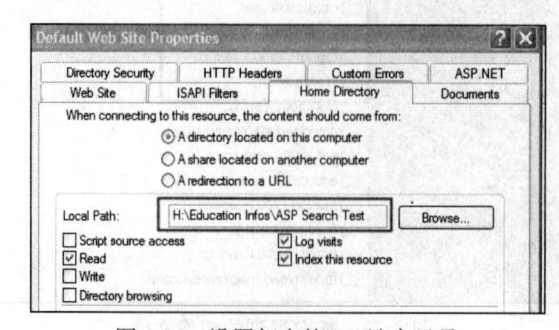

图 8-76 设置相应的 IIS 站内目录

接着设置好首页显示的文档,如图 8-77 所示,这样就做好了基本测试的准备。

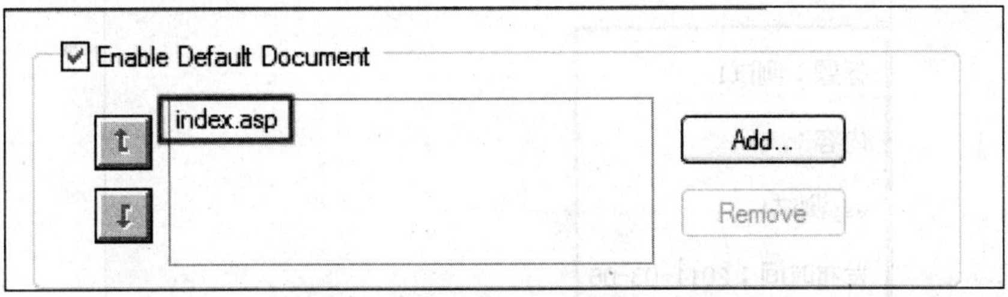

图 8-77　设置相应的首页显示文档

打开 IE 浏览器,输入地址 127.0.0.1,就可以看到测试的首页了,如图 8-78 所示。

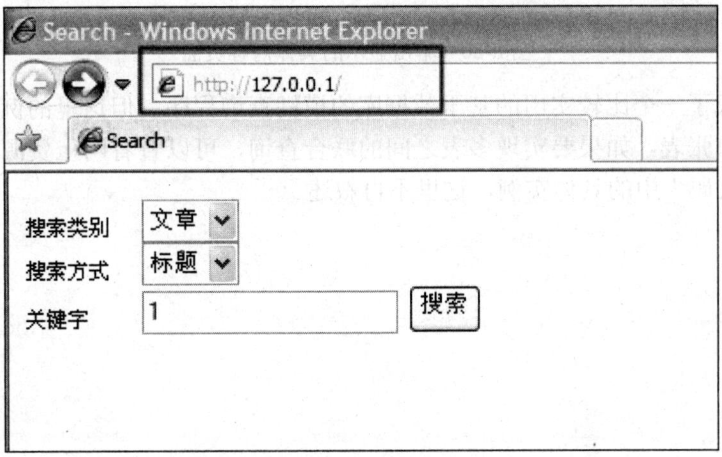

图 8-78　输入搜索的关键字

选择好类别和方式后,输入搜索的关键字,如 1,单击"搜索"按钮,之后会自动调用 search.asp 文件,返回结果,如图 8-79 所示。

图 8-79　返回的搜索结果

此时,如果接着单击搜索的结果"测试 1",则还能进一步看到具体的内容,如图 8-80 所示。

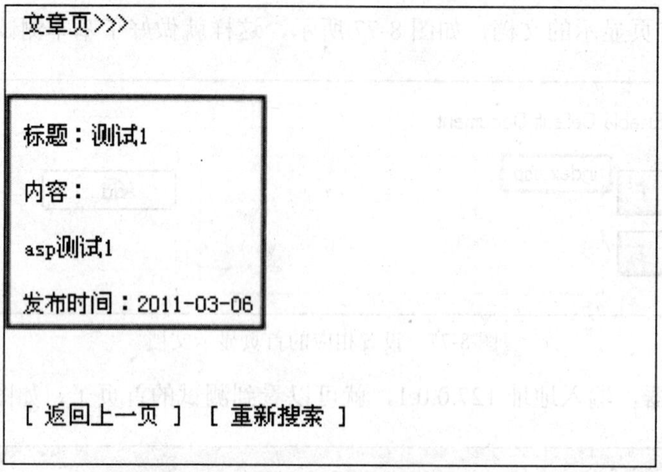

```
文章页>>>

标题：测试1

内容：

asp测试1

发布时间：2011-03-06


[ 返回上一页 ]    [ 重新搜索 ]
```

图 8-80 单击显示的具体内容页面

这样就完成了一个比较实用的基于数据库的模糊查询程序，但这里的例子还仅仅是链接一个数据库的单张表，如果要实现多表之间的联合查询，可以查看网上资源附录 3"网络书店及数据库源代码"中的具体实例，这里不再叙述。

附录1 VBScript 的常用函数

语法格式	功能与返回值
Abs(number)	返回 number 的绝对值
Asc(string)	返回 string 的 ASCII 码
Cbool(ex)	返回 ex 的逻辑值
Cbyte(ex)	返回 ex 的字节值
Cdate(ex)	返回 ex 的时间日期值
Cdbl(ex)	返回 ex 的双精度值
Chr(char)	返回 char 的字符
Cint(ex)	返回 ex 的整型值，并四舍五入
Clng(ex)	返回 ex 的长整型值，并四舍五入
Createobject(class)	返回 class 的对象
Cstr(ex)	返回 ex 的字符串值
Date()	返回系统当前的日期
Day(date)	返回 date 的天数
Int(number)	返回 number 的无条件进位的整数
Fix(number)	返回 number 的无条件舍去的整数
Hex(number)	返回 number 的十六进制数
Hour(time)	返回 time 的小时数
Inputbox(prompt,…)	显示输入对话框，返回输入的信息
Isarray(ex)	判断 ex 是否是数组，是数组返回 true，否则返回 false
Isdate(ex)	判断 ex 是否是日期表达式，是日期返回 true，否则返回 false
Isempty(ex)	判断 ex 是否为空，空返回 true，否则返回 false
Isnull(ex)	判断 ex 是否是 null，是 null 返回 true，否则返回 false
Isnumeric(ex)	判断 ex 是否是数字，是数字返回 true，否则返回 false
Isobject(ex)	判断 ex 是否是变量，是变量返回 true，否则返回 false
Lbound(array)	返回 array 数组的最小下标值
Lcase(string)	返回 string 的小写字符串
Left(string,length)	返回 string 的左边 length 个子字符串
Len(string)	返回 string 的长度值
Trim(string)	去除 string 的前后空格
Mid(string,start,length)	返回 string 的第 start 个开始的 length 个子字符串
Minute(time)	返回 time 时间的分数

续表

语法格式	功能与返回值
Month(date)	返回 date 的月份
Msgbox(…)	显示信息框，返回按钮的常量值
Now()	返回系统的日期时间
Replace(string,find,new)	返回 string 中 find 字符替代为 new 的新字符串
Right(string,length)	返回 string 的最后 length 个子字符串
Rnd(number)	返回 number 以内的随机数
Round(ex,num)	返回 ex 的第 num 位的四舍五入数
Split(ex,char)	返回 string 的以 char 符为分隔符的一维数组
Second(time)	返回 time 时间的秒数
Time()	返回系统的时间
Udound(array)	返回 array 数组的最大下标
Ucase(string)	返回 string 的大写字符串
Weekday(date)	返回 date 日期的星期几
Year(date)	返回 date 的年数

附录 2　参考解答

下载地址：中国水利水电出版社网站（http://www.waterpub.com.cn/softdown）和万水书苑（http://www.wsbookshow.com）。

附录 3　网络书店及数据库源代码

下载地址：中国水利水电出版社网站（http://www.waterpub.com.cn/softdown）和万水书苑（http://www.wsbookshow.com）。

参考文献

[1] 陈志锋. Web 数据库原理与应用. 北京：清华大学出版社，北京交通大学出版社，2010.
[2] 唐红亮. ASP 动态网页设计应用教程. 北京：电子工业出版社，2010.
[3] 陈建勋译. Web 信息架构：设计大型网站（第 3 版）. Peter Morville&Louis Rosenfeld 著. 电子工业出版社，2008.
[4] 艾瑞咨询集团，2009~2010 年中国搜索引擎市场份额报告（PDF）
[5] 艾瑞咨询集团，2009~2010 年中国搜索引擎行业发展报告（PDF）
[6] 孟源，搜索引擎的营销模式研究，2008.5（论文）

网络资源

[1] 淘宝网，http://www.taobao.com
[2] 维基百科，http://www.wikipedia.org